普通高等教育"十三五"规划教材

电磁场与电磁波

杨慧春 主编

北京邮电大学出版社
www.buptpress.com

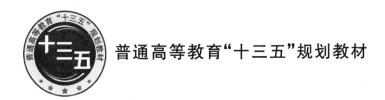

内 容 简 介

本书重点讲述了电磁场的基本规律和基本概念、微波长线理论、矩形波导与天线技术。本书整合了电磁场、微波与天线技术的相关内容，讲述了电磁场的基本理论，包括静态电场、静态磁场、恒定电场、时变场，也讲述了微波传输的长线理论、矩形波导，同时注重现代通信技术应用的多种远场天线，如单极天线、对数周期天线、平板天线、绕线天线、微带天线、手机天线、抛物面天线等，做到了理论联系实际。

图书在版编目(CIP)数据

电磁场与电磁波 / 杨慧春主编. -- 北京 ：北京邮电大学出版社，2017.7
ISBN 978-7-5635-5076-0

Ⅰ. ①电⋯ Ⅱ. ①杨⋯ Ⅲ. ①电磁场—教材②电磁波—教材 Ⅳ. ①O441.4

中国版本图书馆 CIP 数据核字（2017）第 085266 号

书　　名：电磁场与电磁波
著作责任者：杨慧春　主编
责 任 编 辑：徐振华　孙宏颖
出 版 发 行：北京邮电大学出版社
社　　址：北京市海淀区西土城路 10 号(100876)
发　行　部：电话：010-62282185　传真：010-62283578
E-mail：publish@bupt.edu.cn
经　　销：各地新华书店
印　　刷：保定市中画美凯印刷有限公司
开　　本：787 mm×1 092 mm　1/16
印　　张：10.5
字　　数：244 千字
版　　次：2017 年 7 月第 1 版　2017 年 7 月第 1 次印刷

ISBN 978-7-5635-5076-0　　定价：22.00 元

·如有印装质量问题，请与北京邮电大学出版社发行部联系·

前　　言

现代电子技术和通信技术发展迅速，门类诸多，但都离不开电磁波的发射、传播、接收和控制，因此，电磁场理论和天线技术是电类各专业技术人员必须掌握的基础理论之一。本书在内容上注重电磁场的基本概念、基本规律；在讲述思路上力求简洁高效；在逻辑推理上则保持严谨。同时，本书注重电磁场与电磁波技术发展的新进展，将国内外先进的教学理念引入本书，还适时地加强了电磁场与电磁波同工程实际的有机结合，以激发读者运用电磁场与电磁波技术解决工程实际问题的兴趣。

本书拟定整合必要的电磁场理论与天线技术的基础知识，重视基本概念的阐述，注重理论联系实际，关注新技术的发展。本书的内容是作者积累多年教学经验并参考大量相关书籍编写的，书中配有大量例题以帮助读者加深对深奥电磁场理论的理解。全书共 9 章，除讲述静态电场、静态磁场、恒定电场、时变场、导行系统等基本理论外，也讲述了现代通信技术应用的单极天线、引向天线、微带天线、抛物面天线等。

本书适用于通信工程、电子信息、电子科学与技术等相关专业人员参阅。感谢北京高等学校青年英才计划对本书出版的资助。

目　录

第 1 章　矢量分析

本章首先从定义标量和矢量出发，复习矢量及其运算；其次建立球坐标、圆柱坐标与直角坐标的关系，讨论矢量在直角坐标系、圆柱坐标系和球坐标系中的表示法；再次介绍矢量场的散度和旋度、标量场的梯度；最后引入总结矢量场性质的亥姆霍兹定理。

1.1　矢量代数

1.1.1　标量和矢量

一个只有大小的量称之为标量(scalar)。给它赋予物理单位它便成为具有物理含义的标量，如温度、时间、面积、能量等。而一个既有大小又有方向特性的量称之为矢量(vector)。给它赋予物理单位它便成为具有物理含义的矢量，如电场强度矢量、作用力矢量、速度矢量、力矩加速度等。

矢量的表达式：

$$\boldsymbol{A}=|\boldsymbol{A}|\boldsymbol{e}_A=A\boldsymbol{e}_A \tag{1-1-1}$$

其中，$|\boldsymbol{A}|$ 称为矢量 $\boldsymbol{A}$ 的模，即矢量的长度；$\boldsymbol{e}_A$ 为矢量方向的单位矢量。

两个矢量相等不仅是其大小相等，其方向也必须一致，即：

$$\boldsymbol{A}=\boldsymbol{B}\quad\Rightarrow\quad A=B,\boldsymbol{e}_A=\boldsymbol{e}_B \tag{1-1-2}$$

任一矢量 $\boldsymbol{A}$ 在三维正交坐标系中都可以给出其 3 个分量。例如，在直角坐标系中，矢量 $\boldsymbol{A}$ 的 3 个分量分别是 A_x、A_y、A_z，利用 3 个单位矢量 $\boldsymbol{e}_x$、$\boldsymbol{e}_y$ 和 $\boldsymbol{e}_z$ 可以将矢量 $\boldsymbol{A}$ 表示成：

$$\boldsymbol{A}=\boldsymbol{e}_xA_x+\boldsymbol{e}_yA_y+\boldsymbol{e}_zA_z \tag{1-1-3}$$

矢量 $\boldsymbol{A}$ 的大小 A：

$$|\boldsymbol{A}|=A=\sqrt{A_x^2+A_y^2+A_z^2} \tag{1-1-4}$$

矢量 $\boldsymbol{A}$ 的单位矢量：

$$\boldsymbol{e}_A=\frac{\boldsymbol{A}}{|A|}=\frac{1}{\sqrt{A_x^2+A_y^2+A_z^2}}(\boldsymbol{e}_xA_x+\boldsymbol{e}_yA_y+\boldsymbol{e}_zA_z) \tag{1-1-5}$$

1.1.2　矢量的乘积

矢量的乘积包括点积和叉积。

1. 点积（标量积）

$$\boldsymbol{A}\cdot\boldsymbol{B}=|\boldsymbol{A}|\,|\boldsymbol{B}|\cos\theta \tag{1-1-6}$$

式中 θ 为矢量 $\boldsymbol{A}$ 和矢量 $\boldsymbol{B}$ 的夹角。两矢量的点积如图 1-1 所示。由式(1-1-6)可得如下性质：

① 两矢量同向，如 $\boldsymbol{A}$ 与 $\boldsymbol{B}$ 同向，其点积值最大，即 $\boldsymbol{A}\cdot\boldsymbol{B}=|\boldsymbol{A}||\boldsymbol{B}|$，等于两矢量的模相乘。

② 两矢量反向，其点积值最小，即 $\boldsymbol{A}\cdot\boldsymbol{B}=-|\boldsymbol{A}||\boldsymbol{B}|$，等于两矢量的模相乘的负数。

③ 两矢量垂直，即 $\boldsymbol{A}\perp\boldsymbol{B}$，则两矢量的点积等于零，即 $\boldsymbol{A}\cdot\boldsymbol{B}=0$；反之，如果两矢量的点积等于零，即 $\boldsymbol{A}\cdot\boldsymbol{B}=0$，则这两个矢量必垂直，即 $\boldsymbol{A}\perp\boldsymbol{B}$。

对于坐标单位矢量：

$$\boldsymbol{e}_i\cdot\boldsymbol{e}_j=\begin{cases}1 & i=j\\0 & i\neq j\end{cases}\tag{1-1-7}$$

则在直角坐标系中：

$$\begin{aligned}\boldsymbol{A}\cdot\boldsymbol{B}&=(\boldsymbol{e}_xA_x+\boldsymbol{e}_yA_y+\boldsymbol{e}_zA_z)\cdot(\boldsymbol{e}_xB_x+\boldsymbol{e}_yB_y+\boldsymbol{e}_zB_z)\\&=A_xB_x+A_yB_y+A_zB_z\end{aligned}\tag{1-1-8}$$

点积满足交换律、分配律，即：

$$\begin{aligned}&\boldsymbol{A}\cdot\boldsymbol{B}=\boldsymbol{B}\cdot\boldsymbol{A}\\&\boldsymbol{A}\cdot(\boldsymbol{B}+\boldsymbol{C})=\boldsymbol{A}\cdot\boldsymbol{B}+\boldsymbol{A}\cdot\boldsymbol{C}\\&\boldsymbol{A}\cdot\boldsymbol{A}=A^2\end{aligned}\tag{1-1-9}$$

2. 叉积(矢量积)

叉积用 $\boldsymbol{A}\times\boldsymbol{B}$ 来表示，其模为：

$$|\boldsymbol{A}\times\boldsymbol{B}|=|\boldsymbol{A}||\boldsymbol{B}|\sin\theta\tag{1-1-10}$$

方向符合右手螺旋法则，见图 1-2。

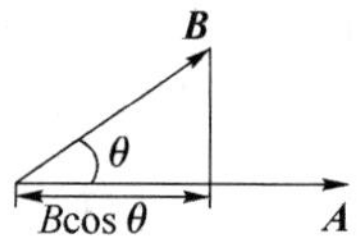

图 1-1　矢量点积

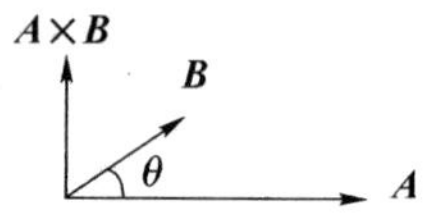

图 1-2　矢量叉积

则由式(1-1-10)可得如下性质：

① 如果两矢量垂直，即 $\boldsymbol{A}\perp\boldsymbol{B}$，则叉积可得最大值；反之，如果 $|\boldsymbol{A}\times\boldsymbol{B}|=|\boldsymbol{A}|\cdot|\boldsymbol{B}|$，则 $\boldsymbol{A}\perp\boldsymbol{B}$。

② 如果两矢量平行，则叉积等于零，即 $\boldsymbol{A}\times\boldsymbol{B}=0$；反之，如果叉积等于零，即 $\boldsymbol{A}\times\boldsymbol{B}=0$，则两矢量平行。

直角坐标系中坐标单位矢量的叉积：

$$\begin{cases}\boldsymbol{e}_i\times\boldsymbol{e}_i=0, & i=x,y,z\\\boldsymbol{e}_x\times\boldsymbol{e}_y=\boldsymbol{e}_z\\\boldsymbol{e}_y\times\boldsymbol{e}_z=\boldsymbol{e}_x\\\boldsymbol{e}_z\times\boldsymbol{e}_x=\boldsymbol{e}_y\end{cases}\tag{1-1-11}$$

对于一般的矢量在直角坐标中的矢量积的表达式：

$$\boldsymbol{A}\times\boldsymbol{B}=(\boldsymbol{e}_xA_x+\boldsymbol{e}_yA_y+\boldsymbol{e}_zA_z)\times(\boldsymbol{e}_xB_x+\boldsymbol{e}_yB_y+\boldsymbol{e}_zB_z) \tag{1-1-12}$$
$$=\boldsymbol{e}_x(A_yB_z-A_zB_y)+\boldsymbol{e}_y(A_zB_x-A_xB_z)+\boldsymbol{e}_z(A_xB_y-A_yB_x)$$

行列式表示：

$$\boldsymbol{A}\times\boldsymbol{B}=\begin{vmatrix}\boldsymbol{e}_x & \boldsymbol{e}_y & \boldsymbol{e}_z\\ A_x & A_y & A_z\\ B_x & B_y & B_z\end{vmatrix} \tag{1-1-13}$$

叉积满足反交换律：

$$\boldsymbol{A}\times\boldsymbol{B}=-\boldsymbol{B}\times\boldsymbol{A} \tag{1-1-14}$$

例 1-1 已知空间中有 3 点：$P_1(1,2,-1)$，$P_2(5,2,-2)$，$P_3(7,3,6)$，求证：$P_1P_2\perp P_2P_3$。

证明：$\boldsymbol{P_1P_2}=\boldsymbol{e}_x(x_2-x_1)+\boldsymbol{e}_y(y_2-y_1)+\boldsymbol{e}_z(z_2-z_1)=4\boldsymbol{e}_x-\boldsymbol{e}_z=4.123\boldsymbol{e}_{r1}$

$$\boldsymbol{P_2P_3}=\boldsymbol{e}_x(x_3-x_2)+\boldsymbol{e}_y(y_3-y_2)+\boldsymbol{e}_z(z_3-z_2)=2\boldsymbol{e}_x+\boldsymbol{e}_y+8\boldsymbol{e}_z=8.3\boldsymbol{e}_{r2}$$

① $\boldsymbol{P_1P_2}\cdot\boldsymbol{P_2P_3}=(4\boldsymbol{e}_x-\boldsymbol{e}_z)\cdot(2\boldsymbol{e}_x+\boldsymbol{e}_y+8\boldsymbol{e}_z)=8-8=0=\cos\theta$

$$\theta=90^\circ, P_1P_2\perp P_2P_3$$

② $\boldsymbol{P_1P_2}\times\boldsymbol{P_2P_3}=(4\boldsymbol{e}_x-\boldsymbol{e}_z)\times(2\boldsymbol{e}_x+\boldsymbol{e}_y+8\boldsymbol{e}_z)$

$$=\begin{vmatrix}\boldsymbol{e}_x & \boldsymbol{e}_y & \boldsymbol{e}_z\\ A_x & A_y & A_z\\ B_x & B_y & B_z\end{vmatrix}=\begin{vmatrix}\boldsymbol{e}_x & \boldsymbol{e}_y & \boldsymbol{e}_z\\ 4 & 0 & -1\\ 2 & 1 & 8\end{vmatrix}$$
$$=[0\times8-(-1)\times1]\boldsymbol{e}_x+[(-1)\times2-4\times8]\boldsymbol{e}_y+(4\times1-0\times2)\boldsymbol{e}_z$$
$$=\boldsymbol{e}_x-34\boldsymbol{e}_y+4\boldsymbol{e}_z$$
$$=34.25\boldsymbol{e}_R$$

$$|\boldsymbol{P_1P_2}\times\boldsymbol{P_2P_3}|=34.25=|\boldsymbol{P_1P_2}|\cdot|\boldsymbol{P_2P_3}|\sin\theta=4.123\times8.31\sin\theta=34.25\sin\theta$$
$$\sin\theta=1, \theta=90^\circ, P_1P_2\perp P_2P_3$$

1.2 正交坐标系

说到场，除了矢量以外，还有一个问题不得不提及，那就是“坐标系”。因为场函数的自变量除了时间以外就是位置。确定一点的位置就需要用到坐标系和点的坐标，那什么是坐标系呢？

在参照系中，为确定空间一点的位置，按规定方法选取的有次序的一组数，称为“坐标”。在某一问题中规定坐标的方法，就是该问题所用的坐标系。

在通常的三维坐标系中，由坐标原点指向空间一点的矢量称为该点的位置矢量。一个坐标系中的 3 个基本单位矢量满足右手法则。场中任何一点对应的矢量都可以用坐标系中各基本单位矢量的叠加形式来表示。因为某一个坐标发生微小增大，而产生的新位置矢量和原位置矢量之间差矢量的方向称为该坐标变量增加的方向。沿坐标增加方向的单位矢量称为基本单位矢量。

在实际应用中，除最常应用的直角坐标系外，有时还采用圆柱坐标系和球坐标系，下面我们来分别介绍这 3 种坐标系。

1.2.1 直角坐标系

以常用的直角坐标系为例，坐标原点和 x 轴、y 轴、z 轴构成了一个参照系，任意一点的坐标可以通过如下方法来唯一确定：连接该点和坐标原点构成一个线段，该线段在轴上的投影取为坐标。直角坐标系中的基本单位矢量的方向正好沿轴的正方向，因此它们不随位置的变化而变化，是常矢量。空间任一点 P 的位置用直角坐标系中的 3 个变量 (x, y, z) 来表示，如图 1-3 所示，单位矢量 $\boldsymbol{e}_x$、$\boldsymbol{e}_y$、$\boldsymbol{e}_z$ 三者满足右手螺旋关系。

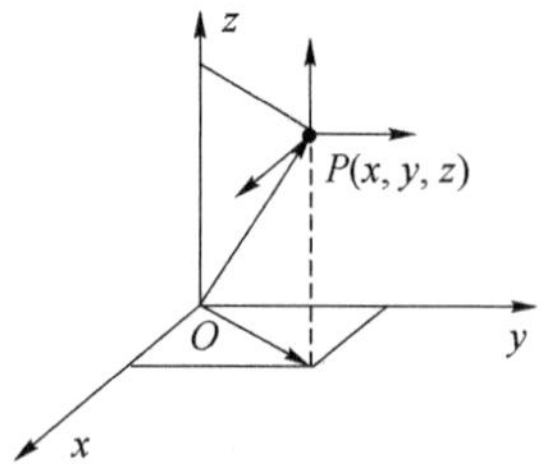

图 1-3 直角坐标系中的点

矢径：

$$\boldsymbol{OP} = \boldsymbol{e}_x x + \boldsymbol{e}_y y + \boldsymbol{e}_z z \tag{1-2-1}$$

各坐标出现微小变化而形成的新点和原点的矢量差就是微分线元，微分线元在直角坐标系中的表达式是显而易见的。微分线元可以表示成 3 个沿基本单位矢量方向的矢量的叠加；这 3 个矢量两两组合形成了 3 个微分面元；这 3 个矢量作为边长形成了微分体积元。线元、面元、体积元表示如下。

线元：

$$\mathrm{d}\boldsymbol{r} = \boldsymbol{e}_x \mathrm{d}x + \boldsymbol{e}_y \mathrm{d}y + \boldsymbol{e}_z \mathrm{d}z \tag{1-2-2}$$

面元：

$$\begin{aligned} \mathrm{d}\boldsymbol{S}_x &= \boldsymbol{e}_x \mathrm{d}y\mathrm{d}z \\ \mathrm{d}\boldsymbol{S}_y &= \boldsymbol{e}_y \mathrm{d}x\mathrm{d}z \\ \mathrm{d}\boldsymbol{S}_z &= \boldsymbol{e}_z \mathrm{d}x\mathrm{d}y \end{aligned} \tag{1-2-3}$$

体积元：

$$\mathrm{d}V = \mathrm{d}x\mathrm{d}y\mathrm{d}z \tag{1-2-4}$$

1.2.2 圆柱坐标系

空间任一点 P 的位置也可以用圆柱坐标系中的 3 个变量 (ρ, φ, z) 来表示，如图 1-4 所示，其中，ρ 是位置矢量 $\boldsymbol{OP}$ 在 xy 面上的投影，φ 是从正 x 轴到位置矢量 $\boldsymbol{OP}$ 在 xy 面上的投影之间的夹角，z 是 $\boldsymbol{OP}$ 在 z 轴上的投影。

由图 1-4 可以看出，圆柱坐标与直角坐标之间的关系为：

$$\begin{cases} x = \rho\cos\varphi \\ y = \rho\sin\varphi \\ z = z \end{cases} \tag{1-2-5}$$

坐标面

$$\rho = \sqrt{x^2 + y^2} = \text{常数} \tag{1-2-6}$$

是一个以 z 轴作轴线的半径为 ρ 的圆柱面，ρ 的变化范围为 $0 \leqslant \rho \leqslant \infty$。

坐标面

$$\varphi = \arctan\left(\frac{y}{x}\right) = \text{常数} \tag{1-2-7}$$

是一个以 z 轴为界的半平面，φ 的变化范围为 $0\leqslant\varphi\leqslant 2\pi$。

坐标面

$$z=\text{常数} \tag{1-2-8}$$

是一个平行于 xy 平面的平面。z 的变化范围为 $-\infty\leqslant z\leqslant+\infty$。这 3 个坐标面如图 1-5 所示。

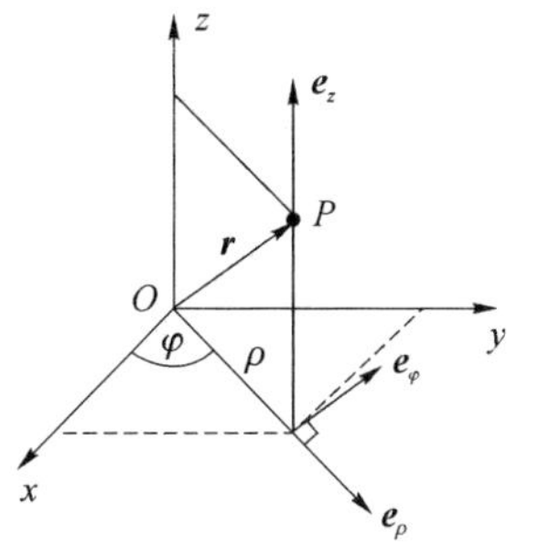

图 1-4 圆柱坐标系一点的投影

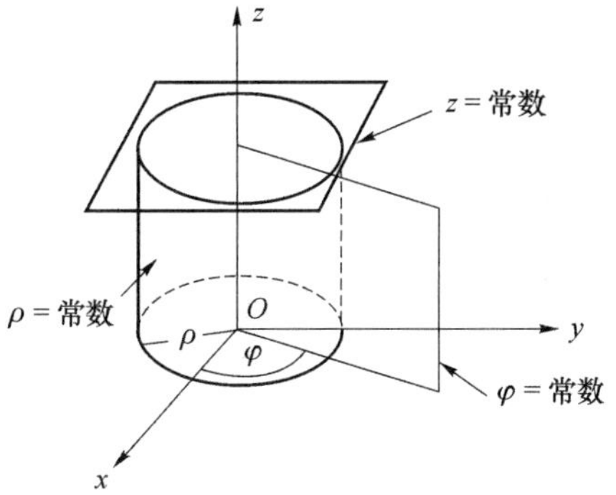

图 1-5 圆柱坐标系 3 个互相垂直的坐标面

沿圆柱面、φ=常数平面和 z=常数圆盘平面的 3 个面元矢量分别为：

$$\begin{aligned} d\boldsymbol{S}_\rho &= \boldsymbol{e}_\rho d\varphi dz \\ d\boldsymbol{S}_\varphi &= \boldsymbol{e}_\varphi d\rho dz \\ d\boldsymbol{S}_z &= \boldsymbol{e}_z \rho d\varphi d\rho \end{aligned} \tag{1-2-9}$$

柱坐标的体积元为：

$$dV=\rho d\varphi d\rho dz \tag{1-2-10}$$

1.2.3 球坐标系

在球坐标系中，空间一点 P 能唯一地用 3 个坐标变量 (r,θ,φ) 来表示，如图 1-6 所示。此处，r 是位置矢量 $\boldsymbol{r}$ 的大小，又称为矢径，θ 是位置矢量 $\boldsymbol{r}$ 与 z 轴的夹角，φ 是从正 x 轴到位置矢量 $\boldsymbol{r}$ 在 xy 面上的投影 OM 之间的夹角。θ=常数，r=常数。

由图 1-6 可以看出，球坐标与直角坐标之间的关系为：

$$\begin{cases} x=r\sin\theta\cos\varphi \\ y=r\sin\theta\sin\varphi \\ z=r\cos\theta \end{cases} \tag{1-2-11}$$

坐标面

$$r=\sqrt{x^2+y^2+z^2} \tag{1-2-12}$$

是一个半径为 r 的球面，r 的变化范围为 $0\leqslant r\leqslant\infty$。

坐标面

$$\theta=\text{常数} \tag{1-2-13}$$

是一个以原点为顶点、以 z 轴为轴线的圆锥面，θ 的变化范围为 $0\leqslant\theta\leqslant\pi$。

坐标面

$$\varphi=\arctan\left(\frac{y}{x}\right)=常数 \tag{1-2-14}$$

是一个以 z 轴为界的半平面，φ 的变化范围为 $0\leqslant\varphi\leqslant 2\pi$。这 3 个坐标面如图 1-7 所示。

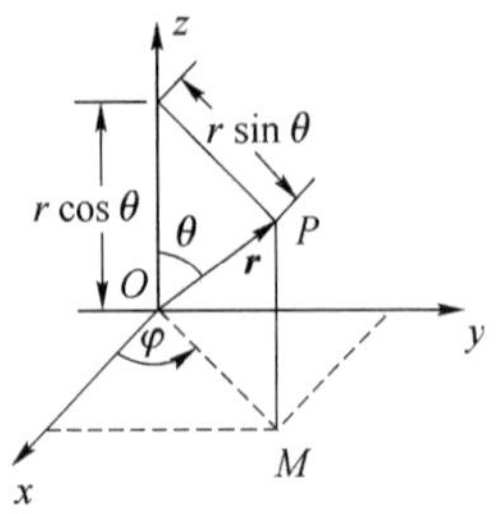

图 1-6　球坐标系一点的投影

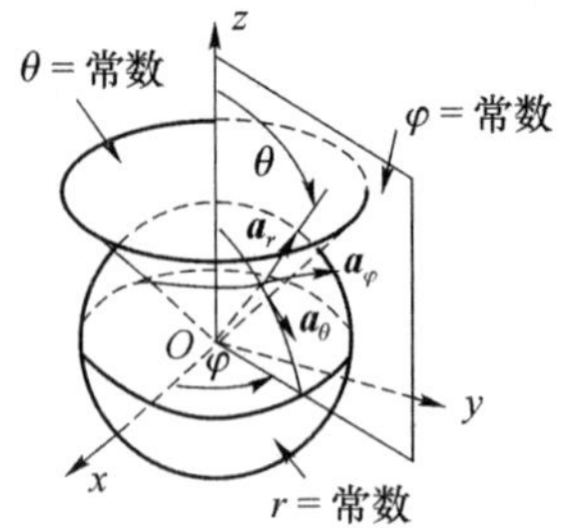

图 1-7　球坐标系 3 个互相垂直的坐标面

沿球面、θ=常数平面和 φ=常数平面的 3 个面元矢量分别为：

$$d\boldsymbol{S}_r=\boldsymbol{e}_r r^2\sin\theta d\theta d\varphi$$

$$d\boldsymbol{S}_\theta=\boldsymbol{e}_\theta r\sin\theta dr d\varphi$$

$$d\boldsymbol{S}_\varphi=\boldsymbol{e}_\varphi r\, dr d\theta \tag{1-2-15}$$

球坐标的体积元为：

$$dV=r^2\sin\theta dr d\theta d\varphi \tag{1-2-16}$$

1.3　矢量场

发生物理现象的那部分空间称为场(field)。如果这个物理量是标量，就称其为标量场；如果这个物理量是矢量，就称为矢量场。若场不随时间变化，则称该场为静态场；否则，称该场为动态场或时变场。

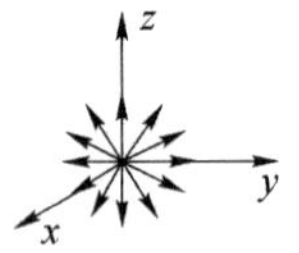

图 1-8　点电荷的电场矢量线

为了考察矢量场在空间的分布状况及变化规律，我们引入矢量线、矢量的通量和散度及矢量的环量和旋度的概念。

我们知道，矢量场在空间的分布状况可以用矢量线来形象直观地描述，例如，位于坐标原点的点电荷 q，它在空间所产生的电场强度矢量线图如图 1-8 所示。

由图 1-8 可见，电力线是一族从点电荷出发向空间发散的径向辐射线，这一组矢量线形象地描绘出了点电荷的电场分布。

1.3.1　矢量的通量及散度

1. 矢量场的通量

在流速为 $\boldsymbol{V}$ 的水流中，有一小面元，面积为 dS，则单位时间内流过 dS 的水量为 $Q=VdS\cos\theta$，为更好地表达这个 $\cos\theta$，我们可以用法线方向给面元也定义方向，具体分两种情况。

① 开表面上的面元：此时按围成开表面的闭合曲线的方向来规定：即先选择闭合曲

线的方向，然后面元正方向的定义与闭合曲线的方向符合右手螺旋定则。

② 闭合曲面上的面元：指向曲面外面的方向为正方向，有了这个定义，面元可以表示为 $\mathrm{d}\boldsymbol{S}=\boldsymbol{e}_n\mathrm{d}S$，上述水流问题：$V\cos\theta=\boldsymbol{V}\cdot\boldsymbol{e}_n$，$Q=(\boldsymbol{V}\cdot\boldsymbol{e}_n)\mathrm{d}S=\boldsymbol{V}\cdot\mathrm{d}\boldsymbol{S}$。

我们可以用面元与水流速度的点积来表述单位时间内通过面元的水量，如果是某一个表面，就可以表示为：$Q=\int_S\boldsymbol{V}\cdot\mathrm{d}\boldsymbol{S}$。如图 1-9 所示，类似于水的流速场。

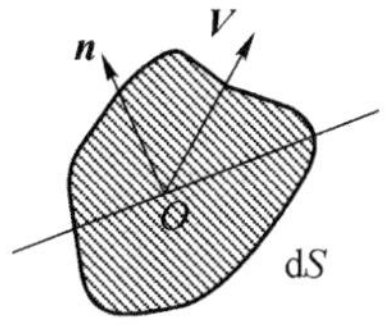

图 1-9 矢量场的通量

定义任意一个矢量场 $\boldsymbol{A}$ 在某个面上的通量：

$$Q=\int_S\boldsymbol{A}\cdot\mathrm{d}\boldsymbol{S}=\int_S(\boldsymbol{A}\cdot\boldsymbol{e}_n)\mathrm{d}S \tag{1-3-1}$$

研究场在一个面上的通量有什么意义呢？当我们讨论一个闭合曲面时，其意义是最明显的，此时：

$$Q=\oint_S\boldsymbol{A}\cdot\mathrm{d}\boldsymbol{S} \tag{1-3-2}$$

假定矢量场 $\boldsymbol{A}$ 为流体的速度，则式(1-3-2)的物理意义为：在单位时间内流体从内穿出曲面 S 的正流量与从外穿入曲面 S 的负流量的代数和。当 $Q>0$ 时，表示流出多于流入，此时在 S 内必有产生流体的源；当 $Q<0$ 时，则表示流入多于流出，此时在 S 内必有吸收流体的负源，我们称之为沟；当 $Q=0$ 时，则表示流入等于流出，此时在 S 内正源与负源的代数和为零，或者说在 S 内没有源。我们把该类源称为发散源。

矢量场在闭合面 S 上的通量是由 S 内的源决定的，它是一个积分量，因而它描绘的是闭合面内较大范围的源的分布情况，而我们往往需要知道场中每一点上发散源的性质，为此引入矢量场散度的概念。

2. 矢量场的散度

(1) 散度的定义

设有矢量场 $\boldsymbol{A}$，在场中任一点 P 处作一个包含 P 点在内的任一闭合曲面 S，S 所限定的体积为 ΔV，当体积 ΔV 以任意方式缩向 P 点时，取极限：

$$\lim_{\Delta V\to 0}\left(\frac{\oint_S\boldsymbol{A}\cdot\mathrm{d}\boldsymbol{S}}{\Delta V}\right) \tag{1-3-3}$$

如果式(1-3-3)的极限存在，则称此极限为矢量场 $\boldsymbol{A}$ 在点 P 处的散度(divergence)，记作：

$$\mathrm{div}\,\boldsymbol{A}=\lim_{\Delta V\to 0}\left(\frac{\oint_S\boldsymbol{A}\cdot\mathrm{d}\boldsymbol{S}}{\Delta V}\right) \tag{1-3-4}$$

在直角坐标系中，散度的表达式：

$$\mathrm{div}\,\boldsymbol{A}=\frac{\partial A_x}{\partial x}+\frac{\partial A_y}{\partial y}+\frac{\partial A_z}{\partial z} \tag{1-3-5}$$

(2) 哈米尔顿(Hamilton)算子

为了方便,我们引入一个矢性微分算子,在直角坐标系中有:

$$\nabla = \boldsymbol{e}_x \frac{\partial}{\partial x} + \boldsymbol{e}_y \frac{\partial}{\partial y} + \boldsymbol{e}_z \frac{\partial}{\partial z} \tag{1-3-6}$$

我们将它称作哈米尔顿算子,记号∇是一个微分符号,同时又要当作矢量看待。

算子∇与矢性函数$\boldsymbol{A}$的点积为一标量函数。在直角坐标系中:

$$\nabla \cdot \boldsymbol{A} = \left(\boldsymbol{e}_x \frac{\partial}{\partial x} + \boldsymbol{e}_y \frac{\partial}{\partial y} + \boldsymbol{e}_z \frac{\partial}{\partial z}\right) \cdot (\boldsymbol{e}_x A_x + \boldsymbol{e}_y A_y + \boldsymbol{e}_z A_z) = \mathrm{div}\,\boldsymbol{A} \tag{1-3-7}$$

可见,$\mathrm{div}\,\boldsymbol{A}$为一数量,表示场中一点处的通量对体积的变化率,也就是在该点处对一个单位体积来说所穿出的通量,称为该点处源的强度,它描述的是场分量沿着各自方向的变化规律。当$\mathrm{div}\,\boldsymbol{A}$的值不为零时,其符号为正或为负。当$\mathrm{div}\,\boldsymbol{A}$的值为正时,表示矢量场$\boldsymbol{A}$在该点处有散发通量之正源,称为有源;当$\mathrm{div}\,\boldsymbol{A}$的值为负时,表示矢量场$\boldsymbol{A}$在该点处有吸收通量之负源,称之为有洞;当$\mathrm{div}\,\boldsymbol{A}$的值等于零时,则表示矢量场$\boldsymbol{A}$在该点处无源。

(3) 高斯散度定理

在矢量分析中,一个重要的定理是:

$$\int_V \nabla \cdot \boldsymbol{A} \mathrm{d}V = \oint_S \boldsymbol{A} \cdot \mathrm{d}\boldsymbol{S} \tag{1-3-8}$$

式(1-3-8)称为散度定理,它说明了矢量场散度的体积分等于矢量场在包围该体积的闭合面上的法向分量沿闭合面的面积分。散度定理广泛地用于将一个封闭面积分变成等价的体积分,或者将一个体积分变成等价的封闭面积分,有关它的证明这里从略。

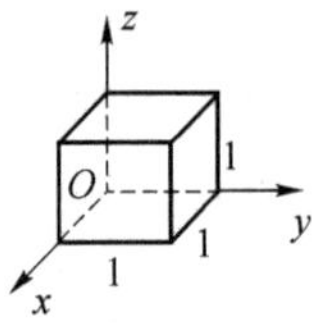

图 1-10 单位立方体

例 1-2 在$\boldsymbol{A} = \boldsymbol{e}_x x^2 + \boldsymbol{e}_y xy + \boldsymbol{e}_z yz$的矢量场中,有一个边长为1的立方体,它的一个顶点在坐标原点上,如图 1-10 所示。试求矢量场$\boldsymbol{A}$的散度与从六面体内穿出的通量,并验证高斯散度定理。

解:①矢量场$\boldsymbol{A}$的散度:

$$\mathrm{div}\,\boldsymbol{A} = \frac{\partial A_x}{\partial x} + \frac{\partial A_y}{\partial y} + \frac{\partial A_z}{\partial z} = \frac{\partial (x^2)}{\partial x} + \frac{\partial (xy)}{\partial y} + \frac{\partial (yz)}{\partial z} = 3x + y$$

② 从单位立方体内穿出的通量为:

$$Q = \oint_S \boldsymbol{A} \cdot \mathrm{d}\boldsymbol{S} = \int_{前} \boldsymbol{A} \cdot \mathrm{d}\boldsymbol{S} + \int_{后} \boldsymbol{A} \cdot \mathrm{d}\boldsymbol{S} + \int_{左} \boldsymbol{A} \cdot \mathrm{d}\boldsymbol{S} + \int_{右} \boldsymbol{A} \cdot \mathrm{d}\boldsymbol{S} + \int_{上} \boldsymbol{A} \cdot \mathrm{d}\boldsymbol{S} + \int_{下} \boldsymbol{A} \cdot \mathrm{d}\boldsymbol{S}$$

$$\int_{前} \boldsymbol{A} \cdot \mathrm{d}\boldsymbol{S} + \int_{后} \boldsymbol{A} \cdot \mathrm{d}\boldsymbol{S} = \int_{前} \boldsymbol{A} \cdot \boldsymbol{e}_x \mathrm{d}y\mathrm{d}z \Big|_{x=1} + \int_{后} \boldsymbol{A} \cdot (-\boldsymbol{e}_x) \mathrm{d}y\mathrm{d}z \Big|_{x=0} = 1 + 0 = 1$$

$$\int_{左} \boldsymbol{A} \cdot \mathrm{d}\boldsymbol{S} + \int_{右} \boldsymbol{A} \cdot \mathrm{d}\boldsymbol{S} = \int_{左} \boldsymbol{A} \cdot (-\boldsymbol{e}_y) \mathrm{d}x\mathrm{d}z \Big|_{y=0} + \int_{右} \boldsymbol{A} \cdot \boldsymbol{e}_y \mathrm{d}x\mathrm{d}z \Big|_{y=1} = 0 + \frac{1}{2} = \frac{1}{2}$$

$$\int_{上} \boldsymbol{A} \cdot \mathrm{d}\boldsymbol{S} + \int_{下} \boldsymbol{A} \cdot \mathrm{d}\boldsymbol{S} = \int_{上} \boldsymbol{A} \cdot \boldsymbol{e}_z \mathrm{d}x\mathrm{d}y \Big|_{z=1} + \int_{下} \boldsymbol{A} \cdot (-\boldsymbol{e}_z) \mathrm{d}x\mathrm{d}y \Big|_{z=0} = \frac{1}{2} + 0 = \frac{1}{2}$$

$$\int_V \nabla \cdot \boldsymbol{A} \mathrm{d}V = \int_0^1 \int_0^1 \int_0^1 (3x + y) \mathrm{d}x\mathrm{d}y\mathrm{d}z = 2$$

可见，从单位立方体内穿出的通量为 2，且有

$$\int_V \nabla \cdot \boldsymbol{A} \mathrm{d}V = \oint_S \boldsymbol{A} \cdot \mathrm{d}\boldsymbol{S}$$

成立。

例 1-3 有矢量场 $\boldsymbol{A}(\boldsymbol{r})=\boldsymbol{r}$，计算此矢量场穿过一个球心在原点、半径为 a 的球面的通量及其散度。

解： $\boldsymbol{A}(\boldsymbol{r})=\boldsymbol{e}_x A_x(\boldsymbol{r})+\boldsymbol{e}_y A_y(\boldsymbol{r})+\boldsymbol{e}_z A_z(\boldsymbol{r})=\boldsymbol{r}=r\boldsymbol{e}_r=\boldsymbol{e}_x x(\boldsymbol{r})+\boldsymbol{e}_y y(\boldsymbol{r})+\boldsymbol{e}_z z(\boldsymbol{r})$

在球面上 $r=a$：

$$\oint_S \boldsymbol{A} \cdot \mathrm{d}\boldsymbol{S} = \oint_S \boldsymbol{e}_r r \cdot \boldsymbol{e}_r \mathrm{d}S = \oint_S a \mathrm{d}S = a\oint_S \mathrm{d}\boldsymbol{S} = 4\pi a^2$$

$$\nabla \cdot \boldsymbol{A}(\boldsymbol{r}) = \nabla \cdot \boldsymbol{r} = \left(\boldsymbol{e}_x \frac{\partial}{\partial x} + \boldsymbol{e}_y \frac{\partial}{\partial y} + \boldsymbol{e}_z \frac{\partial}{\partial z}\right) \cdot (\boldsymbol{e}_x x + \boldsymbol{e}_y y + \boldsymbol{e}_z z)$$

$$= \frac{\partial x}{\partial x} + \frac{\partial y}{\partial y} + \frac{\partial z}{\partial z} = 3$$

在球坐标中，利用散度公式可以计算得出：

$$\nabla \cdot \boldsymbol{A}(\boldsymbol{r}) = \nabla \cdot \boldsymbol{r} = \frac{1}{r^2}\frac{\partial}{\partial r}(r^2 A_r) = \frac{1}{r^2}\frac{\partial}{\partial r}(r^2 \cdot r) = 3$$

在球坐标系中的计算结果与直角坐标系中的相同，这说明矢量场的散度与坐标系的选取无关。

1.3.2 矢量的环量及旋度

1. 矢量场的环量

设有矢量场 $\boldsymbol{A}$，$\boldsymbol{l}$ 为场中的一条封闭的有向曲线，定义矢量场 $\boldsymbol{A}$ 环绕闭合路径 $\boldsymbol{l}$ 的线积分为该矢量场的环量(circulation)，如图 1-11 所示，记作：

$$\Gamma = \oint_C \boldsymbol{A} \cdot \mathrm{d}\boldsymbol{l} \tag{1-3-9}$$

可见，矢量场的环量也是一数量。如果矢量场的环量不等于零，则在 $\boldsymbol{l}$ 内必然有产生这种场的旋涡源；如果矢量场的环量等于零，则我们说在 $\boldsymbol{l}$ 内没有旋涡源。

矢量场的环量和矢量穿过闭合面的通量一样都是描绘矢量场 $\boldsymbol{A}$ 性质的重要物理量，它同样是一个积分量。为了知道场中每个点上旋涡源的性质，我们引入矢量场的旋度的概念。

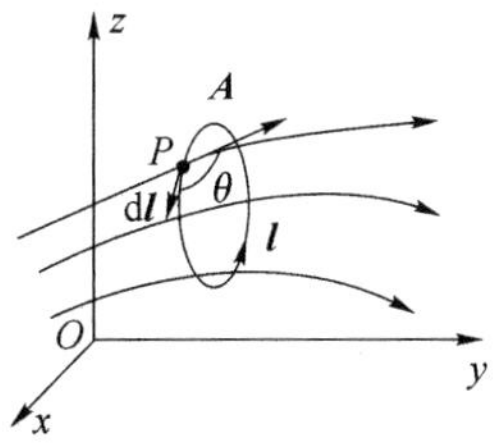

图 1-11 矢量场的环量

2. 矢量场的旋度

(1) 旋度的定义

设 P 为矢量场中的任一点，作一个包含 P 点的微小面元 ΔS，其周界为 $\boldsymbol{l}$，它的正向与面元 ΔS 的法向矢量 $\boldsymbol{n}$ 成右手螺旋关系，如图 1-12 所示，则矢量场 $\boldsymbol{A}$ 沿 $\boldsymbol{l}$ 之正向的环量与面积 ΔS 之比，在曲面 ΔS 在 P 点处保持以 $\boldsymbol{n}$ 为法向矢量的条件下，以任意方式缩向 P

点，若其极限

$$\lim_{\Delta S \to 0} \frac{\oint_l \boldsymbol{A} \cdot \mathrm{d}\boldsymbol{l}}{\Delta S} \tag{1-3-10}$$

存在，则称它为矢量场在点 P 处沿 $\boldsymbol{n}$ 方向的环量面密度(亦即环量对面积的变化率)。

不难看出，环量面密度与 l 所围成的面元 ΔS 的方向有关。例如，在流体情形中，某点附近的流体沿着一个面呈漩涡状流动时，如果 l 围成的面元与漩涡面的方向重合，则环量面密度最大；如果所取面元与漩涡面之间有一夹角，则得到的环量面密度总是小于最大值；若面元与漩涡面相垂直，则环量面密度等于零。

为此，定义旋度(rotation)为：

$$\mathbf{rot}\, \boldsymbol{A} = \boldsymbol{n} \max \lim_{\Delta S \to 0} \frac{\oint_C \boldsymbol{A} \cdot \mathrm{d}\boldsymbol{l}}{\Delta S} \tag{1-3-11}$$

即环流面密度的最大值 $\max \lim\limits_{\Delta S \to 0} \frac{\oint_C \boldsymbol{A} \cdot \mathrm{d}\boldsymbol{l}}{\Delta S}$ 称为矢量场的旋度的大小，定义此时 ΔS 的方向 $\boldsymbol{n}$ 为旋度的方向。矢量场的旋度仍为矢量，旋度及其投影如图 1-13 所示。在直角坐标系中，旋度的表达式：

$$\mathbf{rot}\, \boldsymbol{A} = \boldsymbol{e}_x \left(\frac{\partial A_z}{\partial y} - \frac{\partial A_y}{\partial z} \right) + \boldsymbol{e}_y \left(\frac{\partial A_x}{\partial z} - \frac{\partial A_z}{\partial x} \right) + \boldsymbol{e}_z \left(\frac{\partial A_y}{\partial x} - \frac{\partial A_x}{\partial y} \right) \tag{1-3-12}$$

为方便起见，也引入算子∇，则有：

$$\mathbf{rot}\, \boldsymbol{A} = \nabla \times \boldsymbol{A} = \begin{vmatrix} \boldsymbol{e}_x & \boldsymbol{e}_y & \boldsymbol{e}_z \\ \frac{\partial}{\partial x} & \frac{\partial}{\partial y} & \frac{\partial}{\partial z} \\ A_x & A_y & A_z \end{vmatrix} \tag{1-3-13}$$

一个矢量场的旋度表示该矢量单位面积上的环量，它描述的是场分量沿着与它相垂直的方向上的变化规律。若矢量场的旋度不为零，则称该矢量场是有旋的。水从槽子流出或流入是流体旋转速度场最好的例子。若矢量场的旋度等于零，则称此矢量场是无旋的或保守的，静电场中的电场强度就是一个保守场。

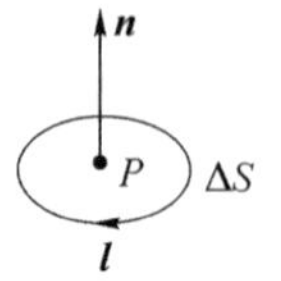

图 1-12 闭合曲线方向与面元的方向示意图

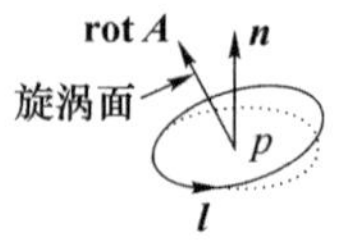

图 1-13 旋度及其投影

旋度的一个重要性质就是它的散度恒等于零，即旋无散：

$$\nabla \cdot (\nabla \times \boldsymbol{A}) = 0 \tag{1-3-14}$$

证明：

$$\nabla\cdot(\nabla\times\boldsymbol{A})=\left(\boldsymbol{e}_x\frac{\partial}{\partial x}+\boldsymbol{e}_y\frac{\partial}{\partial x}+\boldsymbol{e}_z\frac{\partial}{\partial z}\right)\cdot\left[\boldsymbol{e}_x\left(\frac{\partial A_y}{\partial y}-\frac{\partial A_z}{\partial z}\right)+\boldsymbol{e}_y\left(\frac{\partial A_x}{\partial x}-\frac{\partial A_z}{\partial x}\right)+\boldsymbol{e}_z\left(\frac{\partial A_y}{\partial x}-\frac{\partial A_x}{\partial y}\right)\right]$$

$$=\frac{\partial}{\partial x}\left(\frac{\partial A_z}{\partial y}-\frac{\partial A_y}{\partial z}\right)+\frac{\partial}{\partial y}\left(\frac{\partial A_x}{\partial z}-\frac{\partial A_z}{\partial x}\right)+\frac{\partial}{\partial z}\left(\frac{\partial A_y}{\partial x}-\frac{\partial A_x}{\partial y}\right)=0$$

这就是说，如果有一个矢量场 $\boldsymbol{B}$ 的散度等于零，则这个矢量就可以用另一个矢量的旋度来表示，即如果：

$$\nabla\cdot\boldsymbol{B}=0 \tag{1-3-15}$$

则令：

$$\boldsymbol{B}=\nabla\times\boldsymbol{A} \tag{1-3-16}$$

(2) 斯托克斯定理(Stokes Theorem)

矢量分析中另一个重要定理是：

$$\oint_l \boldsymbol{A}\cdot\mathrm{d}\boldsymbol{l}=\int_S \nabla\times\boldsymbol{A}\cdot\mathrm{d}\boldsymbol{S} \tag{1-3-17}$$

称为斯托克斯定理，其中 $\boldsymbol{S}$ 是闭合路径 $\boldsymbol{l}$ 所围成的面积，它的方向与 $\boldsymbol{l}$ 的方向成右手螺旋关系，它说明矢量场 $\boldsymbol{A}$ 的旋度法向分量的面积分等于该矢量沿围绕此面积曲线边界的线积分。证明从略。

例 1-4 求矢量场 $\boldsymbol{A}(r)=\boldsymbol{e}_x x^2+\boldsymbol{e}_y y^2+\boldsymbol{e}_z z^2$ 沿 xy 面内闭合路径 C 的线积分，闭合路径为由(0,0)和$(2,\sqrt{2})$之间的一段抛物线 $y^2=x$ 和两段平行于坐标轴的直线轴组成，如图 1-14 所示，并计算矢量 $\boldsymbol{A}$ 的旋度。

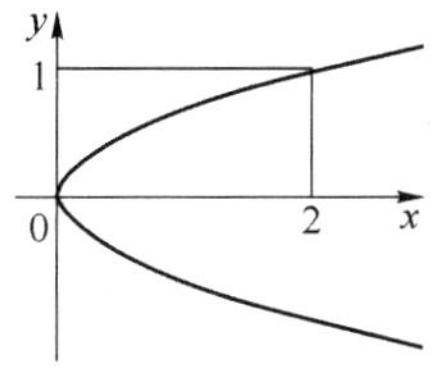

图 1-14 闭合路径 C

解：因为在 xy 面内，故 $\mathrm{d}z=0$，$\mathrm{d}\boldsymbol{l}=\boldsymbol{e}_x\mathrm{d}x+\boldsymbol{e}_y\mathrm{d}y$，将闭合路径分成沿 x 轴段的线 1、沿 y 轴段的线 2 和沿抛物段的线 3，其积分如下：

① 对于线 1，$y=0$，有 $\mathrm{d}y=0$，$\boldsymbol{A}\cdot\mathrm{d}\boldsymbol{l}=A_x\mathrm{d}x=x^2\mathrm{d}x$；

② 对于线 2，$x=2$，有 $\mathrm{d}x=0$，$\boldsymbol{A}\cdot\mathrm{d}\boldsymbol{l}=A_y\mathrm{d}y=y^2\mathrm{d}y$；

③ 对于线 3，有 $y^2=x$；则有 $\dfrac{\mathrm{d}y}{\mathrm{d}x}=\dfrac{1}{2\sqrt{x}}$，$\boldsymbol{A}\cdot\mathrm{d}\boldsymbol{l}=A_x\mathrm{d}x+A_y\mathrm{d}y=x^2\mathrm{d}x+y^2\mathrm{d}y=(x^2+\sqrt{x}/2)\mathrm{d}x$。

所以，矢量 $\boldsymbol{A}$ 沿闭合路径 C 的线积分为：

$$\oint_C \boldsymbol{A}\cdot \mathrm{d}\boldsymbol{l} = \int_1 \boldsymbol{A}\cdot \mathrm{d}\boldsymbol{l} + \int_2 \boldsymbol{A}\cdot \mathrm{d}\boldsymbol{l} + \int_3 \boldsymbol{A}\cdot \mathrm{d}\boldsymbol{l}$$

$$= \int_0^2 x^2\,\mathrm{d}x + \int_0^{\sqrt{2}} y^2\,\mathrm{d}y + \int_2^0 \left(x^2 + \frac{\sqrt{x}}{2}\right)\mathrm{d}x$$

$$= \frac{x^3}{3}\bigg|_0^2 + \frac{y^3}{3}\bigg|_0^{\sqrt{2}} + \frac{x^3}{3}\bigg|_2^0 + \frac{x^{3/2}}{3}\bigg|_2^0$$

$$= \frac{8}{3} + \frac{2^{3/2}}{3} + \left(-\frac{8}{3}\right) + \left(-\frac{2^{3/2}}{3}\right) = 0$$

$$\nabla\times\boldsymbol{A} = \begin{vmatrix} \boldsymbol{e}_x & \boldsymbol{e}_y & \boldsymbol{e}_z \\ \frac{\partial}{\partial x} & \frac{\partial}{\partial y} & \frac{\partial}{\partial z} \\ A_x & A_y & A_z \end{vmatrix} = \begin{vmatrix} \boldsymbol{e}_x & \boldsymbol{e}_y & \boldsymbol{e}_z \\ \frac{\partial}{\partial x} & \frac{\partial}{\partial y} & \frac{\partial}{\partial z} \\ x^2 & y^2 & z^2 \end{vmatrix} = 0$$

满足斯托克斯定理。

1.4 标量场

如前面所述，一个标量场(scalar field)的每点仅用一个数来说明，为了考察标量场在空间的分布和变化规律，引入等值面、方向导数和梯度的概念。

1.4.1 标量场的等值面

一个标量场 u 可以用一个标量函数来表示。在直角坐标系中，可将 u 表示为：

$$u=u(x,y,z) \tag{1-4-1}$$

令：

$$u(x,y,z)=C(C\text{ 为任意常数}) \tag{1-4-2}$$

式(1-4-2)在几何上一般表示一个曲面，在这个曲面上的各点，虽然点坐标(x,y,z)不同，但函数值相等，这个曲面称为标量场 u 的等值面。随着 C 的取值不同，得到一系列不同的等值面，如图 1-15 所示。同理，对于由二维函数 $v=v(x,y)$所给定的平面标量场，可按 $v(x,y)=C$ 得到一系列不同值的等值线。

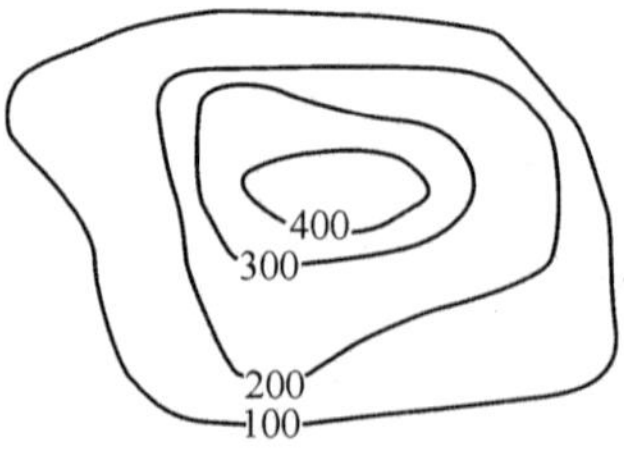

图 1-15　标量场的等值面

标量场的等值面或等值线可以直观地帮助我们了解物理量在场中的分布情况。例如，根据地形图上等高线及其所标出的高度，我们就能了解该地区的高低情况，根据等高线分布的疏密程度可以判断该地区各个方向上地势的陡度。

1.4.2 标量场的方向导数

1. 方向导数的定义

设 P_0 为标量场 $u=u(P)$ 中的一点，从点 P_0 出发引出一条射线 $\boldsymbol{l}$，如图 1-16 所示。在 $\boldsymbol{l}$ 上 P_0 点邻近取一点 P，记线段 $\overline{P_0P}=\Delta l$，如果当 $P\to P_0$ 时，$\dfrac{\Delta u}{\Delta l}=\dfrac{u(P)-u(P_0)}{\Delta l}$ 的极限存在，则称它为函数 $u(P)$ 在点 P_0 处沿 $\boldsymbol{l}$ 方向的方向导数，记为：

$$\left.\frac{\partial u}{\partial l}\right|_{P_0}=\lim_{\Delta l\to 0}\frac{u(P)-u(P_0)}{\Delta l} \tag{1-4-3}$$

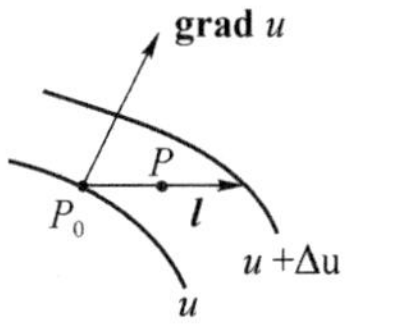

图 1-16 u 沿不同方向的变化率

由此定义可知，方向导数是函数 $u(P)$ 在一个点处沿某一方向对距离的变化率，故当 $\dfrac{\partial u}{\partial l}>0$ 时，u 沿 $\boldsymbol{l}$ 方向是增加的，当 $\dfrac{\partial u}{\partial l}<0$ 时，u 沿 $\boldsymbol{l}$ 方向是减少的。

2. 方向导数的计算公式

在直角坐标系中，设函数 $u=u(x,y,z)$ 在 $P_0(x_0,y_0,z_0)$ 处可微，则有：

$$\Delta u=u(P)-u(P_0)=\frac{\partial u}{\partial x}\Delta x+\frac{\partial u}{\partial y}\Delta y+\frac{\partial u}{\partial z}\Delta z+\delta\Delta l \tag{1-4-4}$$

式(1-4-4)中，当 $\Delta l\to 0$ 时 $\delta\to 0$。

将式(1-4-4)两边同除以 Δl 并取极限得：

$$\frac{\partial u}{\partial l}=\frac{\partial u}{\partial x}\cos\alpha+\frac{\partial u}{\partial y}\cos\beta+\frac{\partial u}{\partial z}\cos\gamma \tag{1-4-5}$$

式中，$\cos\alpha$、$\cos\beta$、$\cos\gamma$ 为 $\boldsymbol{l}$ 方向的方向余弦。

1.4.3 标量场的梯度

1. 梯度的定义

方向导数为我们解决了函数 $u(P)$ 在给定点处沿某个方向的变化率问题。然而从场中的给定点 P 出发，标量场 u 在不同方向上的变化率一般说来是不同的，那么，可以设想，必定在某个方向上变化率为最大。为此，我们定义一个矢量，其方向就是函数 u 在点 P 处变化率为最大的方向，其大小就是这个最大变化率的值，这个矢量称为函数 u 在点 P 处的梯度(gradient)，记为：

$$\textbf{grad}\,u=\boldsymbol{e}_x\frac{\partial u}{\partial x}+\boldsymbol{e}_y\frac{\partial u}{\partial y}+\boldsymbol{e}_z\frac{\partial u}{\partial z} \tag{1-4-6}$$

算子 ∇ 与标量函数 u 相乘为一矢量函数。在直角坐标系中：

$$\nabla u=\boldsymbol{e}_x\frac{\partial u}{\partial x}+\boldsymbol{e}_y\frac{\partial u}{\partial y}+\boldsymbol{e}_z\frac{\partial u}{\partial z} \tag{1-4-7}$$

所以有：

$$\mathbf{grad}\ u=\nabla u \tag{1-4-8}$$

另外，还经常用到标量拉普拉斯算子，即：

$$\nabla^2=\nabla\cdot\nabla \tag{1-4-9}$$

在直角坐标系中的拉普拉斯表达式为：

$$\nabla^2 u=\boldsymbol{e}_x\frac{\partial u}{\partial x}+\boldsymbol{e}_y\frac{\partial u}{\partial y}+\boldsymbol{e}_z\frac{\partial u}{\partial z} \tag{1-4-10}$$

一个标量函数 u 在柱坐标系中的梯度和拉普拉斯表达式分别为：

$$\nabla u=\boldsymbol{e}_r\frac{\partial u}{\partial \rho}+\boldsymbol{e}_\varphi\frac{1}{r}\frac{\partial u}{\partial \varphi}+\boldsymbol{e}_z\frac{\partial u}{\partial z} \tag{1-4-11}$$

$$\nabla^2 u=\frac{1}{\rho}\frac{\partial}{\partial \rho}\left(\rho\frac{\partial u}{\partial \rho}\right)+\frac{1}{\rho^2}\left(\frac{\partial^2 u}{\partial \varphi^2}\right)+\frac{\partial^2 u}{\partial z^2} \tag{1-4-12}$$

一个标量函数 u 在球坐标系中的梯度和拉普拉斯表达式分别为：

$$\nabla u=\boldsymbol{e}_r\frac{\partial u}{\partial r}+\boldsymbol{e}_\theta\frac{1}{r}\frac{\partial u}{\partial \theta}+\boldsymbol{e}_\varphi\frac{1}{r\sin\theta}\frac{\partial u}{\partial \varphi} \tag{1-4-13}$$

$$\nabla^2 u=\frac{1}{r^2}\frac{1}{\partial r}\left(r^2\frac{\partial u}{\partial r}\right)+\frac{1}{r^2\sin\theta}\frac{\partial}{\partial\theta}\left(\sin\theta\frac{\partial u}{\partial \theta}\right)+\frac{1}{r^2\sin^2\theta}\left(\frac{\partial^2 u}{\partial \varphi^2}\right) \tag{1-4-14}$$

2. 梯度的性质

梯度有以下重要性质。

① 方向导数等于梯度在该方向上的投影，即$\frac{\partial u}{\partial l}=\nabla u\cdot\boldsymbol{l}$。

② 标量场 u 中每一点 P 处的梯度，垂直于过该点的等值面，且指向函数 $u(P)$ 增大的方向。也就是说，梯度就是该等值面的法向矢量。

③ 梯度的旋度等于零，即梯无旋$\nabla\times(\nabla u)=0$。

证明：$\nabla\times(\nabla u)=(\boldsymbol{e}_x\frac{\partial}{\partial x}+\boldsymbol{e}_y\frac{\partial}{\partial y}+\boldsymbol{e}_z\frac{\partial}{\partial z})\times\left(\boldsymbol{e}_x\frac{\partial u}{\partial x}+\boldsymbol{e}_y\frac{\partial u}{\partial y}+\boldsymbol{e}_z\frac{\partial u}{\partial z}\right)$，从 $\boldsymbol{e}_x$ 方向看，$\boldsymbol{e}_x\left(\frac{\partial}{\partial y}\frac{\partial u}{\partial z}-\frac{\partial}{\partial z}\frac{\partial u}{\partial y}\right)=0$，其他方向同理。

例 1-5 求标量函数 $u=5x^2y\sin z$ 的梯度，并求此梯度在(1,0,0)处的值。

解：$\nabla u=\boldsymbol{e}_x\frac{\partial u}{\partial x}+\boldsymbol{e}_y\frac{\partial u}{\partial y}+\boldsymbol{e}_z\frac{\partial u}{\partial z}=\boldsymbol{e}_x 10xy\sin z+\boldsymbol{e}_y 5x^2\sin z+\boldsymbol{e}_z 5x^2y\cos z$，所以此函数在(1,0,0)处的梯度为零。

1.5 亥姆霍兹定理

前面我们介绍了矢量分析中的一些基本概念和运算方法，其中矢量场的散度、旋度和标量场的梯度都是场的重要量度，或者说，一个矢量场的性质完全可以由它的散度和旋度来表明，一个标量场的性质则完全可由它的梯度来表明。如果一个场的旋度为零，则称为无旋场；如果一个场的散度为零，则称为无散场。但就矢量场的整体而言，无旋场的散度不能处处为零；同样无散场的旋度也不能处处为零，否则场就不存在。因为任何一个物理矢量场都必须有源(source),场和源一起出现在某一空间内。假如我们把源看作是场的起因,矢量场的散度便对应于一种源,称为发散源;矢量场的旋度对应另一种源,称为旋涡源。

设一个矢量场 $\boldsymbol{A}$ 既有散度又有旋度,现将其分解为一个无旋场分量 $\boldsymbol{A}_1$ 和无散场分量 $\boldsymbol{A}_2$ 之和,即:

$$\boldsymbol{A}=\boldsymbol{A}_1+\boldsymbol{A}_2 \tag{1-5-1}$$

其中无旋场分量 $\boldsymbol{A}_1$ 的散度不等于零,设为 ρ,无散场分量 $\boldsymbol{A}_2$ 的旋度不等于零,设为 $\boldsymbol{J}$,因此有:

$$\nabla\cdot\boldsymbol{A}=\nabla\cdot(\boldsymbol{A}_1+\boldsymbol{A}_2)=\nabla\cdot\boldsymbol{A}_1=\rho \tag{1-5-2}$$

$$\nabla\times\boldsymbol{A}=\nabla\times(\boldsymbol{A}_1+\boldsymbol{A}_2)=\nabla\times\boldsymbol{A}_2=\boldsymbol{J} \tag{1-5-3}$$

亥姆霍兹定理(Helmholtz Theorem)为:当一个矢量函数的散度代表的源 ρ 和旋度代表的源 $\boldsymbol{J}$ 在空间的分布已确定时,在整个空间中,矢量场本身也就唯一地确定了。

亥姆霍兹定理告诉我们,研究一个矢量场,需要从散度和旋度两个方面去研究,就是矢量场基本方程的微分形式,或者从矢量场的闭合面的通量和闭合回路的环量两个方面去研究,也就是矢量场基本方程的积分形式。

例 1-6 已知矢量 $\boldsymbol{A}=\boldsymbol{e}_x 2x+\boldsymbol{e}_y y^2+\boldsymbol{e}_z z^2$,$\boldsymbol{B}=\boldsymbol{e}_x(y^2+z^2)+\boldsymbol{e}_y(z^2+x^2)+\boldsymbol{e}_z(x^2+y^2)$,求上述场是什么性质的场。

解: $\nabla\cdot\boldsymbol{A}(\boldsymbol{r})=\dfrac{\partial A_x}{\partial x}+\dfrac{\partial A_y}{\partial y}+\dfrac{\partial A_z}{\partial z}=\dfrac{\partial 2x}{\partial x}+\dfrac{\partial y^2}{\partial y}+\dfrac{\partial z^2}{\partial z}=2(1+y+z)$

$$\nabla\times\boldsymbol{A}=\begin{vmatrix}\boldsymbol{e}_x & \boldsymbol{e}_y & \boldsymbol{e}_z\\ \dfrac{\partial}{\partial x} & \dfrac{\partial}{\partial y} & \dfrac{\partial}{\partial z}\\ 2x & y^2 & z^2\end{vmatrix}=\boldsymbol{e}_x\left(\frac{\partial z^2}{\partial y}-\frac{\partial y^2}{\partial z}\right)+\boldsymbol{e}_y\left(\frac{\partial 2x}{\partial z}-\frac{\partial z^2}{\partial x}\right)+\boldsymbol{e}_z\left(\frac{\partial y^2}{\partial x}-\frac{\partial 2x}{\partial y}\right)=0$$

$\boldsymbol{A}$ 为无旋场或保守场,可以写成标量函数的梯度,即 $\boldsymbol{A}=\nabla u$。

$$\nabla\cdot\boldsymbol{B}(\boldsymbol{r})=\frac{\partial(y^2+z^2)}{\partial x}+\frac{\partial(z^2+x^2)}{\partial y}+\frac{\partial(x^2+y^2)}{\partial z}=0$$

$$\nabla\times\boldsymbol{B}=\begin{vmatrix}\boldsymbol{e}_x & \boldsymbol{e}_y & \boldsymbol{e}_z\\ \dfrac{\partial}{\partial x} & \dfrac{\partial}{\partial y} & \dfrac{\partial}{\partial z}\\ y^2+z^2 & z^2+x^2 & x^2+y^2\end{vmatrix}$$

$$=\boldsymbol{e}_x(2y-2z)+\boldsymbol{e}_y(2z-2x)+\boldsymbol{e}_z(2x-2y)$$

$\boldsymbol{B}$ 为无散场,$\boldsymbol{B}=\nabla\times\boldsymbol{F}$,可以写成矢量函数的散度。

习　　题

1-1 计算曲面积分 $\Phi=\iint\limits_S(x^2-2xy)\mathrm{d}y\mathrm{d}z+(y^2-2yz)\mathrm{d}z\mathrm{d}x+(z-2x+1)\mathrm{d}x\mathrm{d}y$,其中 S 是球心在原点、半径为 a 的球面的外侧。

1-2 求矢量场 $\boldsymbol{A}$ 从内穿出所给闭曲面 S 的通量:

① $\boldsymbol{A}=x^3\boldsymbol{e}_x+y^3\boldsymbol{e}_y+z^3\boldsymbol{e}_z$，$S$ 为球面 $x^2+y^2+z^2=a^2$；

② $\boldsymbol{A}=(x-y+z)\boldsymbol{e}_x+(y-z+x)\boldsymbol{e}_y+(z-x+y)\boldsymbol{e}_z$，$S$ 为椭球面$\dfrac{x^2}{a^2}+\dfrac{y^2}{b^2}+\dfrac{z^2}{c^2}=1$。

1-3 求下列空间矢量场的散度：

① $\boldsymbol{A}=(2z-3y)\boldsymbol{e}_x+(3x-z)\boldsymbol{e}_y+(y-2x)\boldsymbol{e}_z$；

② $\boldsymbol{A}=(3x^2-2yz)\boldsymbol{e}_x+(y^3+yz^2)\boldsymbol{e}_y+(xyz-3xz^2)\boldsymbol{e}_z$。

1-4 求 $\mathrm{div}\,\boldsymbol{A}$ 在给定点处的值：

① $\boldsymbol{A}=x^3\boldsymbol{e}_x+y^3\boldsymbol{e}_y+z^3\boldsymbol{e}_z$ 在点 $M(1.0,0.0,-1.0)$处；

② $\boldsymbol{A}=4x\boldsymbol{e}_x-2xy\boldsymbol{e}_y+z^2\boldsymbol{e}_z$ 在点 $M(1.0,1.0,3.0)$处；

③ $\boldsymbol{A}=xyz\boldsymbol{r}(\boldsymbol{r}=x\boldsymbol{e}_x+y\boldsymbol{e}_y+z\boldsymbol{e}_z)$在点 $M(1.0,3.0,2.0)$处。

1-5 已知液体的流速场 $\boldsymbol{V}=3x^2\boldsymbol{e}_x+5xy\boldsymbol{e}_y+xyz^3\boldsymbol{e}_z$，问点 $M(1.0,2.0,3.0)$是否为源点？

1-6 求矢量场 $\boldsymbol{A}=-y\boldsymbol{e}_x+x\boldsymbol{e}_y+c\boldsymbol{e}_z$（$c$ 为常数）沿下列曲线的环量。

① 圆周 $x^2+y^2=R^2$，$z=0$（旋转方向与 z 轴符合右手螺旋法则）。

② 圆周$(x-2)^2+y^2=R^2$，$z=0$（旋转方向与 z 轴符合右手螺旋法则）。

1-7 求矢量场 $\boldsymbol{A}=xyz(\boldsymbol{e}_x+\boldsymbol{e}_y+\boldsymbol{e}_z)$在点 $M(1.0,3.0,2.0)$处的旋度以及在这点沿方向 $\boldsymbol{e}_n=\dfrac{1}{3}(\boldsymbol{e}_x+2\boldsymbol{e}_y+2\boldsymbol{e}_z)$的环量面密度。

1-8 设矢量场 $\boldsymbol{A}=(x+y)\boldsymbol{e}_x+(y-x)\boldsymbol{e}_y$，求该矢量场沿椭圆周 C：$\dfrac{x^2}{a^2}+\dfrac{y^2}{b^2}=1$ 与 z 轴符合右手螺旋法则方向的环量。

1-9 求矢量场 $\boldsymbol{A}=(3x^2-2yz)\boldsymbol{e}_x+(y^3+yz^2)\boldsymbol{e}_y+(xyz-3xz^2)\boldsymbol{e}_z$ 的旋度。

1-10 求标量场 $u=x^3y^4z^2$ 的梯度场的散度。

1-11 求下列标量场的等值面：

① $u=\dfrac{1}{ax+by+cz}$；

② $u=z-\sqrt{x^2+y^2}$；

③ $u=\ln(x^2+y^2+z^2)$。

1-12 设 $u(M)=3x^2+z^2-2yz+2xz$，求：

① $u(M)$在点 $M_0(1.0,2.0,3.0)$处沿矢量 $\boldsymbol{l}=yx\boldsymbol{e}_x+zx\boldsymbol{e}_y+xy\boldsymbol{e}_z$ 方向的方向导数；

② $u(M)$在点 $M_0(1.0,2.0,3.0)$处沿矢量 $\boldsymbol{l}=(6x+2z)\boldsymbol{e}_x-2z\boldsymbol{e}_y+(2z-2y+2x)\boldsymbol{e}_z$ 方向的方向导数。

1-13 求标量场 $u=xy+yz+zx$ 在点 $M_0(1.0,2.0,3.0)$ 处沿其矢径方向的方向导数。

1-14 设有标量场 $u=2xy-z^2$，求 u 在点$(2.0,-1.0,1.0)$处沿该点至$(3.0,1.0,-1.0)$方向的方向导数。在点$(2.0,-1.0,1.0)$沿什么方向的方向导数达到最大值？其值是多少？

1-15 求下列标量场的∇u：

① $u=2xy$；

② $u=x^2+y^2$；

③ $u=e^x\sin y$；

④ $u=x^2y^3z^4$；

⑤ $u=3x^2-2y^2+3z^2$。

1-16 求标量场 $u=xyz^2-2x+x^2y$ 在点(−1.0,3.0,−2.0)处的梯度。

第 2 章　静　电　场

相对于观察者是静止的，而且不随时间变化的电荷所产生的电场称为静电场，本章主要研究该矢量场的散度、旋度、边界条件。另外静电场是保守场，所以本章引入了电位、电位方程及其解法的相关内容。

2.1　静电场的基本方程

自然界中存在两类电荷：正电荷和负电荷。电荷是量子化的，有最小单元 $e=-1.602\times 10^{-19}$ C，称为基本电荷，任何系统的带电量只能是最小单元的整数倍。

2.1.1　电场强度及电位移矢量

真空中两静止点电荷 q_1 和 q_2 相隔距离为 R 时，q_2 受到 q_1 的作用力为：

$$\boldsymbol{F}_{12}=\frac{q_1 q_2}{4\pi\varepsilon_0 R^2}\boldsymbol{e}_R$$

式中 ε_0 为介质的介电常数（电容率），真空中的介电常数（国际单位制中）：

$$\varepsilon_0=\frac{1}{36\pi\times 10^9}=8.853\,8\times 10^{-12}\ \mathrm{F/m}$$

$\boldsymbol{e}_R$ 的方向为从 q_1 指向 q_2，如图 2-1 所示。

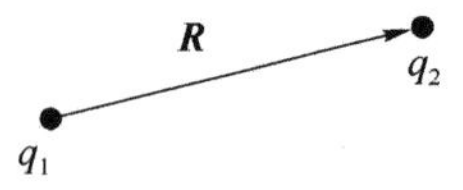

图 2-1　两电荷间的作用力

库仑定律表明：真空中两个点电荷之间的作用力是沿两电荷的连线方向的；作用力的大小与电荷的电量成正比，与距离的平方成反比；作用力的方向由 q_1 指向 q_2，见图 2-1 中的 $\boldsymbol{R}$。

设在电场中某点一个试验电荷 q 受力为 $\boldsymbol{F}$，定义该点的电场强度（单位为 V/m）为：

$$\boldsymbol{E}=\lim\frac{\boldsymbol{F}}{q}$$

试验电荷的体积和电量都该足够小，以使它的引入不影响原来的电场。

将库仑定律代入，则距离电荷 q 为 R 处的电场强度为：

$$\boldsymbol{E}=\left(\frac{1}{4\pi\varepsilon_0}\right)\frac{q}{R^2}\boldsymbol{e}_R \tag{2-1-1}$$

对于正电荷，电场强度的方向是向外的，即从正电荷出发；而对于负电荷，电场强度的方向是指向电荷的。

对于 n 个点电荷组成的系统，空间电场可由矢量叠加得到：

$$\boldsymbol{E}(\boldsymbol{r},\boldsymbol{r}')=\sum_{i=1}^{n}\frac{q_i}{4\pi\varepsilon_0 R_i^2}\boldsymbol{e}_{R_i} \tag{2-1-2}$$

式中 R_i 指源 q_i 与所求场点间的距离，单位矢量 $\boldsymbol{e}_{Ri}$ 的方向为从源指向场点。

当电荷连续分布时，电荷密度的定义如下。

① 在某个体内有连续分布的电荷，电荷体密度 ρ_V（单位为 C/m^3）为：

$$\rho_V(\boldsymbol{r})=\lim_{\Delta V'\to 0}\left(\frac{\Delta q}{\Delta V'}\right)$$

② 在某个面上有连续分布的电荷，定义电荷面密度 ρ_S（单位为 C/m^2）为：

$$\rho_S(\boldsymbol{r})=\lim_{\Delta S'\to 0}\left(\frac{\Delta q}{\Delta S'}\right)$$

③ 在某个线上有连续分布的电荷，定义电荷线密度 ρ_l（单位为 C/m）为：

$$\rho_l(\boldsymbol{r})=\lim_{\Delta l'\to 0}\left(\frac{\Delta q}{\Delta l'}\right)$$

在某个体内有连续分布的电荷时，如图 2-2 所示，其产生的电场强度为：

$$\boldsymbol{E}=\int_{V'}\frac{\rho \mathrm{d}V'}{4\pi\varepsilon_0 R^2}\boldsymbol{e}_R \tag{2-1-3}$$

若带电区域是面电荷，其产生的总电场便是对面密度在其分布面上的积分：

$$\boldsymbol{E}=\int_{S'}\frac{\rho_S \mathrm{d}S'}{4\pi\varepsilon_0 R^2}\boldsymbol{e}_R \tag{2-1-4}$$

若带电区域是线电荷，其产生的总电场便是对线密度在其分布线上的积分：

$$\boldsymbol{E}=\int_{l'}\frac{\rho_l \mathrm{d}l'}{4\pi\varepsilon_0 R^2}\boldsymbol{e}_R \tag{2-1-5}$$

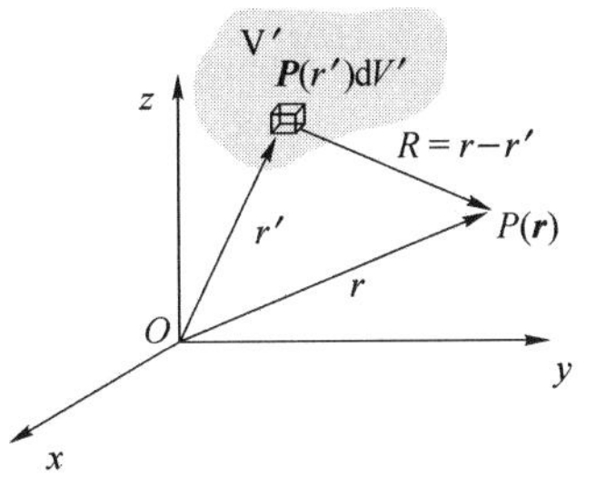

图 2-2 体电荷的电场

对于某个源所产生的电场来讲，除了与源的强弱和源的分布有关系外，还与源周围介质的情况相关，为了用一个与介质无关的量来描述电源产生的场，引入电位移矢量（也叫电通密度），用 $\boldsymbol{D}$ 表示，单位为 C/m^2。

电位移矢量是除电场强度外描述电场的另一个基本量，对于简单媒质，有本构关系：

$$\boldsymbol{D}=\varepsilon\boldsymbol{E}$$

ε 是媒质的介电常数，在真空中 $\varepsilon=\varepsilon_0$。

对点电荷 q，在距离 R 处产生的电位移矢量为：

$$\boldsymbol{D}=\boldsymbol{e}_R\frac{q}{4\pi R^2}$$

2.1.2 静电场的散度方程

由库仑定律可推导出静电场中的高斯定理，以点电荷 q 为中心作一球面，通过该球面的电通量为：

$$\oint_S \boldsymbol{D} \cdot \mathrm{d}\boldsymbol{S} = \oint_S D \cdot \mathrm{d}s = D\oint_S \mathrm{d}s = \frac{q}{4\pi R^2} \cdot 4\pi R^2 = q$$

此电通量仅取决于点电荷量 q，而与所取球面的半径无关。根据立体角概念不难证明，当所取封闭面非球面时，穿过它的电通量将与穿过一个球面的相同，仍为 q。这就是高斯定理的积分形式，即穿过任一封闭面的电通量，等于此面所包围的自由电荷总电量。

对于简单的电荷分布，可方便地利用此关系来求出 D。

如果在封闭面内的电荷不止一个，则利用叠加原理可知，穿出封闭面的电通量总和等于此面所包围的总电量：

$$\oint_S \boldsymbol{D} \cdot \mathrm{d}\boldsymbol{S} = \sum q$$

若封闭面所包围的体积内的电荷是以体密度 ρ 分布的，则等式右侧所包围的总电量为：

$$\oint_S \boldsymbol{D} \cdot \mathrm{d}\boldsymbol{S} = \int_V \rho \mathrm{d}V$$

此时对等式左边应用散度定理，则有：

$$\int_V \nabla \cdot \boldsymbol{D} \mathrm{d}V = \int_V \rho \mathrm{d}V$$

故有：

$$\nabla \cdot \boldsymbol{D} = \rho$$

上式为高斯定理的微分形式，电场强度的散度与电荷密度成正比。

例 2-1 计算无限长、线密度为 ρ_l 的带电直线的电场强度和电位移矢量。

解：电场是沿径向的，如图 2-3 所示，在半径 r 处选取单位高度的闭合柱面为高斯面：

$$\begin{aligned}\oint_S \boldsymbol{E} \cdot \mathrm{d}\boldsymbol{S} &= \int_{S_1} E\boldsymbol{e}_r \cdot \boldsymbol{e}_{S_1} \mathrm{d}S_1 + \int_{S_2} E\boldsymbol{e}_r \cdot \boldsymbol{e}_{S_2} \mathrm{d}S_2 + \int_{S_3} E\boldsymbol{e}_r \cdot \boldsymbol{e}_{S_3} \mathrm{d}S_3 \\ &= 2\pi rE + 0 + 0 = 2\pi rE = \rho_l\end{aligned}$$

电场强度 $E = \dfrac{\rho_l}{2\pi\varepsilon_0 r}$，所以电位移矢量 $D = \varepsilon_0 E = \dfrac{\rho_l}{2\pi r}$。

例 2-2 计算均匀电荷面密度为 σ 的无限大平面的电场，如图 2-4 所示。

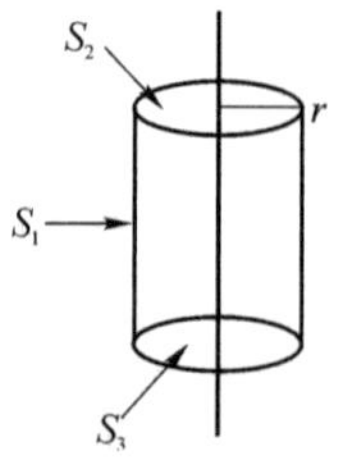

图 2-3 无限长直线的电场

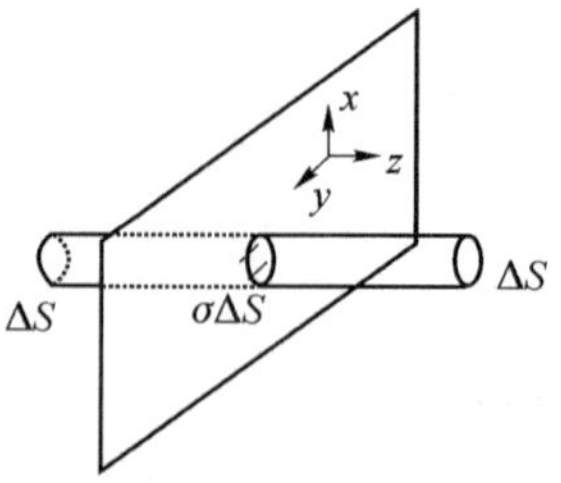

图 2-4 无限大平面的电场

解:取一个柱形闭合面,利用高斯定理:

$$\oint_S \boldsymbol{D}\cdot \mathrm{d}\boldsymbol{S}=\int_{底面1}\boldsymbol{D}\cdot \mathrm{d}\boldsymbol{S}+\int_{底面2}\boldsymbol{D}\cdot \mathrm{d}\boldsymbol{S}+\int_{侧面}\boldsymbol{D}\cdot \mathrm{d}\boldsymbol{S}$$

$$=\boldsymbol{e}_z D_0\cdot \boldsymbol{e}_z\Delta S+(-\boldsymbol{e}_z)D_0\cdot(-\boldsymbol{e}_z)\Delta S+0$$

$$=2D_0\Delta S=\sigma\Delta S$$

对于均匀面电荷所产生的电场强度应垂直于此无限大平面,故侧面上的通量为零,所以有:

$$D_0=\sigma/2$$

其矢量表达式:

$$\boldsymbol{D}=\begin{cases}\dfrac{\sigma}{2}\boldsymbol{e}_z & z>0\\[2ex] \dfrac{\sigma}{2}(-\boldsymbol{e}_z) & z<0\end{cases}$$

例 2-3 电荷按体密度 $\rho=\rho_0\left(1-\dfrac{r^2}{a^2}\right)$分布于一个半径为 a 的球形区域内,其中 ρ_0 为常数,试计算球内外的电通密度。

解:球体带电为:

$$q=\int_V\rho \mathrm{d}V=\int_0^{2\pi}\int_0^{\pi}\int_0^{a}\rho r^2\sin\theta \mathrm{d}r\mathrm{d}\theta\mathrm{d}\varphi$$

$$=4\pi\int_0^a\left(r^2-\frac{r^4}{a^2}\right)\mathrm{d}r=\frac{8}{15}\pi\rho_0 a^3$$

对球外点有 $r>a$,应用高斯定理:

$$\oint_S \boldsymbol{D}_{02}\cdot \mathrm{d}\boldsymbol{S}=\oint_S D_{02}\boldsymbol{e}_r\cdot\boldsymbol{e}_r\mathrm{d}S=4\pi r^2 D_{02}=q=\frac{8}{15}\pi\rho_0 a^3$$

故有:

$$D_{02}=\frac{2}{15}\rho_0\frac{a^3}{r^2}$$

对球内点 $r<a$ 有,应用高斯定理:

$$q=\int_V\rho \mathrm{d}V=\int_0^{2\pi}\int_0^{\pi}\int_0^{r}\rho r^2\sin\theta \mathrm{d}r\mathrm{d}\theta\mathrm{d}\varphi=4\pi\rho_0\left(\frac{r^3}{3}-\frac{r^5}{5a^2}\right)$$

$$\oint_S \boldsymbol{D}_{01}\cdot \mathrm{d}\boldsymbol{S}=\oint_S D_{01}\boldsymbol{e}_r\cdot\boldsymbol{e}_r\mathrm{d}S=4\pi r^2 D_{01}=q=4\pi\rho_0\left(\frac{r^3}{3}-\frac{r^5}{5a^2}\right)$$

故有:

$$D_{01}=\rho_0\left(\frac{r}{3}-\frac{r^3}{5a^3}\right)$$

$$\boldsymbol{D}=\begin{cases}\boldsymbol{e}_r\cdot\rho_0\left(\dfrac{r}{3}-\dfrac{r^3}{5a^3}\right) & r<a\\[2ex] \boldsymbol{e}_r\cdot\dfrac{2}{15}\rho_0\dfrac{a^3}{r^2} & r>a\end{cases}$$

例 2-4 在真空中半径为 R 的无限长圆柱中,电荷体密度为 ρ、半径为 r 的无限长圆柱空洞与无限长圆柱偏轴放，两者轴线距离为 d，如图 2-5 所示，求空洞内的电场强度。

解：运用叠加定理可以将目前的电荷分布看成是：在半径为 R 的整个区域全部充满电荷体密度为 ρ 的电荷分布，同时，在半径为 r 的区域中充满电荷体密度为 $-\rho$ 的电荷分布。对于空洞内任一点，在其所在的圆柱横截面内，设其到大圆柱轴线的矢量为 $\boldsymbol{r}_1$，到小圆柱轴线的矢量为 $\boldsymbol{r}_2$。

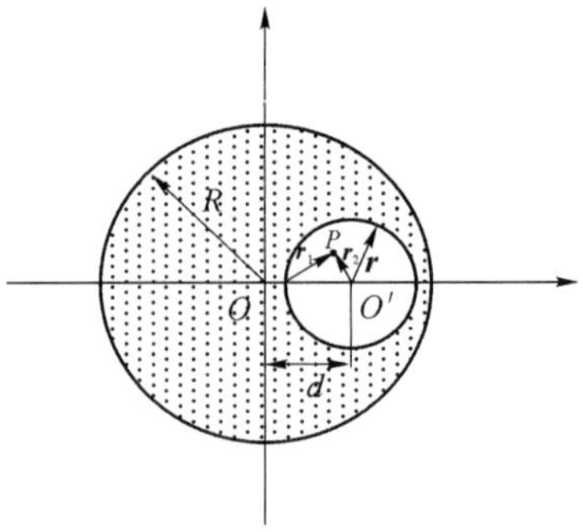

图 2-5　部分带电柱体的电场

设大圆柱中电荷在该点的场强为 $\boldsymbol{E}_1$，应用真空中的高斯通量定理：

$$\oint_S \boldsymbol{E}\cdot \mathrm{d}\boldsymbol{S}=\frac{q}{\varepsilon_0}$$

可以得到：

$$E_1\cdot 2\pi r_1\cdot l=\frac{\rho\cdot\pi r_1^2\cdot l}{\varepsilon_0}$$

即 $E_1=\frac{\rho r_1}{2\varepsilon_0}$，写成矢量 $\boldsymbol{E}_1=\frac{\rho\boldsymbol{r}_1}{2\varepsilon_0}$，同理设大圆柱中电荷在该点的场强为 $\boldsymbol{E}_2$，应用真空中的高斯通量定理可以得到：

$$E_2\cdot 2\pi r_2\cdot l=\frac{-\rho\cdot\pi r_2^2\cdot l}{\varepsilon_0}$$

即 $E_2=-\frac{\rho r_2}{2\varepsilon_0}$，写成矢量 $\boldsymbol{E}_2=-\frac{\rho\boldsymbol{r}_2}{2\varepsilon_0}$，则空洞内某一点的电场强度为矢量叠加：

$$\boldsymbol{E}=\boldsymbol{E}_1+\boldsymbol{E}_2=\frac{\rho\boldsymbol{r}_1}{2\varepsilon_0}-\frac{\rho\boldsymbol{r}_2}{2\varepsilon_0}=\frac{\rho d}{2\varepsilon_0}\boldsymbol{e}_x$$

2.1.3　静电场的旋度方程

在点电荷 q 的场中取一条曲线连接 a、b 两点，如图 2-6 所示：

$$\int_l \boldsymbol{E}\cdot\mathrm{d}\boldsymbol{l}=\int_l E\boldsymbol{e}_r\cdot\mathrm{d}\boldsymbol{l}=\int_l E\,\mathrm{d}l\cdot\cos\theta$$

$$=\int_l E\,\mathrm{d}r=\frac{q}{4\pi\varepsilon_0}\int_{r_a}^{r_b}\frac{\mathrm{d}r}{r^2}=\frac{q}{4\pi\varepsilon_0}\left(\frac{1}{r_a}-\frac{1}{r_b}\right)$$

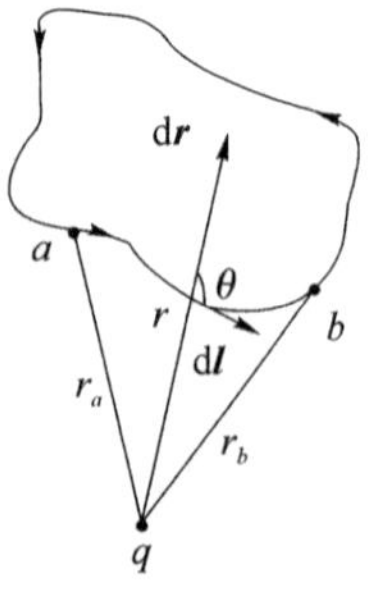

图 2-6　电场的曲线积分

当 a、b 两点重合时：

$$\oint_C \boldsymbol{E}\cdot\mathrm{d}\boldsymbol{l}=0$$

上式对于任意电荷分布的电场都成立。它表明了静电场的一个共同的特性：守恒特性。以电场力作功为例，当一个试验电荷 q 在电场中沿闭合回路移动一周时，电场力所作的功为 $\oint_C \boldsymbol{F}\cdot\mathrm{d}\boldsymbol{l}=\oint_C q\boldsymbol{E}\cdot\mathrm{d}\boldsymbol{l}=q\oint_C \boldsymbol{E}\cdot\mathrm{d}\boldsymbol{l}=0$，即当电荷移动一周回到出发点时，电场能量无增无减。

由斯托克斯公式：

$$\oint_C \boldsymbol{E}\cdot \mathrm{d}\boldsymbol{l}=\int_\tau \nabla\times\boldsymbol{E}\cdot \mathrm{d}\boldsymbol{S}=0$$

故有：

$$\nabla\times\boldsymbol{E}=0$$

上式为高斯定理的微分形式，说明静电场是无旋场。

2.2 电位及其方程

2.2.1 电位函数

静电场是无旋场，即$\nabla\times\boldsymbol{E}=0$，故可用一个标量函数的梯度来表示，这里我们定义电位函数 φ：

$$\boldsymbol{E}=-\nabla\varphi$$

即电场等于电压的负梯度，之所以引入负号，是因为左侧的电场指向电位下降最快的方向，而右侧的电位梯度$\nabla\varphi$ 指向电位增加最快的方向，因而两者反向。

在直角坐标系中：

$$\boldsymbol{E}=-\nabla\varphi=-\boldsymbol{e}_x\frac{\partial\varphi}{\partial x}-\boldsymbol{e}_y\frac{\partial\varphi}{\partial y}-\boldsymbol{e}_z\frac{\partial\varphi}{\partial z}$$

电场沿任意方向 l 的投影为：

$$E_l=-\frac{\partial\varphi}{\partial l} \tag{2-2-1}$$

由式(2-2-1)可以导出电位和电场的积分关系：

$$\mathrm{d}\varphi=-E_l\mathrm{d}l=-\boldsymbol{E}\cdot\mathrm{d}\boldsymbol{l} \tag{2-2-2}$$

任意两点间的电位差：

$$\varphi_A-\varphi_B=\int_A^B\boldsymbol{E}\cdot\mathrm{d}\boldsymbol{l} \tag{2-2-3}$$

对于点电荷，选择参考点 $R_P\to\infty$为电位零点，则任意点 A 的电位：

$$\varphi=\int_A^\infty\boldsymbol{E}\cdot\mathrm{d}\boldsymbol{l}=\int_A^\infty\frac{q}{4\pi\varepsilon_0R^2}\boldsymbol{e}_R\cdot\mathrm{d}\boldsymbol{R}=\frac{q}{4\pi\varepsilon_0R} \tag{2-2-4}$$

当电荷连续分布时，可得体电荷的电位：

$$\varphi=\int_{V'}\frac{\rho\mathrm{d}V'}{4\pi\varepsilon_0R} \tag{2-2-5}$$

面电荷的电位：

$$\varphi=\int_{S'}\frac{\rho_S\mathrm{d}S'}{4\pi\varepsilon_0R} \tag{2-2-6}$$

线电荷的电位：

$$\varphi=\int_{l'}\frac{\rho_l\mathrm{d}l'}{4\pi\varepsilon_0R}\boldsymbol{e}_R \tag{2-2-7}$$

式中 R 为场点到源点的距离。可见,电位可以利用标量积分求解。

例 2-5 一对等值异号的电荷相距 $\boldsymbol{l}$,称为电偶极子,如图 2-7 所示。求空间点的电位。

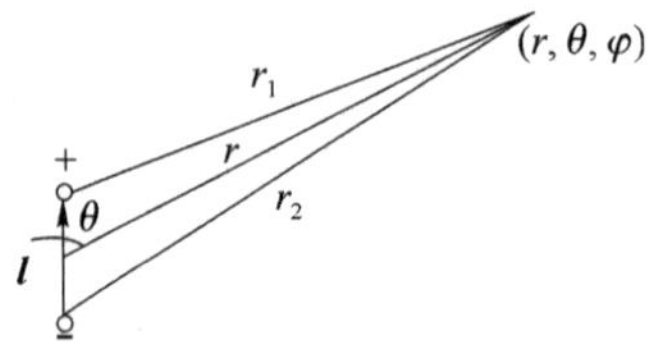

图 2-7 电偶极子

解:将原点放在偶极子中心,z 轴与 $\boldsymbol{l}$ 相合,距离原点 r 处的场点(r,θ,φ),其中 $r\gg l$。

场点的电位等于两点电荷电位的叠加:

$$\varphi=\frac{q}{4\pi\varepsilon_0 r_1}-\frac{q}{4\pi\varepsilon_0 r_2}=\frac{q(r_2-r_1)}{4\pi\varepsilon_0 r_1 r_2}$$

式中:$r_1=\left[r^2+\left(\frac{l}{2}\right)^2-rl\cos\theta\right]^{1/2}$;$r_2=\left[r^2+\left(\frac{l}{2}\right)^2+rl\cos\theta\right]^{1/2}$。因为 $r\gg l$,将 r_1、r_2 用二项式定理展开,并略去高阶项得:

$$r_1\approx r-\frac{l}{2}\cos\theta \qquad r_2\approx r+\frac{l}{2}\cos\theta$$

$$r_2-r_1=l\cos\theta \qquad r_1 r_2=r^2-\frac{l^2}{4}\cos\theta\approx r^2$$

故得:

$$\varphi=\frac{ql\cos\theta}{4\pi\varepsilon_0 r^2}$$

定义电偶极矩 $\boldsymbol{p}(\boldsymbol{p}=q\boldsymbol{l})$,其中 $\boldsymbol{l}$ 的方向为由 $-q$ 指向 $+q$,则有:

$$\varphi=\frac{p\cos\theta}{4\pi\varepsilon_0 r^2}=\frac{\boldsymbol{p}\cdot\boldsymbol{e}_r}{4\pi\varepsilon_0 r^2}$$

例 2-6 两个同心球面的半径分别为 R_1 和 R_2,各自带有电荷 Q_1 和 Q_2。求:①各区域电势分布;②两球面间的电势差为多少?

解:有两种方法。①先求各区域的电场强度分布,再积分求各区域的电势和电势差。②利用电势叠加原理直接求电势,再求电势差。

方法 1:

① 由高斯定理可求得电场分布:

$$\boldsymbol{E}_1=0, \qquad r<R_1$$

$$\boldsymbol{E}_2=\frac{Q_1}{4\pi\varepsilon_0 r^2}\boldsymbol{e}_r, \qquad R_1<r<R_2$$

$$\boldsymbol{E}_3=\frac{Q_1+Q_2}{4\pi\varepsilon_0 r^2}\boldsymbol{e}_r, \qquad r>R_2$$

由电势 $V=\int_r^{\infty}\boldsymbol{E}\cdot \mathrm{d}\boldsymbol{l}$ 可求得各区域的电势分布。当 $r\leqslant R_1$ 时,有:

$$V_1=\int_r^{R_1}\boldsymbol{E}_1\cdot \mathrm{d}\boldsymbol{l}+\int_{R_1}^{R_2}\boldsymbol{E}_2\cdot \mathrm{d}\boldsymbol{l}+\int_{R_2}^{\infty}\boldsymbol{E}_3\cdot \mathrm{d}\boldsymbol{l}$$
$$=0+\frac{Q_1}{4\pi\varepsilon_0}\left(\frac{1}{R_1}-\frac{1}{R_2}\right)+\frac{Q_1+Q_2}{4\pi\varepsilon_0 R_2}$$
$$=\frac{Q_1}{4\pi\varepsilon_0 R_1}+\frac{Q_2}{4\pi\varepsilon_0 R_2}$$

当 $R_1\leqslant r\leqslant R_2$ 时，有：

$$V_2=\int_r^{R_2}\boldsymbol{E}_2\cdot \mathrm{d}\boldsymbol{l}+\int_{R_2}^{\infty}\boldsymbol{E}_3\cdot \mathrm{d}\boldsymbol{l}$$
$$=\frac{Q_1}{4\pi\varepsilon_0}\left(\frac{1}{r}-\frac{1}{R_2}\right)+\frac{Q_1+Q_2}{4\pi\varepsilon_0 R_2}$$
$$=\frac{Q_1}{4\pi\varepsilon_0 r}+\frac{Q_2}{4\pi\varepsilon_0 R_2}$$

当 $r\geqslant R_2$ 时，有：

$$V_3=\int_r^{\infty}\boldsymbol{E}_3\cdot \mathrm{d}\boldsymbol{l}$$
$$=\frac{Q_1+Q_2}{4\pi\varepsilon_0 R_2}r$$

② 两个球面间的电势差：

$$U_{12}=\int_{R_1}^{R_2}\boldsymbol{E}_2\cdot \mathrm{d}\boldsymbol{l}=\frac{Q_1}{4\pi\varepsilon_0}\left(\frac{1}{R_1}-\frac{1}{R_2}\right)$$

方法 2：

① 由各球面电势的叠加计算电势分布。若该点位于两个球面内，即 $r\leqslant R_1$，则：

$$V_1=\frac{Q_1}{4\pi\varepsilon_0 R_1}+\frac{Q_2}{4\pi\varepsilon_0 R_2}$$

若该点位于两个球面之间，即 $R_1\leqslant r\leqslant R_2$，则：

$$V_2=\frac{Q_1}{4\pi\varepsilon_0 r}+\frac{Q_2}{4\pi\varepsilon_0 R_2}$$

若该点位于两个球面之外，即 $r\geqslant R_2$，则：

$$V_3=\frac{Q_1}{4\pi\varepsilon_0 r}+\frac{Q_2}{4\pi\varepsilon_0 r}$$

② 两个球面间的电势差：

$$U_{12}=V_1-V_2\big|_{r=R_2}=\frac{Q_1}{4\pi\varepsilon_0 R_1}-\frac{Q_1}{4\pi\varepsilon_0 R_2}$$

例 2-7 设有一电荷均匀分布的圆盘，其半径为 a，电荷密度为 ρ_s（单位为 $\mathrm{C/m^2}$）。试求与该圆盘垂直的轴线上一点的电位。

解：如图 2-8 所示，取一个宽度为 $\mathrm{d}\rho$、半径为 ρ 的圆环，因为 $\mathrm{d}\rho$ 很小，源点到场点的距离为 $R=\sqrt{z^2+\rho^2}$。如果以无限远处为参考点，则源点在 z 点的电位为：

$$\mathrm{d}\phi=\frac{\rho_s\mathrm{d}s}{4\pi\varepsilon_0 R}=\frac{\rho_s}{4\pi\varepsilon_0 R}\rho\,\mathrm{d}\varphi\,\mathrm{d}\rho$$

所以整个圆盘在 z 点的电位：

$$\begin{aligned}\phi &= \int_s \mathrm{d}\phi = \int_0^{2\pi}\int_0^a \frac{\rho_s}{4\pi\varepsilon_0\sqrt{z^2+\rho^2}}\rho\varphi\,\mathrm{d}\rho \\ &= \frac{\rho_s}{2\varepsilon_0}\int_0^a \frac{\rho_s}{\sqrt{z^2+\rho^2}}\mathrm{d}\rho \\ &= \frac{\rho_s}{2\varepsilon_0}\left[\sqrt{z^2+a^2}-z\right]\end{aligned}$$

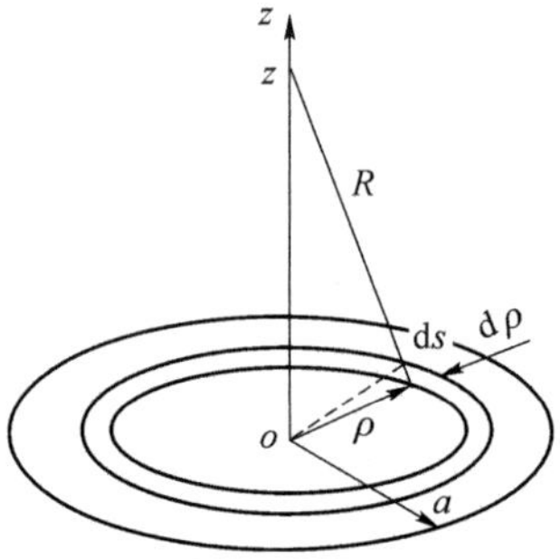

图 2-8　电荷均匀分布的圆盘

2.2.2　电位方程

将 $\boldsymbol{E}=-\nabla\varphi$ 代入 $\nabla\cdot\boldsymbol{E}=\rho/\varepsilon_0$ 中，则电位有泊松方程：

$$\nabla^2\varphi=-\frac{\rho}{\varepsilon_0} \tag{2-2-8}$$

对于无电荷空间，即 ρ 等于零的空间，泊松方程变为拉普拉斯方程：

$$\nabla^2\varphi=0 \tag{2-2-9}$$

$\nabla^2=\nabla\cdot\nabla$ 称为拉普拉斯算符。

在直角坐标系中的电位方程：

$$\begin{aligned}\nabla^2\varphi &= \nabla\cdot(\nabla\varphi)=\left(\boldsymbol{e}_x\frac{\partial}{\partial x}+\boldsymbol{e}_y\frac{\partial}{\partial y}+\boldsymbol{e}_z\frac{\partial}{\partial z}\right)\cdot\left(\boldsymbol{e}_x\frac{\partial\varphi}{\partial x}+\boldsymbol{e}_y\frac{\partial\varphi}{\partial y}+\boldsymbol{e}_z\frac{\partial\varphi}{\partial z}\right) \\ &= \frac{\partial^2\varphi}{\partial x^2}+\frac{\partial^2\varphi}{\partial y^2}+\frac{\partial^2\varphi}{\partial z^2}\end{aligned}$$

2.3　静电场中的导体

导体内含有大量的自由电荷。在静电场条件下，导体中的电荷会运动到处于一种稳定的静电平衡状态，即正电荷沿电场方向、负电荷沿反电场方向移动到导体表面，该电荷产生的二次场和外电场叠加，导致导体内部静电场处处为零。静电场中的导体如图 2-9 所示。

导体内部静电场处处为零，在导体内部应用高斯定理，易得导体内部的电荷体密度也处处为零，所以电荷只能分布在导体的表面。

导体内部静电场处处为零,沿导体内任意两点间电场的线积分必然为零,所以静电场中的导体是个等位体,导体表面是等位面。

等位面垂直于电力线,所以导体表面切向电场为零,只有法向电场。

例 2-8 证明导体表面的电荷面密度与导体外的电位函数间有如下关系:

$$\rho_S = -\varepsilon_0 \frac{\partial \varphi}{\partial n}$$

其中$\frac{\partial \varphi}{\partial n}$是电位对表面外法线方向的导数。

解:在导体表面作一小柱形闭合面,如图 2-10 所示。$h \to 0$,ΔS 很小且两面分别位于表面的两侧,故可认为其上各点的 E 是相等的。导体内没有电场,导体表面内侧 ΔS 上无电通量,表面外的电场与表面垂直,即 $E = E_n$。

$$\oint_S \boldsymbol{D}_0 \cdot \mathrm{d}\boldsymbol{S} = D_{0n}\Delta S = \rho_S \Delta S$$

根据高斯定理,此通量等于此闭合面包围的导体表面上的电量,与此同时:

$$\boldsymbol{E} = -\boldsymbol{\nabla} \varphi$$

$$E_n = E\cos\theta = \boldsymbol{E} \cdot \boldsymbol{e}_n = -\boldsymbol{\nabla} \varphi \cdot \boldsymbol{e}_n = -\frac{\partial \varphi}{\partial n}$$

整理得:

$$\rho_S = D_{0n} = \varepsilon_0 E_n = -\varepsilon_0 \frac{\partial \varphi}{\partial n}$$

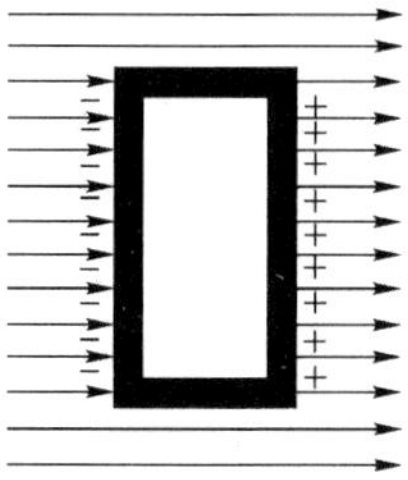

图 2-9 静电场中的导体

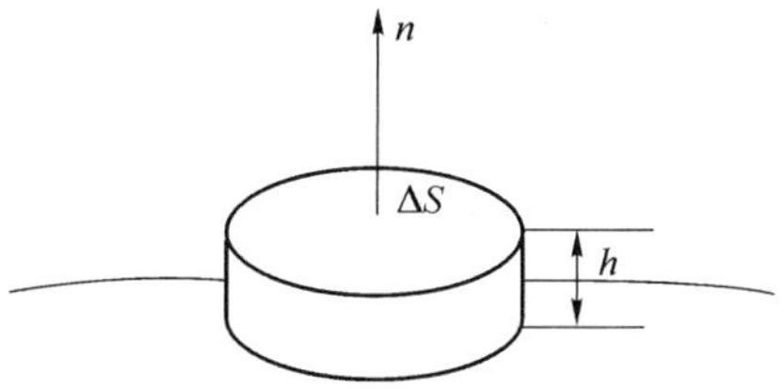

图 2-10 导体表面的电场

2.4 静电场中的介质

2.4.1 介质的极化

介质是相对于导体的概念,理想的电介质内部没有自由电子,介质内的电子被很强的原子核约束力束缚着,因此称为束缚电荷。当介质放入外电场时,束缚电荷会产生电场进而引起介质内总电场的变化。

就物质的分子结构来讲,电介质的分子可以分成无极分子和有极分子两大类。无极分子中,原子的正负电荷中心重合,对外不呈现电性。有极分子中,原子的正负电荷的中心不重合,每个原子形成一个电偶极子。但由于分子的热运动,不同电偶极子的偶极矩的方向是不规则的，因此就宏观来说，它们所有分子的等效电偶极矩的矢量和为零，因而对外也不呈现电性。两种分子的模型分别如图 2-11(a)和图 2-11(b)所示。但在外加电场力的作用下，无极分子正负电荷的作用中心不再重合，产生感应偶极矩；有极分子的电矩发生转向，这时它们的等效电偶极矩的矢量和不再为零，分别如图 2-11(c)和图 2-11(d)所示。

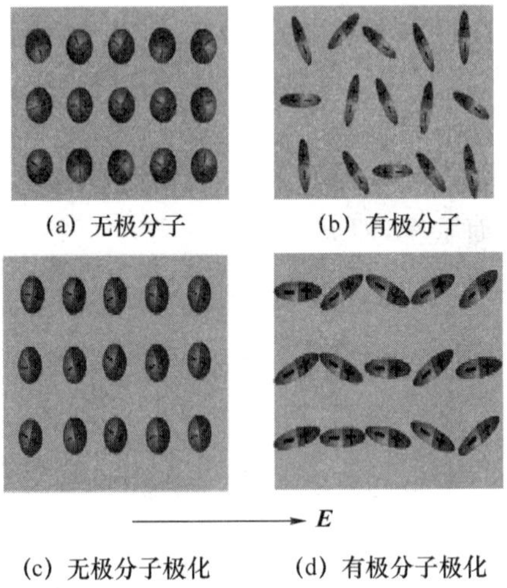

图 2-11　介质的极化

在电场作用下，介质内束缚电荷发生位移的现象称为极化（polarized），无极分子的极化称为位移极化，有极分子的极化称为取向极化。无论哪一种极化现象，极化的结果是使介质内出现很多排列方向大致相同的电偶极子，这些电偶极子也产生电场，进而影响外电场。

介质在外电场作用下发生极化，为了描述介质极化的状态，引入极化强度矢量。在极化电介质中取一小体积 ΔV，定义单位体积内的电偶极矩的矢量和为极化强度 $\boldsymbol{P}$，即：

$$\boldsymbol{P} = \lim_{\Delta V \to 0} \frac{\sum_{i=1}^{N} \boldsymbol{P}_i}{\Delta V} \tag{2-4-1}$$

$\boldsymbol{P}_i$ 是体积元 ΔV 内第 i 个偶极子的电矩，N 为 ΔV 内电偶极子的数。

2.4.2　介质中的高斯定理

极化的结果是在介质的内部和表面形成束缚电荷，这种因极化产生的面分布及体分布的束缚电荷也称为极化电荷，此电荷的分布有如下两种情况。

① 对于均匀场中的均匀介质，在介质体内的净电荷为零，而介质表面上有束缚电荷存在。

② 介质不均匀或场不均匀，则介质内将会出现束缚电荷分布，同时，介质表面上亦有束缚电荷。

极化强度 $\boldsymbol{P}$ 与束缚电荷的关系如下。

束缚体电荷密度：

$$\rho_{P}=-\nabla\cdot\boldsymbol{P} \tag{2-4-2}$$

在介质表面上，束缚电荷面密度：

$$\rho_{PS}=\boldsymbol{P}\cdot\boldsymbol{e}_n$$

由束缚体电荷密度公式及散度定理可写出，极化强度 **P** 穿过介质内任一闭合面的通量与闭合面内极化电荷 q_P 的关系：

$$-\oint_S \boldsymbol{P}\cdot \mathrm{d}\boldsymbol{S}=q_P$$

显然，介质内的静电场是由自由电荷和束缚电荷共同作用的，因此推广真空中的高斯定理，有：

$$\oint_S \boldsymbol{E}\cdot \mathrm{d}\boldsymbol{S}=\frac{1}{\varepsilon_0}(q+q_P) \tag{2-4-3}$$

其中 q 为闭合面 S 内的自由电荷的总电量；q_P 为闭合面 S 内的束缚电荷的总电量。代入上式并移项：

$$\oint_S (\varepsilon_0\boldsymbol{E}_0+\boldsymbol{P})\cdot \mathrm{d}\boldsymbol{S}=q$$

上式中 q 为自由电荷，令：

$$\boldsymbol{D}=\varepsilon_0\boldsymbol{E}+\boldsymbol{P} \tag{2-4-4}$$

D 称为电通密度或电位移矢量，可得：

$$\oint_S \boldsymbol{D}\cdot \mathrm{d}\boldsymbol{S}=q \tag{2-4-5}$$

上式为介质中的高斯定理。其微分形式：

$$\nabla\cdot\boldsymbol{D}=\rho \tag{2-4-6}$$

对于各向同性的材料内，空间某点的极化强度 $\boldsymbol{P}=\chi_e\varepsilon_0\boldsymbol{E}$，$\chi_e$ 为极化系数，即极化强度的方向与电场方向相同，极化强度的大小与该点的场强成正比，得：

$$\boldsymbol{D}=\varepsilon_0\boldsymbol{E}+\boldsymbol{P}=(1+\chi_e)\varepsilon_0\boldsymbol{E}$$

令介电常数：

$$\varepsilon=\varepsilon_0(1+\chi_e)=\varepsilon_0\varepsilon_r$$

ε_r 为相对介电常数，则有：

$$\boldsymbol{D}(\boldsymbol{r})=\varepsilon\boldsymbol{E}(\boldsymbol{r}) \tag{2-4-7}$$

上式一般称为材料的特性方程或本构关系式。

需要说明的是，若外加电场太大，会导致介质中的束缚电荷脱离分子的控制而形成自由电荷，这种现象叫介质击穿，介质未被击穿时所能承受的最大场强叫介质的击穿强度，空气的击穿强度为 3×10^6 V/m，闪电的形成就是云与地面间场强太大而使空气被击穿所致。本节讨论的是介质未被击穿的一般状态。

例 2-9 如图 2-12 所示，在介电常数为 ε 的介质中，有一半径为 R 的导体球，选球心为坐标原点，若已知球外 $\boldsymbol{D}=\frac{5}{3r^2}\boldsymbol{e}_r$，求介质内的极化强度、介质与导体交界面处束缚电荷的总量。

解:介质内的极化强度：

$$\boldsymbol{P}=\boldsymbol{D}-\varepsilon_0\boldsymbol{E}=(\varepsilon-\varepsilon_0)\boldsymbol{E}=(\varepsilon-\varepsilon_0)\boldsymbol{D}/\varepsilon$$

$$\boldsymbol{P}=\frac{5(\varepsilon-\varepsilon_0)}{3r^2\varepsilon}\boldsymbol{e}_r$$

束缚面电荷密度为：

$$\rho_{\mathrm{PS}}=\boldsymbol{P}\cdot\boldsymbol{e}_n$$

法向为$-\boldsymbol{e}_r$方向，所以交界面处束缚面电荷密度为：

$$-\frac{5(\varepsilon-\varepsilon_0)}{3R^2\varepsilon}$$

交界面处束缚电荷的总量为：

$$-\frac{5(\varepsilon-\varepsilon_0)}{3R^2\varepsilon}\cdot 4\pi R^2=\frac{-20\pi(\varepsilon-\varepsilon_0)}{3\varepsilon}$$

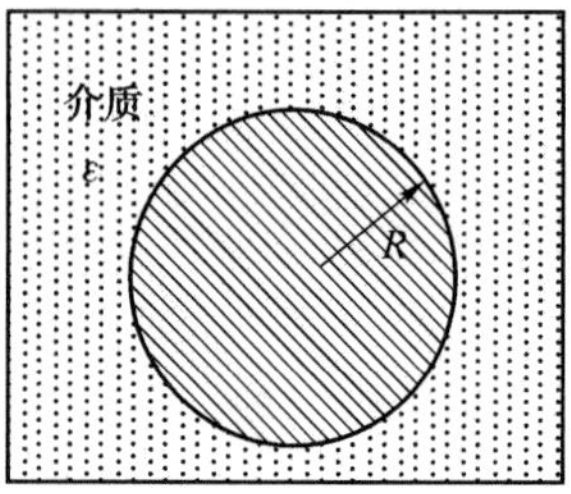

图 2-12　介质中的导体球

例 2-10　一半径为 a 的无限长介质柱，介电常数为 $\varepsilon_r\varepsilon_0$，柱内均匀分布自由电荷 ρ，求柱内外的电场强度。

解:球内外的电场可由高斯定理 $\oint_S\boldsymbol{D}\cdot\mathrm{d}\boldsymbol{S}=q$ 求解。

① 当 $r\leqslant a$ 时，$D\cdot 2\pi rh=\rho\cdot h\pi r^2$，所以 $\boldsymbol{D}=\frac{\rho r}{2}\boldsymbol{e}_r$，$\boldsymbol{E}=\frac{\boldsymbol{D}}{\varepsilon}=\frac{\rho r}{2\varepsilon_r\varepsilon_0}\boldsymbol{e}_r$。

② 当 $a<r$ 时，$D2\pi rh=\rho h\pi a^2$，所以 $\boldsymbol{D}=\frac{\rho a^2}{2r}\boldsymbol{e}_r$，$\boldsymbol{E}=\frac{\rho a^2}{2\varepsilon_0 r}\boldsymbol{e}_r$。

例 2-11　半径 $r=a$ 的介质球体处于真空中，介电常数为 ε，电荷体密度 $\rho(\boldsymbol{r})=r\rho_0$，$\rho_0$ 为常数，求球内外的电通密度及电位。

解:电荷 ρ 关于 θ、φ 对称，即具有球对称特性，只与 r 有关，故 $\boldsymbol{D}=\boldsymbol{e}_rD(r)$。

由高斯定理：

$$\oint_S\boldsymbol{D}\cdot\mathrm{d}\boldsymbol{S}=\sum q$$

① 当 $r>a$ 时：

$$q=\int_V\rho(r)\mathrm{d}V=\int_0^{2\pi}\int_0^{\pi}\int_0^{a}\rho_0 r^3\sin\theta\mathrm{d}r\mathrm{d}\theta\mathrm{d}\varphi$$

$$=2\pi\cdot(-\cos\theta)\big|_0^{\pi}\cdot\rho_0\left(\frac{1}{4}r^4\right)_0^a=\pi\rho_0 a^4$$

$$\oint_S\boldsymbol{D}\cdot\mathrm{d}\boldsymbol{S}=\oint_S\boldsymbol{e}_rD(r)\cdot\mathrm{d}\boldsymbol{S}=\int_0^{2\pi}\int_0^{\pi}\boldsymbol{e}_rD(r)\cdot\boldsymbol{e}_rr^2\sin\theta\mathrm{d}\theta\mathrm{d}\varphi=4\pi r^2D$$

$$q = \pi\rho_0 a^4 = \oint_S \boldsymbol{D} \cdot \mathrm{d}\boldsymbol{S} = 4\pi r^2 D$$

$$D = \frac{1}{4}\frac{\rho_0 a^4}{r^2}$$

② 当 $r<a$ 时：

$$q = \int_\tau \rho(r)\mathrm{d}\tau = \int_\tau \rho_0 r\mathrm{d}\tau = \int_0^{2\pi}\int_0^{\pi}\int_0^{r} \rho_0 r r^2 \sin\theta \mathrm{d}r\mathrm{d}\theta\mathrm{d}\varphi = \pi\rho_0 r^4$$

$$\oint_S \boldsymbol{D} \cdot \mathrm{d}\boldsymbol{S} = \oint_S \boldsymbol{e}_r D(r) \cdot \mathrm{d}\boldsymbol{S} = \int_0^{2\pi}\int_0^{\pi} \boldsymbol{e}_r D(r) \cdot \boldsymbol{e}_r r^2 \sin\theta \mathrm{d}\theta\mathrm{d}\varphi = 4\pi r^2 D$$

$$q = \pi\rho_0 r^4 = \oint_S \boldsymbol{D} \cdot \mathrm{d}\boldsymbol{S} = 4\pi r^2 D$$

$$D = \rho_0 \frac{r^2}{4}$$

$$\boldsymbol{D} = \begin{cases} \boldsymbol{e}_r \dfrac{\rho_0 r^2}{4}, & r<a \\ \boldsymbol{e}_r \dfrac{\rho_0 a^4}{4r^2}, & r \geqslant a \end{cases} \qquad \boldsymbol{E} = \begin{cases} \boldsymbol{e}_r \dfrac{\rho_0 r^2}{4\varepsilon}, & r<a \\ \boldsymbol{e}_r \dfrac{\rho_0 a^4}{4r^2 \varepsilon_0}, & r \geqslant a \end{cases}$$

球外电位：

$$\varphi = \int_r^\infty \boldsymbol{E} \cdot \mathrm{d}\boldsymbol{l} = \int_r^\infty \boldsymbol{e}_r \frac{\rho_0 a^4}{4r^2\varepsilon_0} \cdot \boldsymbol{e}_r \mathrm{d}r = -\frac{\rho_0 a^4}{4r\varepsilon_0}\bigg|_r^\infty = \frac{\rho_0 a^4}{4r\varepsilon_0}$$

球内电位：

$$\varphi = \varphi_a + \int_r^a \boldsymbol{E} \cdot \mathrm{d}\boldsymbol{l} = \varphi_a + \int_r^a \boldsymbol{e}_r \frac{\rho_0 r^2}{4\varepsilon} \cdot \boldsymbol{e}_r \mathrm{d}r = \varphi_a + \frac{\rho_0 r^3}{12\varepsilon}\bigg|_r^a$$

$$= \frac{\rho_0 a^3}{4\varepsilon_0} + \frac{\rho_0 a^3}{12\varepsilon} - \frac{\rho_0 r^3}{12\varepsilon}$$

2.5 静电场的边界条件

2.5.1 电位移矢量的边界条件

静电场的边界条件是研究物理量 D、E、φ 在媒质交界面上各自满足的关系。由静电场基本方程的积分形式可推导出两种不同媒质交界面的边界条件。为使导出的边界条件不受所取的坐标系的限制，可将 D、E 在交界面上分成两个相互垂直的分量，即垂直于交界面的法向分量(下标以 n 表示)和平行于交界面的切向分量(下标以 t 表示)。

在介电常数分别为 ε_1 与 ε_2 的媒质 1 与媒质 2 的分界面上作一个小的柱形闭合面，分界面的法线方向由媒质 2 指向媒质 1，如图 2-13 所示。因柱形面上、下底的面积 ΔS 很小，故穿过截面 ΔS 的电位移矢量可视为常数，假设柱形面的高 $h \to 0$，则其侧面积可以忽略不计。

高斯定理可写成：

$$\oint_S \boldsymbol{D} \cdot \mathrm{d}\boldsymbol{S} = \boldsymbol{D}_1 \cdot \boldsymbol{e}_n \Delta S + \boldsymbol{D}_2 \cdot (-\boldsymbol{e}_n) \Delta S$$
$$= D_{1n} \Delta S - D_{2n} \Delta S = \rho_S \Delta S$$

得：

$$D_{1n} - D_{2n} = \rho_S \tag{2-5-1}$$

ρ_S 是分界面上的自由电荷面密度。

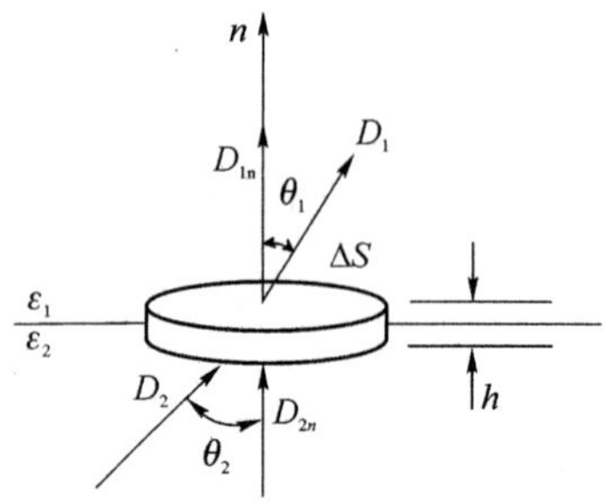

图 2-13　电位移矢量的边界条件

另外，式(2-5-1)也可写成：

$$(\boldsymbol{D}_1 - \boldsymbol{D}_2) \cdot \boldsymbol{e}_n = \rho_S \tag{2-5-2}$$

注意，$\boldsymbol{e}_n$ 由介质 2 指向介质 1。

由于电位与电场的关系为：

$$\begin{cases} D_{1n} = \varepsilon_1 E_{1n} = -\varepsilon_1 \dfrac{\partial \varphi_1}{\partial n} \\ D_{2n} = \varepsilon_2 E_{2n} = -\varepsilon_2 \dfrac{\partial \varphi_2}{\partial n} \end{cases} \tag{2-5-3}$$

因此电位的边界条件为：

$$-\varepsilon_1 \frac{\partial \varphi_1}{\partial n} + \varepsilon_2 \frac{\partial \varphi_2}{\partial n} = \rho_S \tag{2-5-4}$$

下面讨论如下两种常见情况。

① 当分界面没有自由电荷时，则有：

$$D_{1n} = D_{2n} \tag{2-5-5}$$

式(2-5-5)表示 $\boldsymbol{D}$ 的法向分量连续。由 $D_{1n} = \varepsilon_1 E_{1n} = -\varepsilon_1 \nabla \varphi_1 |_n = -\varepsilon_1 \dfrac{\partial \varphi_1}{\partial n}$ 得到电位的边界条件：

$$\varepsilon_1 \frac{\partial \varphi_1}{\partial n} = \varepsilon_2 \frac{\partial \varphi_2}{\partial n} \tag{2-5-6}$$

② 如交界面为导体和介质，有：

$$E_2 = 0 \qquad D_2 = 0$$

则：

$$D_{1n} = \rho_S \qquad -\varepsilon_1 \frac{\partial \varphi_1}{\partial n} = \rho_S \tag{2-5-7}$$

2.5.2 电场强度的边界条件

对于电场强度矢量的边界条件，跨越界面做闭合回路，见图 2-14，回路上下两边长 Δl 很小，其上电场视为均匀，回路左右两边长 $\Delta h \to 0$，左右两边对电场的环流没有贡献，所以：

$$\oint_C \boldsymbol{E} \cdot \mathrm{d}\boldsymbol{l} = \boldsymbol{E}_1 \cdot \Delta \boldsymbol{l} - \boldsymbol{E}_2 \cdot \Delta \boldsymbol{l} = E_{1t}\Delta l - E_{2t}\Delta l = 0$$

即：

$$E_{1t} = E_{2t} \tag{2-5-8}$$

在不同介质的分界面上电场强度的切向分量总是连续的。

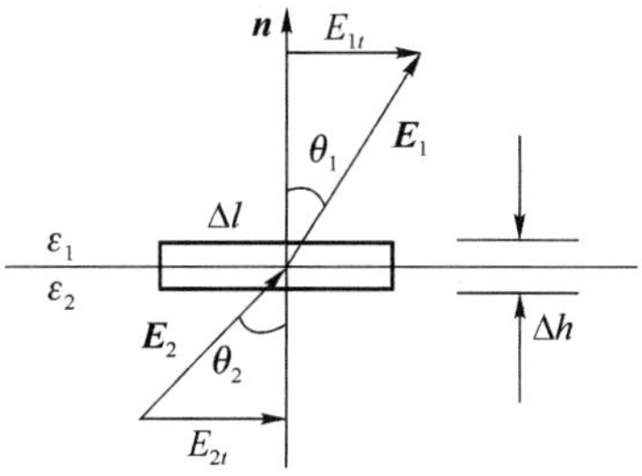

图 2-14 电场强度的边界条件

将 $\boldsymbol{E} = -\nabla\varphi$ 代入式(2-5-8)，有 $-\nabla \varphi_1 |_t = -\nabla \varphi_2 |_t$，则：

$$\frac{\partial \varphi_1}{\partial t} = \frac{\partial \varphi_2}{\partial t} \tag{2-5-9}$$

电场强度的切向分量连续的边界条件用电位函数表示为：

$$\varphi_1 = \varphi_2 \tag{2-5-10}$$

利用无电荷边界的两个边界条件式，可得电场在交界面上的关系：

$$\frac{E_1 \sin\theta_1}{D_1 \cos\theta_1} = \frac{E_2 \sin\theta_2}{D_2 \cos\theta_2}$$

如图 2-15 所示，即：

$$\frac{\tan\theta_1}{\tan\theta_2} = \frac{\varepsilon_1}{\varepsilon_2} \tag{2-5-11}$$

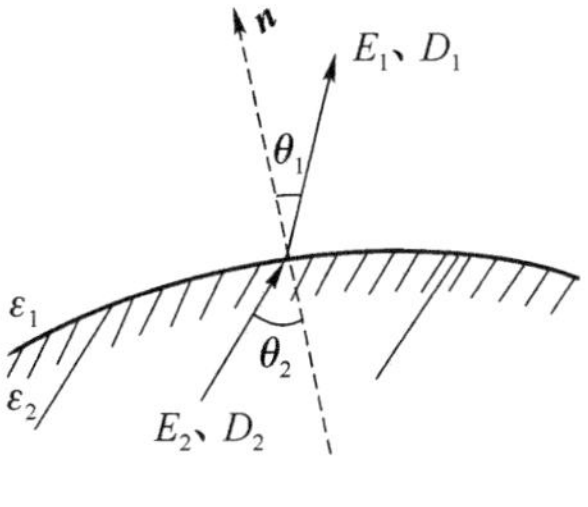

图 2-15 电场方向在交界面上的曲折

一般情况下，在两种不同介质的分界面上，电场强度 E 和电通量密度 D 一定会改变方向，只有当 θ_1 或 θ_2 等于零时，分界面上的电场方向才不改变，像平行板、同轴线和同心球中的电场就是这种情况。

例 2-12 一平行板电容器，如图 2-16 所示，极板面积 $S=400\ \text{cm}^2$，两板的距离 $d=0.5\ \text{cm}$，两板中间的一半厚度为玻璃所占，另一半为空气。已知玻璃的 $\varepsilon_r=7$，其击穿场强为 60 kV/cm，空气的击穿场强为 30 kV/cm。当电容器接到 10 kV 的电源时，会不会击穿?

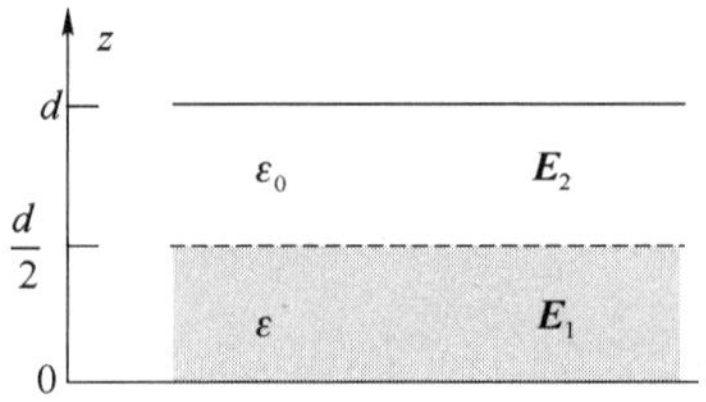

图 2-16 平行板电容器

解：设玻璃中的电场为 $\boldsymbol{E}_1$、$\boldsymbol{D}_1$；空气中的电场为 $\boldsymbol{E}_2$、$\boldsymbol{D}_2$，根据平行板电容器的特性可知，$\boldsymbol{E}_1$、$\boldsymbol{D}_1$、$\boldsymbol{E}_2$、$\boldsymbol{D}_2$ 方向一致，垂直于两极板，且都垂直于两者的分界面，即电场只有法线方向分量，根据静电场中边界条件：

$$D_{1n}=D_{2n}$$

可知：

$$\boldsymbol{D}_1=\boldsymbol{D}_2$$

即 $\varepsilon E_1=\varepsilon_0 E_2$，即：

$$\varepsilon_r E_1=E_2$$

则两极板间电压为：

$$U=\int_0^{\frac{d}{2}}\boldsymbol{E}_1\cdot \mathrm{d}\boldsymbol{l}+\int_{\frac{d}{2}}^{d}\boldsymbol{E}_2\cdot \mathrm{d}\boldsymbol{l}=E_1\cdot\frac{d}{2}+E_2\cdot\frac{d}{2}$$

将 $U=10\ \text{kV}$，$d=0.5\ \text{cm}$，$\varepsilon_r=7$ 代入可求得：$E_1=5\ \text{kV/cm}$，$E_2=35\ \text{kV/cm}$。其中 $E_1<60\ \text{kV/cm}$，但 $E_2>30\ \text{kV/cm}$，所以该平行板电容器会被击穿。

2.6 导体的电容

2.6.1 双导体的电容

在很多情况下，电荷分布在导体上或导体系统中，因此导体是储存电荷的容器。储存电荷的容器称为电容器。实际上，相互接近而又相互绝缘的任意形状的导体都可构成电容器，如图 2-17 所示。

一个导体上的电荷量与此导体相对于另一导体的电位之比定义为电容，其表达式为：

$$C=\frac{Q_a}{U_{ab}}$$

式中，C 表示电容，单位为 F(法拉)；Q_a 表示导体 a 的电荷，单位为 C(库仑)；U_{ab} 表示导体 a 相对于导体 b 的电位，单位为 V(伏特)。

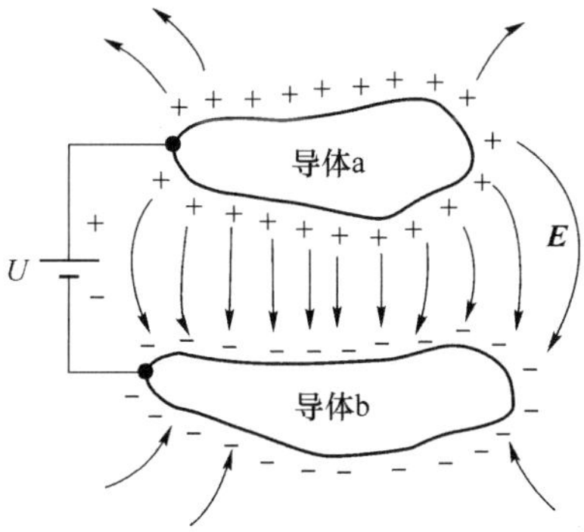

图 2-17　双导体构成的电容

下面以球形和圆柱为例计算双导体间的电容。

例 2-13　试求球形电容器的电容，球形电容器如图 2-18 所示。

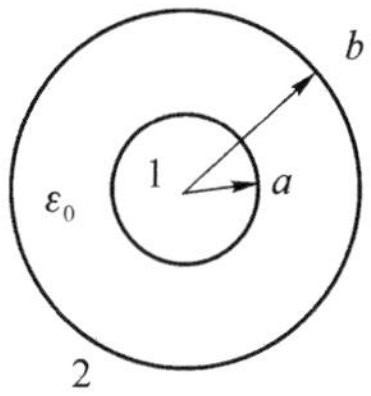

图 2-18　球形电容器

解：球形电容器是由半径为 a 和 b 的两个同心金属球构成的电容器，半径为 a 的内导体的带电量为 q，则两金属球体之间的场强为：

$$\boldsymbol{E}=\boldsymbol{e}_R\frac{q}{4\pi\varepsilon_0 r^2}$$

两金属球体之间的电压为：

$$U=\int_a^b E\cdot \mathrm{d}r=\frac{q}{4\pi\varepsilon_0}\left(\frac{1}{a}-\frac{1}{b}\right)$$

所以球形电容器的电容为：

$$C=\frac{q}{U}=\frac{4\pi\varepsilon_0}{\frac{1}{a}-\frac{1}{b}}$$

若外半径 $b\to\infty$，$C=4\pi\varepsilon_0 a$（孤立导体球的电容），地球的半径 $a\approx6\ 370$ km，地球的电容 $C\approx700\ \mu$F。

电容只与两导体的几何形状、尺寸、相互位置及导体周围的介质有关，与所带电荷无关。

例 2-14　设无限长同轴线内外导体间充满介电常数为 ε 的均匀电介质，且内导体的半径为 a m，外导体的内半径为 b m，如图 2-19 所示。试求同轴线单位长度的电容。

解:设内外导体单位长度的带电量分别为$+\rho_l$ C/m 和$-\rho_l$ C/m。用高斯定理可求得内外导体间的电场强度:

$$\boldsymbol{E} = \frac{\rho_l}{2\pi\varepsilon\rho}\boldsymbol{e}_\rho$$

则两导体间的电位差:

$$U_{ab} = \int_a^b \frac{\rho_l}{2\pi\varepsilon\rho}\mathrm{d}\rho = \frac{\rho_l}{2\pi\varepsilon}\ln\frac{b}{a}$$

故同轴线单位长度电容:

$$C_1 = \frac{\rho_l}{U_{ab}} = \frac{2\pi\varepsilon}{\ln\dfrac{b}{a}}$$

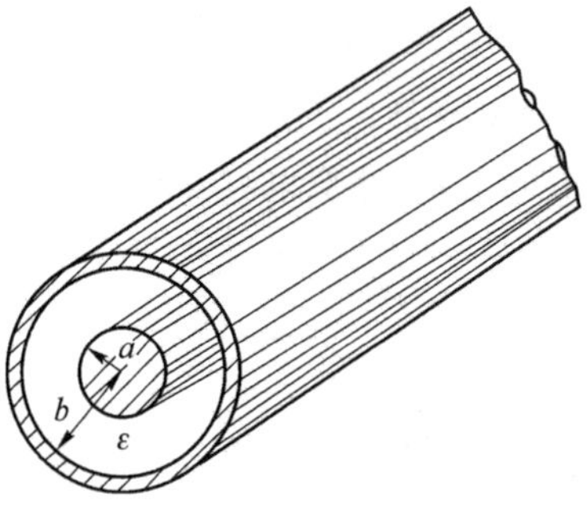

图 2-19　同轴线

2.6.2　导体系统的部分电容

对于多导体之间的电容计算,需要引入部分电容的概念。设空间有 n 个导体,第 i 个导体的电荷及电位分别为 q_i 和 φ_i,对于线性介质,则每个导体的电位与电荷也满足线性关系:

$$q_1 = C_{11}\varphi_1 + C_{12}(\varphi_1 - \varphi_2) + \cdots + C_{1j}(\varphi_1 - \varphi_j) + \cdots + C_{1n}(\varphi_1 - \varphi_n)$$
$$q_2 = C_{21}(\varphi_2 - \varphi_1) + C_{22}\varphi_2 + \cdots + C_{2j}(\varphi_2 - \varphi_j) + \cdots + C_{2n}(\varphi_2 - \varphi_n)$$
$$\vdots$$
$$q_n = C_{n1}(\varphi_n - \varphi_1) + C_{n2}(\varphi_n - \varphi_2) + \cdots + C_{nj}(\varphi_n - \varphi_j) + \cdots + C_{nn}\varphi_n$$

对双导体组成的系统可简化成:

$$q_1 = C_{11}\varphi_1 + C_{12}(\varphi_1 - \varphi_2)$$
$$q_2 = C_{21}(\varphi_2 - \varphi_1) + C_{22}\varphi_2$$

用各个导体的电位和导体之间的电位差来综合表示每个导体所带的电荷,其系数称为部分电容,即自有部分电容 C_{ii} 和互有部分电容 C_{ij},它们也只与各导体的几何参数和介电常数有关。

图 2-20 为考虑地面影响的双线传输线,通过测量等效输入电容可以计算该系统的部分电容。

导体 1、2 两端的等效输入电容:

$$C_1 = C_{12} + \frac{C_{11} C_{22}}{C_{11} + C_{22}}$$

导体 1 和地面两端的等效输入电容：

$$C_2 = C_{11} + \frac{C_{12} C_{22}}{C_{12} + C_{22}}$$

导体 2 和地面两端的等效输入电容：

$$C_3 = C_{22} + \frac{C_{12} C_{11}}{C_{12} + C_{11}}$$

测量得到 C_1、C_2 和 C_3，再由上式可求出系统的 C_{11}、C_{12}、C_{22}。

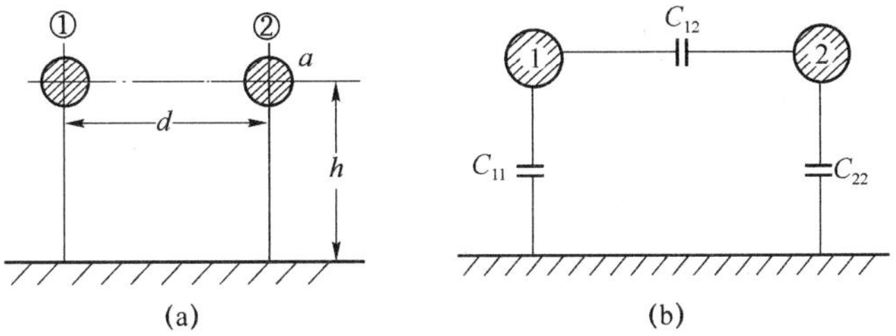

图 2-20　考虑地面影响的双导线部分电容

2.7　静电场能量

2.7.1　外力作功

根据外力作功可以计算静电场能量。考虑在 n 个带电体组成的系统中，第 i 个带电体的电量均由零开始，逐渐增加至 Q_i，最终电位为 Φ_i。

系统能量与中间过程无关，因此选择以下过程：即在过程中某时刻，各个导体的电量为最终电量的 α 倍（$\alpha<1$），设某时刻电量为 $q_i = \alpha Q_i$，由电量与电位的线性关系，电位应该为 $\varphi_i = \alpha \Phi_i$，外力作的功也就是带电系统的电场储能增加量，即：

$$\mathrm{d}W_e = \sum_{i=1}^{n} \varphi_i \mathrm{d}q_i = \sum_{i=1}^{n} \Phi_i Q_i \alpha \,\mathrm{d}\alpha$$

所以 n 个带电导体的电量从零充电到最终值时，是电场能逐渐增加的过程，即该体系的总电场能为：

$$W_e = \int \mathrm{d}W_e = \int_0^1 \sum_{i=1}^{n} \Phi_i Q_i \alpha \,\mathrm{d}\alpha = \sum_{i=1}^{n} \frac{1}{2} \Phi_i Q_i$$

例如，在两个导体极板构成的电容器中，经外电源充电后，最终极板上的电量分别为 $+Q$ 与 $-Q$，对应电位分别为 φ_1 和 φ_2，则该电容器储存的电场能量是：

$$W_e = \frac{1}{2} Q\varphi_1 - \frac{1}{2} Q\varphi_2 = \frac{1}{2} Q(\varphi_1 - \varphi_2) = \frac{1}{2} QU = \frac{1}{2} CU^2$$

对于电荷连续分布的情形，体电荷系统、面电荷系统和线电荷系统可改写为：

$$W_e = \int_{V'} \frac{1}{2} \rho\varphi \,\mathrm{d}V'$$

$$W_e = \int_{S'} \frac{1}{2}\rho_S \varphi dS'$$

$$W_e = \int_{l'} \frac{1}{2}\rho_l \varphi dl'$$

式中 ρ、ρ_S、ρ_l 分别为电荷体密度、面密度、线密度，积分区域是分布电荷占有的空间。

2.7.2 电场能量体密度

电场的能量分布在电场所在的整个空间，下面讨论如何计算电场能量分布密度。设多个导体组成的系统如图 2-21 所示，则电场总能量为：

$$W_e = \int_{V'} \frac{1}{2}\rho\varphi dV' + \int_{S'} \frac{1}{2}\rho_S \varphi dS' = \int_V \frac{1}{2}\rho\varphi dV + \frac{1}{2}\int_S \rho_S \varphi dS$$

其中，V——扩大到无限空间，S——所有带电体表面。将 $\nabla \cdot \boldsymbol{D}=\rho$ 和导体表面 $D_n=\rho_S$ 代入上式，并利用矢量恒等式：

$$\nabla \cdot (\varphi \boldsymbol{D}) = \varphi \nabla \cdot \boldsymbol{D} + \boldsymbol{D} \cdot \nabla \varphi$$

得：

$$W_e = \frac{1}{2}\int_V \nabla \cdot (\varphi \boldsymbol{D}) dV + \frac{1}{2}\int_V \boldsymbol{D} \cdot \boldsymbol{E} dV + \frac{1}{2}\int_S \varphi \boldsymbol{D} \cdot \boldsymbol{e}_n dS$$

应用散度定理，上式第一项：

$$\frac{1}{2}\int_V \nabla \cdot (\varphi \boldsymbol{D}) dV = \frac{1}{2}\oint_{S+S'} \varphi \boldsymbol{D} \cdot d\boldsymbol{S} = \frac{1}{2}\int_{S'} \varphi \boldsymbol{D} \cdot \boldsymbol{e}'_n dS' + \frac{1}{2}\int_S \varphi \boldsymbol{D} \cdot (-\boldsymbol{e}_n) dS$$

所以有：

$$W_e = \frac{1}{2}\int_{S'} \varphi \boldsymbol{D} \cdot \boldsymbol{e}'_n dS' + \frac{1}{2}\int_V \boldsymbol{D} \cdot \boldsymbol{E} dV$$

闭合面无穷大，有 $\varphi \propto \frac{1}{r}$，$D \propto \frac{1}{r^2}$，$dS' \propto r^2$，所以：

$$W_e = \frac{1}{2}\int_V \boldsymbol{D} \cdot \boldsymbol{E} dV$$

综上，静电场的能量体密度为：

$$w_e = = \frac{1}{2}\boldsymbol{D} \cdot \boldsymbol{E}$$

对于各向同性物质 $\boldsymbol{D}=\varepsilon \boldsymbol{E}$，代入得能量体密度：

$$w_e = = \frac{1}{2}\varepsilon E^2$$

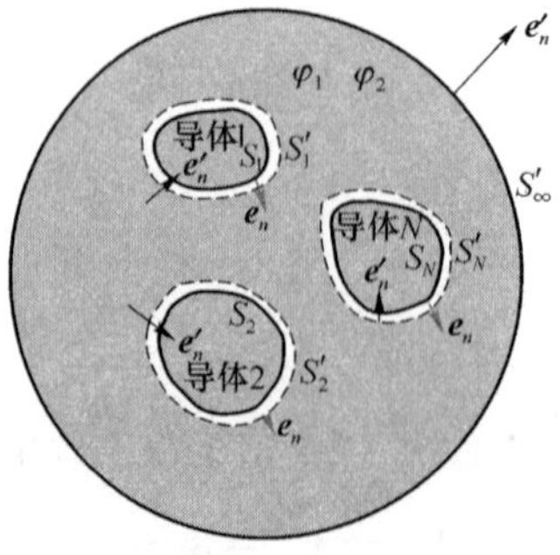

图 2-21 多个导体组成的系统

2.8 静电场边值问题的解法

2.8.1 静电场的边值问题

除在电荷分布已知的情况下求无界空间的场分布外，实际中我们还遇到一些在给定边界条件下求有界空间的场分布问题，区域内场分布满足电位方程且在边界上又具有一定的边界条件，这类问题通称为边界值问题。静电场的边值问题即在给出的边界条件下，求泊松方程或拉普拉斯方程的解。

实际的边值问题可以归结为以下 3 类。

第一类边值问题："狄利克莱"边界条件，整个边界上的电位函数 $\varphi|_S$ 是已知的。

第二类边值问题："诺曼"边界条件，整个边界上的电位法向导数$\frac{\partial\varphi}{\partial n}|_S$ 是已知的，如静电场中已知导体表面上的电荷面密度 $\rho_S=-\varepsilon\frac{\partial\varphi}{\partial n}$。

第三类边值问题：混合边界条件，边界的一部分上的电位 $\varphi|_S$ 是已知的，而另一部分上的电位的法向导数$\left.\frac{\partial\varphi}{\partial n}\right|_S$ 是已知的。

如果场域伸展到无限远处，必须提出所谓无限远处的边界条件。对于电荷分布在有限区域的情况，则在无限远处电位为有限值，即：

$$\lim_{r\to\infty} r\varphi=\text{有限值}$$

上式称为自然边界条件。

2.8.2 直角坐标系中的分离变量法

在静电场中，在每一类边界条件下，泊松方程或拉普拉斯方程的解必定是唯一的，这称为静电场的唯一性定理，证明从略。

求解边值问题的方法都基于唯一性定理，一般可以分为解析法和数值法两大类，这一节介绍解析法中的分离变量法，下一节介绍解析法中的镜像法，数值法解边值问题此处从略。

分离变量法是把一个多变量的函数表示成几个单变量函数乘积的方法。它要求在坐标系中，待求偏微分方程的解可表示为 3 个函数的乘积，且其中的每个函数仅是一个坐标的函数。

直角坐标系中的拉普拉斯方程：

$$\frac{\partial^2\Phi}{\partial x^2}+\frac{\partial^2\Phi}{\partial y^2}+\frac{\partial^2\Phi}{\partial z^2}=0$$

令：

$$\Phi=f(x)g(y)h(z)$$

代入拉普拉斯方程：

$$f''(x)g(y)h(z)+f(x)g''(y)h(z)+f(x)g(y)h''(z)=0$$

用 $f(x)g(y)h(z)$ 去除上式得：

$$\frac{f''(x)}{f(x)}+\frac{g''(y)}{g(y)}+\frac{h''(z)}{h(z)}=0$$

上式每一项都只是一个变量的函数。上式成立的条件是每一项都必须等于一个常数。

$$\frac{\mathrm{d}^2 f(x)}{\mathrm{d}x^2}=-k_x^2 f(x)$$

$$\frac{\mathrm{d}^2 g(y)}{\mathrm{d}y^2}=-k_y^2 g(y)$$

$$\frac{\mathrm{d}^2 h(z)}{\mathrm{d}z^2}=-k_z^2 h(z)$$

且：

$$k_x^2+k_y^2+k_z^2=0$$

上式中 3 个分离常数不能全为实数，也不能全为虚数。

形如方程 $\frac{\mathrm{d}^2 f(x)}{\mathrm{d}x^2}=-k_x^2 f(x)$，其通解有下列几种可能情况。

若 k_x 为实数，则在直角坐标系中该式的通解为：

$$f(x)=A_1\sin(k_x x)+A_2\cos(k_x x)$$

如果 k_x 为虚数，$k_x=\mathrm{j}\alpha_x$，则通解为双曲函数或指数函数：

$$f(x)=B_1\sinh(\alpha_x x)+B_2\cosh(\alpha_x x)$$

或

$$f(x)=B_1'\exp(\alpha_x x)+B_2'\exp(-\alpha_x x)$$

当 $k_x=0$ 时，通解为：

$$f(x)=C_1 x+C_2$$

直角坐标中解的形式的选择如表 2-1 所示。其中指数函数形式的应用区域为无限区域，其他函数形式的应用区域为有限区域。

表 2-1 直角坐标中解的形式的选择

k_x^2	k_x	指数函数形式	其他函数形式	应用场合
+	实数	$A\mathrm{e}^{-\mathrm{j}k_x x}+B\mathrm{e}^{\mathrm{j}k_x x}$	$C\cos(k_x x)+D\sin(k_x x)$	周期性边界条件
−	$\mathrm{j}\alpha$	$A\mathrm{e}^{-\alpha x}+B\mathrm{e}^{\alpha x}$	$C\cosh(\alpha x)+D\sinh(\alpha x)$	非周期性边界条件
0	0		$Cx+D$	零解

例 2-15 如图 2-22 所示的直角区域，电位分布：在 $y=b$ 处电位 $\Phi=U$，其余区域电位为零。求该直角区域内部的电位。

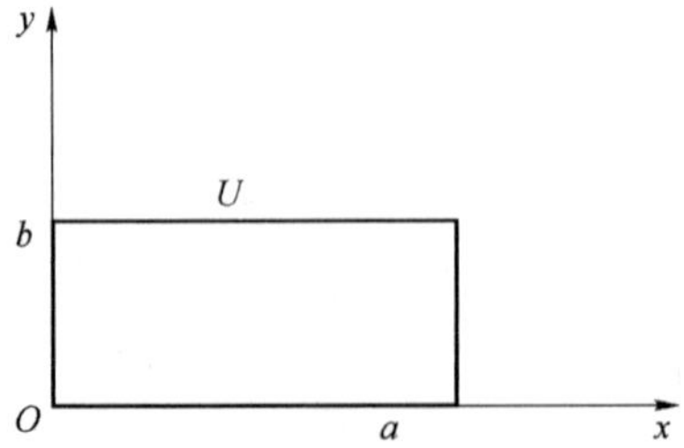

图 2-22 直角区域的电位分布

解:该直角区域内部电位的求解方法如表 2-2 所示。

表 2-2 直角区域内部电位的求解方法

具体过程	步 骤
问题的边界条件为: ① $\Phi\big\|_{x=0}=\Phi\big\|_{x=a}=0$ ② $\Phi\big\|_{y=0}=0,\Phi\big\|_{y=b}=U$	① 罗列边界条件
设 $\Phi=f(x)g(y)$,则: $$f''(x)g(y)+f(x)g''(y)=0$$ 用 $f(x)g(y)$ 去除上式得: $$\frac{f''(x)}{f(x)}+\frac{g''(y)}{g(y)}=0$$ 分离变量得到: $$\frac{\mathrm{d}^2 f(x)}{\mathrm{d}x^2}=-k_x^2 f(x)\quad \frac{\mathrm{d}^2 g(y)}{\mathrm{d}y^2}=-k_y^2 g(y)$$ 且: $$k_x^2+k_y^2=0$$	② 分离变量
由边界条件 ①,写出: $$f(x)=\sum_{n=1}^{\infty}A_n\sin\left(\frac{n\pi}{a}x\right)$$	③ 根据边界条件选择解的形式
所以 $k_y=-\mathrm{j}\,\frac{n\pi}{a}x$,再根据边界条件 ②,$g(y)$ 为余切函数,因此: $$g(y)=\sum_{n=1}^{\infty}B_n\sinh\left(\frac{n\pi}{a}y\right)$$	④ 根据系数要求 $k_x^2+k_y^2=0$ 及剩下边界条件确定另一组解
则通解为: $$\Phi=\sum_{n=1}^{\infty}A_nB_n\sin\left(\frac{n\pi}{a}x\right)\sinh\left(\frac{n\pi}{a}y\right)=\sum_{n=1}^{\infty}C_n\sin\left(\frac{n\pi}{a}x\right)\sinh\left(\frac{n\pi}{a}y\right)$$	⑤ 整合解,得到独立的未知量
剩余一个未知量 C_n 和一个条件 $\Phi\big\|_{y=b}=U$,可根据此条件求得 C_n。代入边界条件有: $$\Phi=\sum_{n=1}^{\infty}C_n\sin\left(\frac{n\pi}{a}x\right)\sinh\left(\frac{n\pi}{a}b\right)=U$$ 两边利用三角函数的正交性,同乘以 $\sin\left(\frac{n\pi}{a}x\right)$ 然后在$(0,a)$ 上进行积分: $$\int_0^a\sum_{n=1}^{\infty}C_n\sin\left(\frac{n\pi}{a}x\right)\sinh\left(\frac{n\pi}{a}b\right)\sin\left(\frac{n\pi}{a}x\right)\mathrm{d}x=\int_0^a U\sin\left(\frac{n\pi}{a}x\right)\mathrm{d}x$$ 因为: $$\frac{1}{2}aC_n=\frac{2a}{n\pi}U\qquad C_n=\frac{4}{n\pi}U$$ 所以问题的解为: $$\Phi=\sum_{n=1}^{\infty}\frac{4U}{n\pi}\sin\left(\frac{n\pi}{a}x\right)\sinh\left(\frac{n\pi}{a}y\right)$$	⑥ 根据边界条件,求得未知量,获得解

例 2-16 两块无限大接地导体平板分别置于 $x=0$ 和 $x=a$ 处，在两板之间的 $x=b$ 处有一面密度为 ρ_S 的均匀电荷分布，如图 2-23 所示。求两导体平板之间的电位和电场。

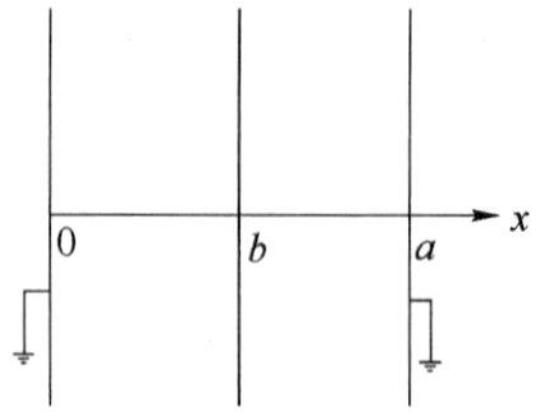

图 2-23 两接地导体平板

解：在两块无限大接地导体平板之间，除 $x=b$ 处有均匀面电荷分布外，其余空间均无电荷分布，故电位函数满足一维拉普拉斯方程：

$$\begin{cases}\dfrac{d^2\varphi_1(x)}{dx^2}=0, & 0<x<b\\[2mm] \dfrac{d^2\varphi_2(x)}{dx^2}=0, & b<x<a\end{cases}$$

此方程的解为：

$$\begin{cases}\varphi_1(x) = C_1x + D_1\\ \varphi_2(x) = C_2x + D_2\end{cases}$$

利用边界条件，得：

$$\begin{cases}x=0, \varphi_1(0)=0\\ x=a, \varphi_2(a)=0\\ x=b, \varphi_1(b)=\varphi_2(b)\\ \left[\dfrac{\partial\varphi_1(x)}{\partial x}-\dfrac{\partial\varphi_2(x)}{\partial x}\right]_{x=b}=\dfrac{\rho_S}{\varepsilon_0}\end{cases}$$

于是有：

$$\begin{cases}C_1= -\dfrac{\rho_S(b-a)}{a\varepsilon_0}\\[2mm] C_2= -\dfrac{\rho_S b}{a\varepsilon_0}\\[2mm] D_1= 0\\[2mm] D_2= \dfrac{\rho_S b}{a\varepsilon_0}\end{cases}$$

得：

$$\begin{cases}\varphi_1(x)=\dfrac{\rho_S(a-b)}{a\varepsilon_0}x, & 0\leqslant x\leqslant b\\[2mm] \varphi_2(x)=\dfrac{\rho_S b}{a\varepsilon_0}(a-x), & b\leqslant x\leqslant a\\[2mm] \boldsymbol{E}_1(x)=-\nabla\varphi_1(x)=-\boldsymbol{e}_x\dfrac{\rho_S(a-b)}{a\varepsilon_0}\\[2mm] \boldsymbol{E}_2(x)=-\nabla\varphi_2(x)=\boldsymbol{e}_x\dfrac{\rho_S b}{a\varepsilon_0}\end{cases}$$

2.8.3 直角坐标系中的镜像法

在所研究的区域外，用一些假想的电荷代替场问题的边界，如果这些电荷和场原有的电荷一起产生的电场满足原问题的边界条件，则其电位的叠加即是我们所要求的电位解。

其中的假想电荷称为镜像电荷。镜像电荷有如下特点：

① 镜像电荷必须位于待求解的场域外，场域内电荷不变；

② 镜像电荷的参数(大小、位置和符号)以满足边界条件来确定。

镜像法用于一些特殊的边界情况，如求无限大平面的镜像时，可将求解边值问题转换成无边界问题。

例 2-17 在无限大导体平面 $z=0$ 附近有一点电荷 q，与平面的距离为 h，导体平面的电位为零，求导体平面上半空间中的电位及电场。

在导体平面下面与点电荷 q 对称的位置放置一个点电荷$(-q)$，并移去导体平面，此时在 $z=0$ 的平面上的电位仍为零。这样我们就用点电荷 q 和其镜像电荷 $-q$ 构成的系统来代替原来的边值问题。

上半空间内任一点 $P(x,y,z)$的电位为原点电荷与镜像电荷所产生的电位之和：

$$\varphi=\frac{q}{4\pi\varepsilon_0}\left(\frac{1}{R}-\frac{1}{R'}\right)$$
$$=\frac{q}{4\pi\varepsilon_0}\left\{\frac{1}{[x^2+y^2+(z-h)^2]^{1/2}}-\frac{1}{[x^2+y^2+(z+h)^2]^{1/2}}\right\}$$

则上半空间内任一点 P 的电场为原点电荷与镜像电荷所产生的电场之和：

$$\boldsymbol{E}=\frac{q}{4\pi\varepsilon_0}\left(\frac{\boldsymbol{r}}{R^2}-\frac{\boldsymbol{r}'}{R'^2}\right)$$
$$=\frac{q}{4\pi\varepsilon_0}\left\{\frac{\boldsymbol{e}_x x+\boldsymbol{e}_y y^2+\boldsymbol{e}_z(z-h)}{[x^2+y^2+(z-h)^2]^{3/2}}-\frac{\boldsymbol{e}_x x+\boldsymbol{e}_y y+\boldsymbol{e}_z(z+h)}{[x^2+y^2+(z+h)^2]^{3/2}}\right\}$$

如上半空间内有 N 个点电荷，则任一点 P 的电位为原点电荷与镜像电荷所产生的电位之和：

$$\varphi=\sum_{i=1}^{N}\varphi_i$$

则其电场可由电位来求解：

$$\boldsymbol{E}=-\nabla\varphi$$

在两个相交为直角的导体平面的附近有一个点电荷 q，如图 2-24(a)所示。该直角边界可将点电荷 q 在其他 3 个象限镜像出 3 个电荷，在第二象限、第四象限的镜像点电荷为 $-q$，在第三象限的镜像点电荷为 q，这 4 个点电荷的分布如图 2-24 所示。

例 2-18 一个点电荷 Q 位于接地导体球旁边，球半径为 a，如图 2-25 所示，求镜像电荷的大小及位置。

解：设镜像电荷的大小为 Q^*，距离球心的距离为 d，导体球上任一点 M 的电位：

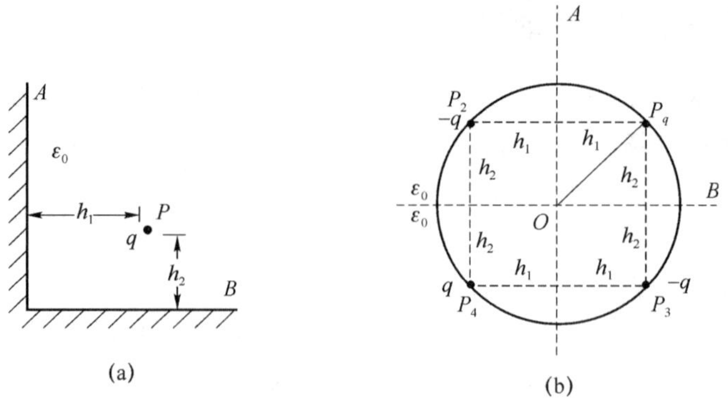

图 2-24　直角导体平面的镜像

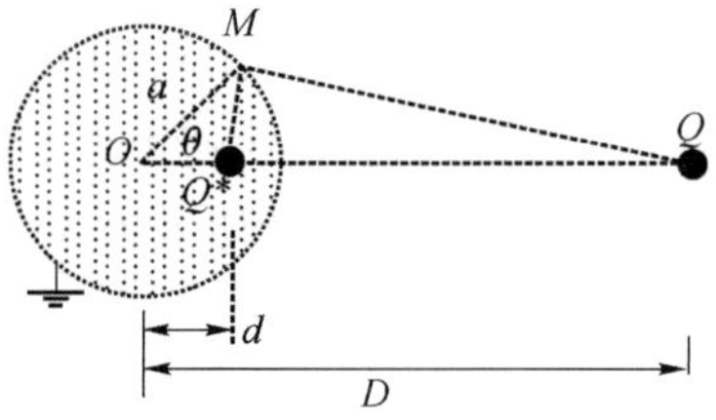

图 2-25　点电荷的球面镜像

$$\psi=\frac{1}{4\pi\cdot\varepsilon_0}\cdot\left(\frac{Q}{r_{MQ}}+\frac{Q^*}{r_{MQ^*}}\right)$$

由 $\psi=0$，可得：

$$\frac{Q}{r_{MQ}}+\frac{Q^*}{r_{MQ^*}}=0$$

又：

$$r_{MQ}^2=a^2+D^2-2aD\cos\theta$$

$$r_{MQ^*}^2=a^2+d^2-2ad\cos\theta$$

代入整理得：

$$[Q^2(a^2+d^2)-Q^{*2}(a^2+D^2)]+2a\cos\theta(Q^{*2}D-Q^2d)=0$$

等式的成立与球面上点 M 的位置无关，即与角度无关，因此可得如下的两个等式：

$$\begin{cases}Q^2(a^2+d^2)-Q^{*2}(a^2+D^2)=0\\ Q^{*2}D-Q^2d=0\end{cases}$$

该方程的一组无意义的解：

$$Q^*=-Q\qquad d=D$$

另一组解即镜像电荷的大小及位置：

$$\begin{cases}Q^*=-\dfrac{a}{D}\cdot Q\\ |OQ^*|=d=\dfrac{a^2}{D}\end{cases}$$

习 题

2-1 电荷按体密度 $\rho(\boldsymbol{r})=\rho_0\left(1-\frac{r^2}{a^2}\right)$分布于一个半径为 a 的球形区域内，其中 ρ_0 为常数。试计算球内外的电通密度。

2-2 半径 $r=a$ 的介质球体处于真空中，介电常数为 ε，电荷体密度 $\rho(\boldsymbol{r})=r\rho_0$，$\rho_0$ 为常数。求：① 球内外的电通密度和电场强度；② 球内外的电位；③ 球内外的能流密度；④ 球内的极化强度；⑤ 球面上的束缚电荷面密度。

2-3 写出下列两种情况下，介电常数为 ε 的均匀无界媒质中电场强度的表达式：① 带电量为 Q 的金属球；② 电荷线密度为 τ 的无限长线电荷。

2-4 证明静电场的边界条件。

2-5 试写出静电场基本方程的积分形式与微分形式。

2-6 一平板电容器有两层介质，如图 2-26 所示。极板面积为 25 cm^2，一层电介质厚度为 $d_1=0.5$ cm，电导率 $\gamma_1=10^{-10}$ S/m，相对介电常数 $\varepsilon_{r1}=7$；另一层电介质厚度为 $d_2=1$ cm，电导率 $\gamma_2=10^{-15}$ S/m，相对介电常数 $\varepsilon_{r2}=4$。当电容器加有电压 1 000 V 时，求：

① 电介质中的电流；

② 两电介质分界面上积累的电荷；

③ 电容器消耗的功率。

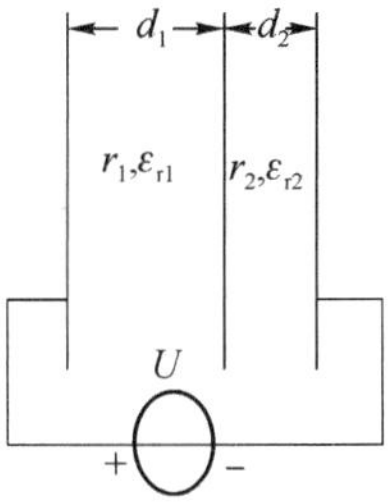

图 2-26 双层平板电容器

2-7 试写出电位函数表示的两种介质分界面静电场的边界条件。

2-8 写出静态场中的 3 类边值条件。

2-9 半径为 a 的球体中充满密度为 $\rho(r)$ 的体电荷，已知电位移分布为：

$$D_r=\begin{cases} r^3+Ar^2 & (r\leqslant a) \\ \dfrac{a^5+Aa^4}{r^2} & (r\geqslant a) \end{cases}$$

其中 A 为常数，试求电荷密度 $\rho(r)$。

2-10 一个很薄的无限大导电带电面，电荷面密度为 σ，证明垂直于平面的 z 轴上 $z=z_0$ 处的电场强度 E 中，有一半是平面上半径为$\sqrt{3}z_0$ 的圆内的电荷产生的。

2-11 真空中有一导体球 A，内有两个介质为空气的球形空腔 B 和 C，其中心处分

别放置点电荷 Q_1 和 Q_2，试求空间的电场分布。

2-12　如图 2-27 所示的两个半径分别为 R_1 和 R_S 的同心导体球壳组成的球形电容器，在球壳间以半径 $r=R_2$ 为分界面填有两种不同的介质，其介电常数分别为 $\varepsilon_1=\varepsilon_{r1}\varepsilon_0$ 和 $\varepsilon_2=\varepsilon_{r2}\varepsilon_0$，试证明此球形电容器的电容为：

$$C=\frac{4\pi\varepsilon_0}{\dfrac{1}{\varepsilon_{r1}R_1}-\dfrac{1}{\varepsilon_{r2}R_S}+\dfrac{1}{R_2}\left(\dfrac{1}{\varepsilon_{r2}}-\dfrac{1}{\varepsilon_{r1}}\right)}$$

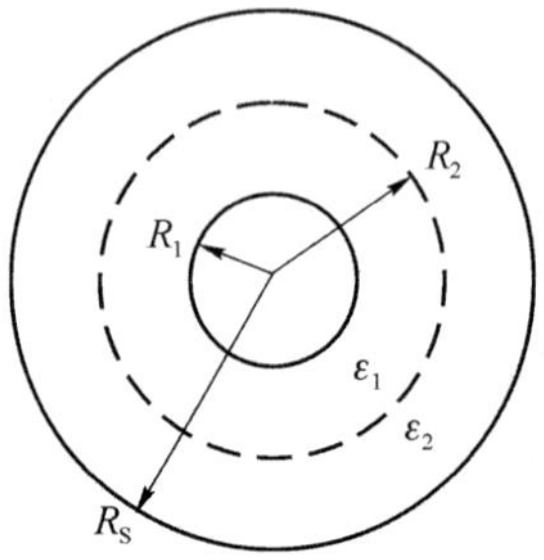

图 2-27　填充介质的球形电容器

第3章　恒定磁场

运动电荷不仅产生电场，而且还会产生磁场，由恒定电流或者永久磁体产生的磁场不随时间变化，称为恒定磁场，也称静磁场。

3.1　恒定磁场的基本方程

3.1.1　磁感应强度

如图 3-1 所示，真空中有两个线电流回路 C_1 和 C_2，$I_1\mathrm{d}\boldsymbol{l}_1$ 和 $I_2\mathrm{d}\boldsymbol{l}_2$ 分别为回路 C_1 和 C_2 上的电流元，C_1 对 C_2 的安培作用力：

$$\boldsymbol{F}_{12}=\frac{\mu_0}{4\pi}\oint_{C_2}\oint_{C_1}\frac{I_2\mathrm{d}\boldsymbol{l}_2\times(I_1\mathrm{d}\boldsymbol{l}_1\times\boldsymbol{e}_R)}{R^2} \tag{3-1-1}$$

真空中的磁导率 $\mu_0=4\pi\times10^{-7}$ H/m。将 $\boldsymbol{F}_{12}$ 改写为：

$$F_{12}=\oint_{C_2}I_2\mathrm{d}\boldsymbol{l}_2\times\boldsymbol{B}$$

所以有：

$$\boldsymbol{B}=\frac{\mu_0}{4\pi}\oint_{C_1}\frac{I_1\mathrm{d}\boldsymbol{l}_1\times\boldsymbol{e}_R}{R^2}$$

上式为电流回路 C_1 在 $\boldsymbol{R}$ 处的磁场矢量，式中 $\boldsymbol{e}_R$ 为电流元 $I_1\mathrm{d}\boldsymbol{l}_1$ 至 $I_2\mathrm{d}\boldsymbol{l}_2$ 的单位距离矢量。

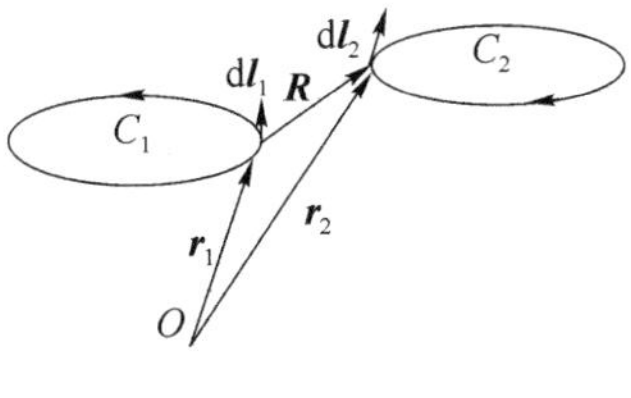

图 3-1　两个载流回路间的作用力

与静电场中采用的方法相似，为了方便讨论，用不带撇的坐标表示场点，用带撇的坐标表示源点，如图 3-2 所示，将上式改写为：

$$\boldsymbol{B}=\frac{\mu_0}{4\pi}\oint_{C}\frac{I\mathrm{d}\boldsymbol{l}'\times\boldsymbol{e}_R}{R^2}$$

上式称为毕奥-萨伐尔定律，它表示载有恒定电流 I 的导线在场点 $P(x, y, z)$处所产生的磁感应强度。

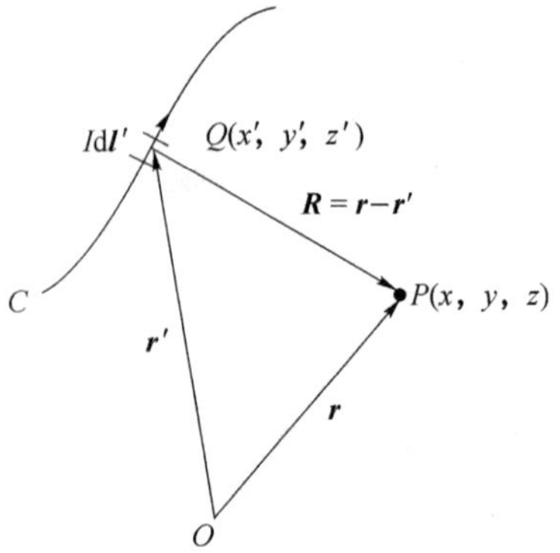

图 3-2 由 Q 点电流元在 P 点产生的场

3.1.2 电流密度

若产生磁通密度的电流不是线电流，而是体电流分布 $\boldsymbol{J}(\boldsymbol{r}')$ 或面电流分布 $\boldsymbol{J}_S(\boldsymbol{r}')$。如图 3-3 所示，设通过 ΔS 的电流为 ΔI，则该点处体电流（面）密度（单位为 $\mathrm{A/m^2}$）的定义为：

$$J=\lim_{\Delta S\to 0}\frac{\Delta I}{\Delta S}$$

方向：正电荷运动方向。

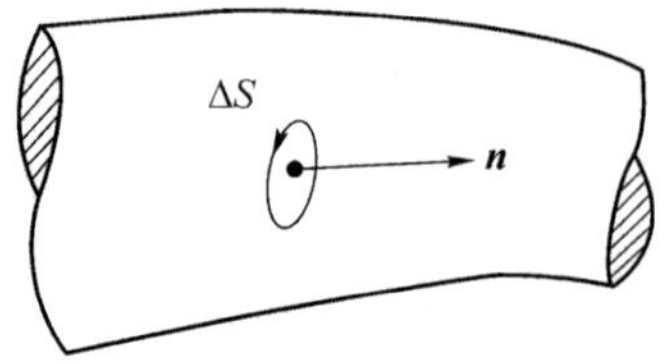

图 3-3 体电流密度

可以根据电流密度 J 求出流过任意面积 S 的电流强度。一般情况下，电流密度 J 和面积元 $\mathrm{d}S$ 的方向并不相同。此时，通过面积 S 的电流就等于电流密度 J 在 S 上的通量，即：

$$I=\int_S \boldsymbol{J}\cdot \mathrm{d}\boldsymbol{S}=\int_S J\cos\theta \mathrm{d}S$$

如图 3-4 所示，若电流集中在某个薄面上，通过 Δl 的电流为 ΔI，则面电流（线）密度（单位为 A/m）的定义：

$$J_S=\lim_{\Delta S\to 0}\frac{\Delta I}{\Delta l}=\rho_S V$$

体电流产生的磁通密度：

$$\boldsymbol{B}(\boldsymbol{r})=\frac{\mu_0}{4\pi}\int_{V'}\frac{\boldsymbol{J}(\boldsymbol{r}')\mathrm{d}V'\times \boldsymbol{e}_R}{R^2}$$

面电流元产生的磁通密度：

$$\boldsymbol{B}(\boldsymbol{r}) = \frac{\mu_0}{4\pi}\int_{S'} \frac{\boldsymbol{J}_S(\boldsymbol{r}')\mathrm{d}S' \times \boldsymbol{e}_R}{R^2}$$

利用此积分式，可以求解电流产生的磁场。

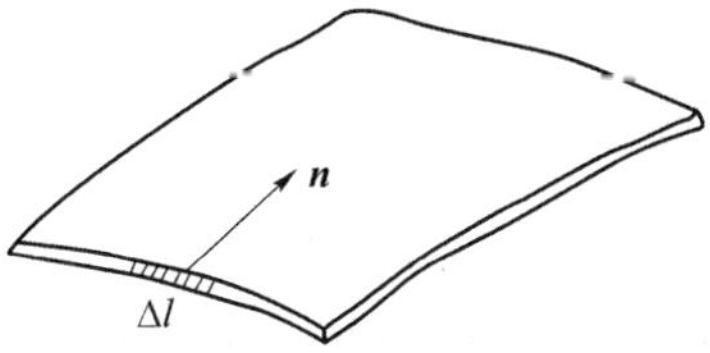

图 3-4 面电流密度

磁场强度定义为磁感应强度除以磁导率，有：

$$\boldsymbol{H} = \frac{1}{4\pi}\oint_C \frac{I\mathrm{d}\boldsymbol{l}' \times \boldsymbol{e}_R}{R^2} \tag{3-1-2}$$

在无界真空中的本构关系式为：

$$\boldsymbol{B}(\boldsymbol{r}) = \mu_0 \boldsymbol{H}(\boldsymbol{r})$$

分析恒定磁场中的 3 个基本变量为矢量场源 $\boldsymbol{J}(\boldsymbol{r})$、磁感应强度 $\boldsymbol{B}$ 和磁场强度 $\boldsymbol{H}$。

3.1.3 磁场的基本方程

磁场基本方程的微分形式有如下两个：

$$\begin{aligned} \nabla \cdot \boldsymbol{B} &= 0 \\ \nabla \times \boldsymbol{H} &= \boldsymbol{J} \end{aligned} \tag{3-1-3}$$

上面方程组的第一式为磁通连续方程，第二式为安培环路定律。

磁通连续方程的推导如下。

利用式 $\nabla\left(\frac{1}{R}\right) = -\frac{\boldsymbol{e}_R}{R^2}$，$\boldsymbol{B}(\boldsymbol{r}) = \frac{\mu_0}{4\pi}\int_{V'} \frac{\boldsymbol{J}(\boldsymbol{r}')\mathrm{d}V' \times \boldsymbol{e}_R}{R^2}$ 又可以写为：

$$\boldsymbol{B} = \frac{\mu_0}{4\pi}\int_V \boldsymbol{J}(r') \times \left[-\nabla\left(\frac{1}{R}\right)\right]\mathrm{d}V' = \frac{\mu_0}{4\pi}\int_V \nabla\left(\frac{1}{R}\right) \times \boldsymbol{J}(r')\mathrm{d}V'$$

应用恒等式：

$$\nabla \times f\boldsymbol{A} = \nabla f \times \boldsymbol{A} + f\,\nabla \times \boldsymbol{A}$$

$$\boldsymbol{B} = \frac{\mu_0}{4\pi}\int_{V'} \nabla\left(\frac{1}{R}\right) \times \boldsymbol{J}(r')\mathrm{d}V' = \frac{\mu_0}{4\pi}\int_{V'}\left[\nabla \times \frac{\boldsymbol{J}(r')\mathrm{d}V'}{R} - \frac{\nabla \times \boldsymbol{J}(r')\mathrm{d}V'}{R}\right]$$

同时注意到∇是对场点作用的算子，故：

$$\nabla \times \boldsymbol{J}(r') = 0$$

磁通密度可以表达如下：

$$\boldsymbol{B} = \nabla \times \left[\frac{\mu_0}{4\pi}\int_V \frac{\boldsymbol{J}(r')}{R}\mathrm{d}V'\right] \tag{3-1-4}$$

又根据恒等式$\nabla \cdot (\nabla \times \boldsymbol{A}) = 0$，可得：

$$\nabla \cdot \boldsymbol{B} = 0$$

上式表明，由恒定电流产生的磁场是无散场，即旋涡场(有旋场)。把此式在体积 V 内积分，并利用散度定理，有：

$$\oint_S \boldsymbol{B} \cdot \mathrm{d}\boldsymbol{S} = 0$$

这就是磁通连续方程的微分和积分表达式。

一个散度为零的矢量可用另一个矢量的旋度来表示。磁通密度的散度恒等于零，所以它可以用矢量 A 的旋度来表示，即：

$$\boldsymbol{B} = \nabla \times \boldsymbol{A} \tag{3-1-5}$$

比较式(3-1-4)和式(3-1-5)，得：

$$\boldsymbol{A} = \frac{\mu_0}{4\pi}\int_V \frac{\boldsymbol{J}(r')}{R}\mathrm{d}V' \tag{3-1-6}$$

$\boldsymbol{A}$ 称为矢量磁位，其单位为 Wb/m（韦伯/米）。如果电流为面电流分布或线电流分布，其矢量磁位 $\boldsymbol{A}$ 的表达式分别为：

$$\boldsymbol{A} = \frac{\mu_0}{4\pi}\int_{S'} \frac{\boldsymbol{J}_S}{R}\mathrm{d}S' \tag{3-1-7}$$

$$\boldsymbol{A} = \frac{\mu_0}{4\pi}\int_{l'} \frac{I\mathrm{d}\boldsymbol{l}'}{R} \tag{3-1-8}$$

上面矢量磁位表达式的参考点均选在无穷远处。与静电场相似，当源延伸到无穷远点时，必须重新选择参考点，以表达式简捷、有意义为准则。式(3-1-6)、式(3-1-7)、式(3-1-8)表明，矢量磁位 $\boldsymbol{A}$ 的方向与电流源的方向一致。因此当电流分布已知时，利用上述公式即可求得磁矢位 $\boldsymbol{A}$，再对其求旋度便得到磁通密度 $\boldsymbol{B}$。

例 3-1 如图 3-5 所示，求长度为 l 的载流直导线的磁矢位 $\boldsymbol{A}$ 和磁通密度 $\boldsymbol{B}$。

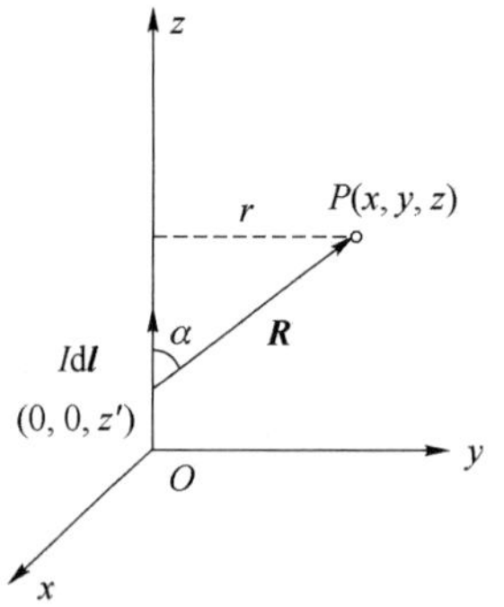

图 3-5 直导线的矢量磁位

解：

$$\boldsymbol{A} = \frac{\mu_0}{4\pi}\int_{l'} \frac{I\mathrm{d}\boldsymbol{l}'}{R}$$

$$\begin{aligned} A_z &= \frac{\mu_0 I}{4\pi}\int_{-l/2}^{l/2} \frac{\mathrm{d}z'}{[r^2 + (z-z')^2]^{1/2}} \\ &= \frac{\mu_0 I}{4\pi}\ln\frac{[(l/2-z)^2 + r^2]^{1/2} + (l/2-z)}{[(l/2+z)^2 + r^2]^{1/2} - (l/2+z)} \end{aligned}$$

当 $l \gg (z^2+r^2)^{1/2}$ 时，有：

$$A_z=\frac{\mu_0 I}{4\pi}\ln\frac{[(l/2)^2+r^2]^{1/2}+l/2}{[(l/2)^2+r^2]^{1/2}-l/2}$$

利用近似式：$\sqrt{l^2+r^2}\approx l\left[1+\frac{1}{2}\left(\frac{r}{l}\right)^2\right]$，有：

$$\text{分子}\approx\frac{l}{2}+\frac{l}{2}\left[1+\frac{1}{2}\left(\frac{2r}{l}\right)^2\right]\approx l \qquad \text{分母}\approx-\frac{l}{2}+\frac{l}{2}\left[1+\frac{1}{2}\left(\frac{2r}{l}\right)^2\right]\approx\frac{r^2}{l}$$

则：

$$A_z=\frac{\mu_0 I}{4\pi}\ln\left(\frac{l}{r}\right)^2=\frac{\mu_0 I}{2\pi}\ln\frac{l}{r}$$

$l\to\infty$ 时，$A_z\to\infty$，选择 r_0 处为矢量磁位的参考点，则上面的结果变成：

$$\boldsymbol{A}=\boldsymbol{e}_z\left[\frac{\mu_0 I}{2\pi}\ln\left(\frac{l}{r}\right)-\frac{\mu_0 I}{2\pi}\ln\left(\frac{l}{r_0}\right)\right]=\boldsymbol{e}_z\frac{\mu_0 I}{2\pi}\ln\left(\frac{r_0}{r}\right)$$

$$\boldsymbol{B}=\nabla\times\boldsymbol{A}=\boldsymbol{e}_\varphi\frac{\partial A}{\partial r}=\boldsymbol{e}_\varphi\frac{\mu_0 I}{2\pi r}$$

$$\boldsymbol{H}=\boldsymbol{e}_\varphi\frac{I}{2\pi r}$$

将无限长直导线的磁场强度 $\boldsymbol{H}$ 沿闭合线积分，可得安培环路定理 $\oint_l \boldsymbol{H}\cdot d\boldsymbol{l}=I$。它阐明磁场强度沿任一闭合路径的线积分等于闭合路径所包围的电流，此处的电流 I 为闭合路径所包围面积内的净电流，它可以是任意形状导体所载的电流。将 $\boldsymbol{H}=\boldsymbol{e}_\varphi\frac{I}{2\pi r}$ 应用斯托克斯定理，因而 $\nabla\times\boldsymbol{H}=\boldsymbol{J}$，此式为恒定磁场中安培定律的微分形式，它表明由恒定电流产生的磁场是有旋场。

例 3-2 半径为 a 的无限长直导体通有直流电流 I，试求导体内外的磁场强度 $\boldsymbol{H}$。

解：由安培环路定理 $\oint_C \boldsymbol{H}\cdot d\boldsymbol{l}=I$，当 $r<a$ 时：

$$H=\frac{I_0}{2\pi r}=\frac{\pi r^2 J}{2\pi r}=\frac{r}{2}\frac{I}{\pi a^2}=\frac{I}{2\pi a^2}r$$

当 $r>a$ 时：

$$H=\frac{I}{2\pi r}$$

所以有：

$$\boldsymbol{H}=\begin{cases}\boldsymbol{e}_\varphi\dfrac{I}{2\pi a^2}r, & r<a\\[2ex] \boldsymbol{e}_\varphi\dfrac{I}{2\pi r}, & r\geqslant a\end{cases}$$

例 3-3 如图 3-6 所示，半径为 a、电流为 I 的电流环位于 xOy 平面内，圆心为坐标原点，求矢量磁位。

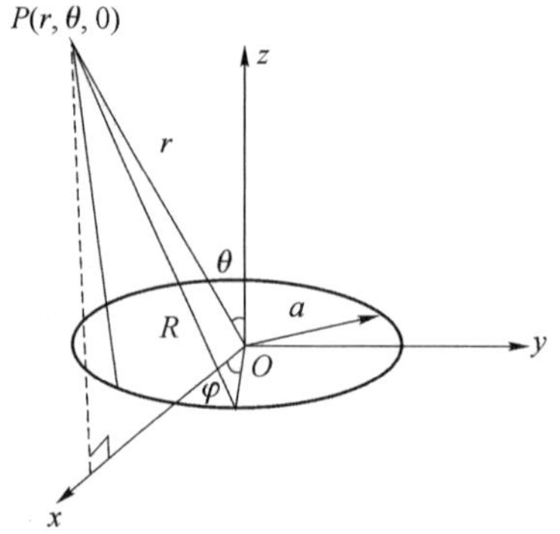

图 3-6　求磁偶极子在空间点的矢量磁位

解：视圆电流环为一个磁偶极子，$\boldsymbol{m}=I\mathrm{d}\boldsymbol{S}$ 为磁偶极子的磁距，建立球坐标系，显然，场关于 φ 具有对称性，为方便起见可以只考虑 xOz 平面上的点：$\boldsymbol{A}=\dfrac{\mu_0}{4\pi}\displaystyle\int_l \dfrac{I\mathrm{d}\boldsymbol{l}}{R}$，$\mathrm{d}l=a\mathrm{d}\varphi$，$I\mathrm{d}\boldsymbol{l}=\boldsymbol{e}_\varphi Ia\mathrm{d}\varphi$。

如图 3-6 所示，关于 xOz 平面对称的两点，在 P 点所产生的 $\boldsymbol{A}$ 的合成为 $A_\varphi \boldsymbol{e}_\varphi$，所以：

$$A_\varphi=2\int_0^\pi \mathrm{d}A\cos\varphi'=\frac{\mu_0 I}{2\pi}\int_0^\pi \frac{a\cos\varphi'\mathrm{d}\varphi'}{R}$$

R 为场源之间的距离，场点坐标为 $(r\sin\theta,0,r\cos\theta)$，源点坐标为 $(a\cos\varphi,a\sin\varphi,0)$。所以：

$$\boldsymbol{R}=(r\sin\theta-a\cos\varphi)\boldsymbol{e}_x+(-a\sin\varphi)\boldsymbol{e}_y+r\cos\theta\boldsymbol{e}_z$$

$$\begin{aligned}R&=[(r\sin\theta-a\cos\varphi)^2+(-a\sin\varphi)^2+(r\cos\theta)^2]^{1/2}\\&=[r^2\sin^2\theta+a^2\cos^2\varphi-2a\sin\theta\cos\varphi+a^2\sin^2\varphi+r^2\cos^2\theta]^{1/2}\\&=(r^2+a^2-2a\sin\theta\cos\varphi)^{1/2}\end{aligned}$$

当 $r\gg a$ 时，用二项式定理 $(1+x)^{\pm1/2}=1\pm\dfrac{1}{2}x+\cdots$ 可得：

$$\frac{1}{R}\approx\frac{1}{r}\left(1-\frac{2a}{r}\sin\theta\cos\varphi'\right)^{-1/2}\approx\frac{1}{r}\left(1+\frac{a}{r}\sin\theta\cos\varphi'\right)$$

$$\begin{aligned}A_\varphi&\approx\frac{\mu_0 Ia}{2\pi r}\int_0^\pi\left(1+\frac{a}{r}\sin\theta\cos\varphi'\right)\cos\varphi'\mathrm{d}\varphi'\\&=\frac{\mu_0 a^2 I}{2\pi r^2}\cdot\sin\theta\int_0^\pi\cos^2\varphi'\mathrm{d}\varphi'=\frac{\mu_0 a^2 I}{4r^2}\sin\theta\end{aligned}$$

$$\boldsymbol{A}=\frac{\mu_0 a^2 I}{4r^2}\sin\theta\boldsymbol{e}_\varphi=\frac{\mu_0\pi a^2 I}{4\pi r^2}\boldsymbol{e}_z\times\boldsymbol{e}_r$$

$$\mathrm{d}S=\pi a^2\qquad \boldsymbol{m}=I\mathrm{d}\boldsymbol{S}=I\pi a^2\boldsymbol{e}_z$$

磁偶极子的矢量磁位：

$$\boldsymbol{A}=\frac{\mu_0\boldsymbol{m}\times\boldsymbol{e}_r}{4\pi r^2}$$

例 3-4 有一铁心磁环，$\mu \gg \mu_0$，N 匝线圈通有电流 I，求环中的 $\boldsymbol{H}$、$\boldsymbol{B}$。

解：磁场大部分在磁环中，$\mu \gg 0$，在空气中很少且与界面垂直。

$$\boldsymbol{H} = -\boldsymbol{e}_\varphi H_\varphi(r)$$

取 C 为与 $\boldsymbol{H}$ 同方向的闭合曲线，由安培定律：

$$\oint_C -\boldsymbol{e}_\varphi H_\varphi \cdot (-\boldsymbol{e}_\varphi)\mathrm{d}l = NI \qquad 2\pi r H_\varphi = NI \qquad H_\varphi = \frac{NI}{2\pi r}$$

$$\boldsymbol{H} = -\frac{NI}{2\pi r}\boldsymbol{e}_\varphi \qquad \boldsymbol{B} = -\frac{\mu NI}{2\pi r}\boldsymbol{e}_\varphi$$

3.2 恒定磁场中的介质

在磁性介质中，分子中的电子以恒速围绕原子核作圆周运动并形成分子电流，它相当于一个微小电流环，可以等效为磁偶极子。在没有外加磁场时，就一般介质而言，由于各分子磁矩的取向随机而相互抵消，对外不呈磁性，如图 3-7(a)所示。在外施磁场作用下，各分子磁矩沿磁场方向排列，如图 3-7(b)所示。介质内部磁偶极子的有序排列相当于沿介质表面流动的电流，如图 3-7(c)所示。这些电流称为束缚电流，它在介质内部产生一个附加场，这种现象称为磁化。

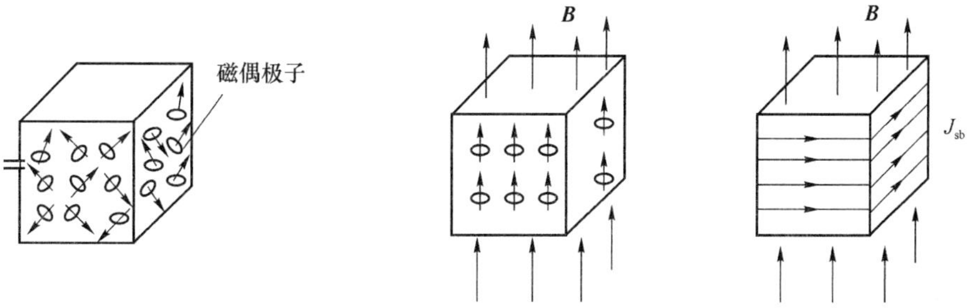

(a) 磁偶极子随机排列的磁性物质　(b) 外场$\boldsymbol{B}$使磁偶极子有序排列　(c) 介质表面的电流

图 3-7　磁偶极子的排列

设在体积 ΔV 内有 n 个原子，$\boldsymbol{m}_i$ 是第 i 个原子的磁矩，于是单位体积的磁矩矢量和称为磁化强度，用 $\boldsymbol{M}$ 表示：

$$\boldsymbol{M} = \lim_{\Delta V \to 0} \frac{\sum \boldsymbol{m}_i}{\Delta V}$$

设在磁化介质中取一个体积元 $\mathrm{d}V'$，其磁矩为 $M\ \mathrm{d}V'$，全部磁介质在 r 处产生的磁矢位为：

$$\boldsymbol{A} = \frac{\mu_0}{4\pi}\int_V \frac{\boldsymbol{M} \times \boldsymbol{e}_R}{R^2}\mathrm{d}V'$$

利用恒等式：

$$\boldsymbol{\nabla}'\left(\frac{1}{R}\right) = \frac{a_R}{R^2}$$

$$\boldsymbol{M}\times\nabla'\left(\frac{1}{R}\right)=\frac{1}{R}\nabla'\times\boldsymbol{M}-\nabla'\times\left(\frac{\boldsymbol{M}}{R}\right)$$

可以改写为：

$$\begin{aligned}\boldsymbol{A}&=\frac{\mu_0}{4\pi}\int_V\frac{\nabla'\times\boldsymbol{M}}{R}\mathrm{d}V'-\frac{\mu_0}{4\pi}\int_V\nabla'\times\frac{\boldsymbol{M}}{R}\mathrm{d}V'\\&=\frac{\mu_0}{4\pi}\int_{V''}\frac{\nabla'\times\boldsymbol{M}}{R}\mathrm{d}V'+\frac{\mu_0}{4\pi}\oint_{S'}\frac{\boldsymbol{M}\times\boldsymbol{e}_n'}{R}\mathrm{d}S'\end{aligned}$$

比较体电流密度和面电流密度产生的磁场 **A**，有：

$$\boldsymbol{J}_{\mathrm{m}}=\nabla\times\boldsymbol{M}$$

$$\boldsymbol{J}_{\mathrm{mS}}=\boldsymbol{M}\times\boldsymbol{e}_n$$

$\boldsymbol{J}_{\mathrm{m}}$ 为束缚电流体密度，$\boldsymbol{J}_{\mathrm{mS}}$为束缚电流面密度，$\boldsymbol{e}_n$ 为介质的外法向单位矢量，上面两式中，我们略去了上面的撇，但旋度与叉乘运算都是对源点进行的。通过某面积的磁化电流 I_{m} 为：

$$I_{\mathrm{m}}=\int_S\boldsymbol{J}_{\mathrm{m}}\cdot\mathrm{d}\boldsymbol{S}=\int_S(\nabla\times\boldsymbol{M})\cdot\mathrm{d}\boldsymbol{S}=\oint_l\boldsymbol{M}\cdot\mathrm{d}\boldsymbol{l}$$

在外磁场的作用下，磁介质内部有磁化电流 $\boldsymbol{J}_{\mathrm{m}}$。磁化电流 $\boldsymbol{J}_{\mathrm{m}}$ 和外加的电流 $\boldsymbol{J}$ 都产生磁场，这时应将真空中的安培环路定理修正为：

$$\oint_C\boldsymbol{B}\cdot\mathrm{d}\boldsymbol{l}=\mu_0(I+I_{\mathrm{m}})$$

代入 $I_{\mathrm{m}}=\oint_l\boldsymbol{M}\mathrm{d}\boldsymbol{l}$ 得：

$$\oint_l\left(\frac{\boldsymbol{B}}{\mu_0}-\boldsymbol{M}\right)\cdot\mathrm{d}\boldsymbol{l}=I$$

令：

$$\frac{\boldsymbol{B}}{\mu_0}-\boldsymbol{M}=\boldsymbol{H}$$

于是有：

$$\oint_l\boldsymbol{H}\cdot\mathrm{d}\boldsymbol{l}=I$$

与上式相应的微分形式是：

$$\nabla\times\boldsymbol{H}=\boldsymbol{J}$$

线性介质满足：

$$\boldsymbol{M}=\chi_{\mathrm{m}}\boldsymbol{H}$$

式中 χ_{m} 是一个无量纲常数，称为磁化率。顺磁介质的 χ_{m} 为正，抗磁介质的 χ_{m} 为负。

$$\boldsymbol{B}=\mu_0(\boldsymbol{H}+\chi_{\mathrm{m}}\boldsymbol{H})=\mu_0(1+\chi_{\mathrm{m}})\boldsymbol{H}=\mu_{\mathrm{r}}\mu_0\boldsymbol{H}=\mu\boldsymbol{H}$$

式中，$\mu_{\mathrm{r}}=1+\chi_{\mathrm{m}}$ 是介质的相对磁导率，是一个无量纲数；$\mu=\mu_{\mathrm{r}}\mu_0$ 是介质的磁导率，单位为 H/m。

铁磁材料的 **B** 和 **H** 的关系是非线性的，μ 的变化范围很大。

由于没有发现孤立的磁荷，在磁介质中，磁通连续方程依然成立，即：

$$\oint_S \boldsymbol{B} \cdot \mathrm{d}\boldsymbol{S} = 0$$

$$\nabla \cdot \boldsymbol{B} = 0$$

3.3 恒定磁场的边界条件

恒定磁场的边界条件是磁感应强度、磁场强度在媒质交界面上各自满足的关系，可利用恒定磁场基本方程的积分形式进行分析。

在磁导率分别为 μ_1 与 μ_2 的媒质 1 与媒质 2 的分界面上作一个小的柱形闭合面，分界面的法线方向由媒质 2 指向媒质 1，如图 3-8 所示。因柱形面上下底的面积 ΔS 很小，故穿过截面 ΔS 的磁感应强度可视为常数，假设柱形面的高 $h \to 0$，则其侧面积可以忽略不计：

$$\oint_S \boldsymbol{B} \cdot \mathrm{d}\boldsymbol{S} = B_{1n}\Delta S - B_{2n}\Delta S = 0$$

即：

$$B_{1n} = B_{2n}$$

$\boldsymbol{B}$ 的法向分量连续。用矢量表示：$\boldsymbol{n} \cdot (\boldsymbol{B}_1 - \boldsymbol{B}_2) = 0$。

对于磁场强度矢量的边界条件，跨越界面做闭合回路，见图 3-9，回路上下两边长 Δl 很小，其上磁场视为均匀，回路左右两边长 $\Delta h \to 0$，则：

$$\oint_l \boldsymbol{H} \cdot \mathrm{d}\boldsymbol{l} = \boldsymbol{H}_1 \cdot \Delta \boldsymbol{l} - \boldsymbol{H}_2 \cdot \Delta \boldsymbol{l} = I = J_S \Delta l$$

因此切向边界条件为：

$$\boldsymbol{n} \times (\boldsymbol{H}_1 - \boldsymbol{H}_2) = \boldsymbol{J}_S$$

即：

$$H_{1t} - H_{2t} = J_S$$

当界面没有电流时，磁场强度的切向分量连续，即 $H_{1t} = H_{2t}$。

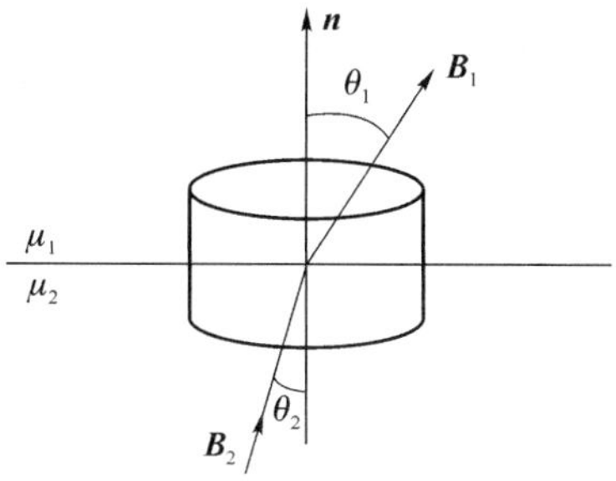

图 3-8 磁场发向边界条件

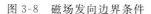

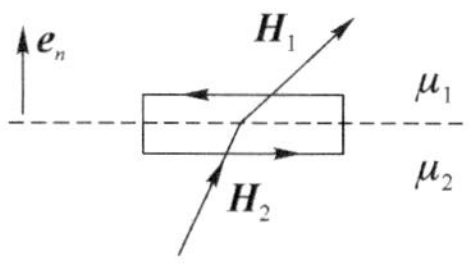

图 3-9 磁场切向边界条件

例 3-5 无限长恒定直线电流 I 垂直于两种介质的交界面放置，如图 3-10 所示，已知介质 1 的磁导率为 μ_1，介质 2 的磁导率为 μ_2，求两种介质中的磁场强度和磁感应强度。

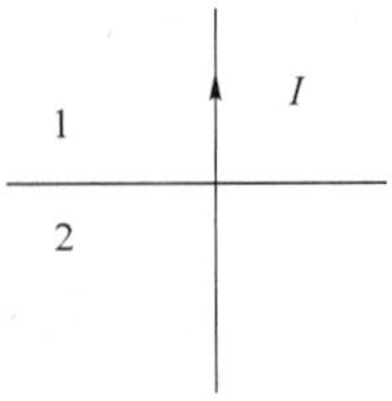

图 3-10 电流垂直于界面放置

解：

$$\oint \boldsymbol{H} \cdot \mathrm{d}\boldsymbol{l} = I \qquad \boldsymbol{H} = \frac{I}{2\pi r}\boldsymbol{e}_{\varphi}$$

$$\boldsymbol{B}_1 = \frac{\mu_1 I}{2\pi r}\boldsymbol{e}_{\varphi} \qquad \boldsymbol{B}_2 = \frac{\mu_2 I}{2\pi r}\boldsymbol{e}_{\varphi}$$

例 3-6 无限长恒定直线电流 I 沿着两种介质的交界面放置，已知介质 1 的磁导率为 μ_1，介质 2 的磁导率为 μ_2，分别求出两种介质中的磁场强度和磁感应强度。

解：利用边界条件可判断，两介质中磁感应强度连续，设 $B_{1n}=B_{2n}=B$，则列方程：

$$\oint \boldsymbol{H} \cdot \mathrm{d}\boldsymbol{l} = I$$

$$\frac{B}{\mu_1}\pi r + \frac{B}{\mu_2}\pi r = I \qquad \boldsymbol{B} = \boldsymbol{e}_{\varphi}\frac{I}{\left(\dfrac{\pi r}{\mu_1} + \dfrac{\pi r}{\mu_2}\right)}$$

$$\boldsymbol{H}_1 = \frac{\boldsymbol{B}}{\mu_1} \qquad \boldsymbol{H}_2 = \frac{\boldsymbol{B}}{\mu_2}$$

3.4 电　　感

在线性媒质中，一个电流回路在空间任一点产生的磁通密度 B 的大小与其电流 I 成正比，因而穿过回路的磁通量也与回路电流 I 成正比。如果一个回路是由一根导线密绕成 N 匝，则穿过这个回路的全磁通等于各匝磁通之和，也就是一个密绕线圈的全磁通等于与单匝线圈交链的磁通和匝数的乘积，所以全磁通又称为磁链。

若当穿过回路的磁链 Ψ 是由回路本身的电流 I 产生的，则将磁链 Ψ 与电流 I 的比值

$$L=\frac{\Psi}{I}$$

定义为自感，单位为 H(亨)。它取决于回路的形状、尺寸、匝数和媒质的磁导率。

若有两个彼此靠近的回路 C_1 和 C_2，电流分别为 I_1 和 I_2，如果回路 C_1 中电流 I_1 所产生的磁场与回路 C_2 相交链的磁链为 Ψ_{12}，则比值

$$M_{12}=\frac{\Psi_{12}}{I_1}$$

称为互感 M_{12}。

例 3-7 长直导线和底角 60°的直角三角形导线回路共面放置，尺寸如图 3-11 所示，计算它们之间的互感。

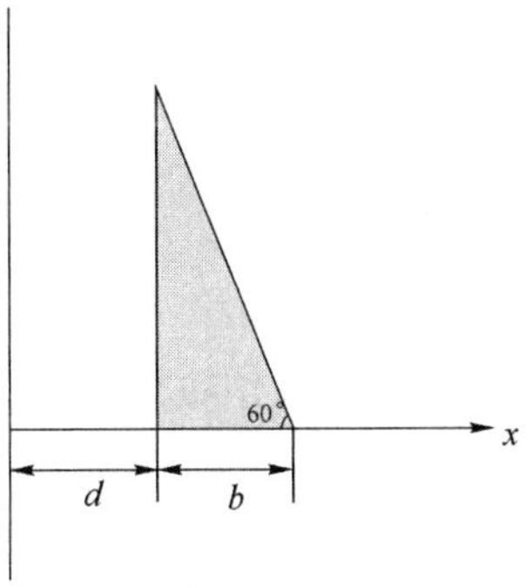

图 3-11 直导线和三角形导线回路

解：设通过长直导线的电流为 I，根据安培环路定理有：

$$B=\frac{\mu_0 I}{2\pi x}$$

穿过三角形回路面积的通量为：

$$\begin{aligned}\varphi &= \int_S B\,\mathrm{d}S = \frac{\mu_0 I}{2\pi}\int_d^{d+b} \frac{z}{x}\mathrm{d}x \\ &= \frac{\sqrt{3}\mu_0 I}{2\pi}\int_d^{d+b} \frac{b+d-x}{x}\mathrm{d}x \\ &= \frac{\sqrt{3}\mu_0 I}{2\pi}[(b+d)\ln(1+\frac{b}{d})-b]\end{aligned}$$

互感：

$$M=\frac{\sqrt{3}\mu_0}{2\pi}\left[(b+d)\ln\left(1+\frac{b}{d}\right)-b\right]$$

3.5 磁场能量

以计算两个分别载流 I_1 和 I_2 的电流回路系统所储存的磁场能量为例。假定回路的形状、相对位置不变，同时忽略焦耳热损耗。在建立磁场的过程中，两回路的电流分别为 $i_1(t)$ 和 $i_2(t)$，开始两回路的电流均为 0，最终 $i_1=I_1$，$i_2=I_2$。在这一过程中，电源作的功转变成磁场能量。我们知道，系统的总能量只与系统最终的状态有关，与建立状态的方式无关。为计算这个能量，先假定回路 2 的电流为 0，求出回路 1 中的电流 i_1 从 0 增加到 I_1 时，电源作的功 W_1；其次，回路 1 中的电流 I_1 不变，求出回路 2 中的电流从 0 增加到 I_2 时，电源作的功 W_2。从而得出这一过程中，电源对整个回路系统作的总功 $W_m=W_1+W_2$。

当保持回路 2 的电流为 0 时，回路 1 中的电流 i_1 在 $\mathrm{d}t$ 时间内有一个增量 $\mathrm{d}i_1$，周围空间的磁场将发生改变，回路 1 和回路 2 的磁通分别有增量 $d\psi_{11}$ 和 $d\psi_{12}$，相应地在两个回路中要产生感应电势 $E_1=-\frac{d\psi_{11}}{dt}$ 和 $E_2=-\frac{d\psi_{12}}{dt}$，感应电势的方向总是阻止电流增加的。因而为使回路 1 中的电流得到增量 di_1，必须在回路 1 中外加电压 $U_1=-E_1$；为使回路 2 的电流为零，也必须在回路 2 加上电压 $U_2=-E_2$。所以在 dt 时间里，电源作功为：

$$\begin{aligned} dW_1 &= U_1 i_1 dt + U_2 i_2 dt = U_1 i_1 dt \\ &= -E_1 i_1 dt = i_1 d\psi_{11} = L_1 i_1 di_1 \end{aligned}$$

在回路的电流从 0 增加到 I_1 的过程中，电源作功为：

$$W_1 = \int dW_1 = \int_0^{I_1} L_1 i_1 di_1 = \frac{1}{2} L_1 I_1^2$$

计算当回路 1 的电流 I_1 保持不变时，使回路 2 的电流从 0 增加到 I_2，电源作的功 W_2。若在 dt 时间内，电流 i_2 有增量 di_2，这时回路 1 中感应电势为 $E_1=-\frac{d\psi_{21}}{dt}$，回路 2 中的感应电势为 $E_2=-\frac{d\psi_{22}}{dt}$，为克服感应电势，必须在两个回路上加上与感应电势反向的电压。在 dt 时间内，电源作的功为：

$$dW_2 = M_{21} I_1 di_2 + L_2 i_2 di_2$$

积分得回路 1 电流保持不变时，电源作功总量为：

$$W_2 = \int dW_2 = \int_0^{I_2} (M_{21} I_1 + L_2 i_2) di_2 = M_{21} I_2 + \frac{1}{2} L_2 I_2^2$$

电源对整个电流回路系统所作的总功为：

$$\begin{aligned} W_m &= W_1 + W_2 = \frac{1}{2} L_1 I_1^2 + M_{21} L_1 I_2 + \frac{1}{2} L_2 I_2^2 \\ &= \frac{1}{2}(L_1 I_1 + M_{21} I_2) I_1 + \frac{1}{2}(M_{12} I_1 + L_2 I_2) I_2 \\ &= \frac{1}{2}(\psi_{11} + \psi_{21}) I_1 + \frac{1}{2}(\psi_{12} + \psi_{22}) I_2 \\ &= \frac{1}{2}\psi_1 I_1 + \frac{1}{2}\psi_2 I_2 \end{aligned}$$

推广到 N 个电流回路系统，其磁能为：

$$W_m = \frac{1}{2}\sum_{i=1}^{N} \psi_i I_i$$

式中：

$$\psi_i = \sum_{j=1}^{N} \psi_{ji} = \sum_{j=1}^{N} M_{ji} I_j$$

代入后得：

$$W_m = \frac{1}{2}\sum_{i=1}^{N} I_i \oint_{C_i} A \cdot dl_i$$

对于分布电流，将 $I_i dl_i = J dV_i$ 代入上式，得：

$$W_{\mathrm{m}} = \frac{1}{2}\oint_{V} \boldsymbol{J} \cdot \boldsymbol{A} \mathrm{d}V$$

磁场能量可用磁场矢量 $\boldsymbol{B}$ 和 $\boldsymbol{H}$ 表示，将$\nabla \times \boldsymbol{H}=\boldsymbol{J}$ 代入上式，得：

$$\begin{aligned} W_{\mathrm{m}} &= \frac{1}{2}\int_{V} (\nabla \times \boldsymbol{H}) \cdot \boldsymbol{A} \mathrm{d}V \\ &= \frac{1}{2}\int_{V} [\boldsymbol{H} \cdot (\nabla \times \boldsymbol{A}) - \nabla \cdot (\boldsymbol{A} \times \boldsymbol{H})] \mathrm{d}V \\ &= \frac{1}{2}\int_{V} \boldsymbol{H} \cdot \boldsymbol{B} \mathrm{d}V - \frac{1}{2}\oint_{S} (\boldsymbol{A} \times \boldsymbol{H}) \cdot \mathrm{d}\boldsymbol{S} \end{aligned}$$

注意，上式中当积分区域 V 趋于无穷时，面积分项为零(类似于静电场的能量)，于是得到：

$$W_{\mathrm{m}} = \frac{1}{2}\int_{V} \boldsymbol{B} \cdot \boldsymbol{H} \mathrm{d}V$$

磁场能量密度为：

$$w_{\mathrm{m}} = \frac{1}{2}\boldsymbol{B} \cdot \boldsymbol{H}$$

例 3-8 求无限长圆柱导体单位长度的内自感。

解：设导体的半径为 a，通过的电流为 I，则距离轴心 r 处的磁感应强度为：

$$B_{\varphi} = \frac{\mu_0 I r}{2\pi a^2}$$

单位长度的磁场能量为：

$$\begin{aligned} W_{\mathrm{m}} &= \frac{1}{2}\int BH \mathrm{d}V = \frac{1}{2\mu_0}\int B^2 \mathrm{d}V \\ &= \frac{1}{2\mu_0}\int_0^a B^2 2\pi r \mathrm{d}r \int_0^1 \mathrm{d}z = \frac{\mu_0 I^2}{16\pi} \end{aligned}$$

单位长度的内自感为：

$$L_i = \frac{2W_{\mathrm{m}}}{I^2} = \frac{\mu_0}{8\pi}$$

习　　题

3-1　试述真空中恒定磁场的方程式及其物理意义。

3-2　磁导率为 μ，内外半径分别为 a、b 的无限长空心导体圆柱，其中存在轴向均匀电流密度 $\boldsymbol{J}$，求各处的磁场强度及磁化电流密度。

3-3　两个线圈 n_1、n_2 绕在环形磁芯上，磁芯的平均半径为 r_0，横截面半径为 a，磁导率为 $\mu_0\mu_r$，如图 3-12 所示，求两线圈间的互感。

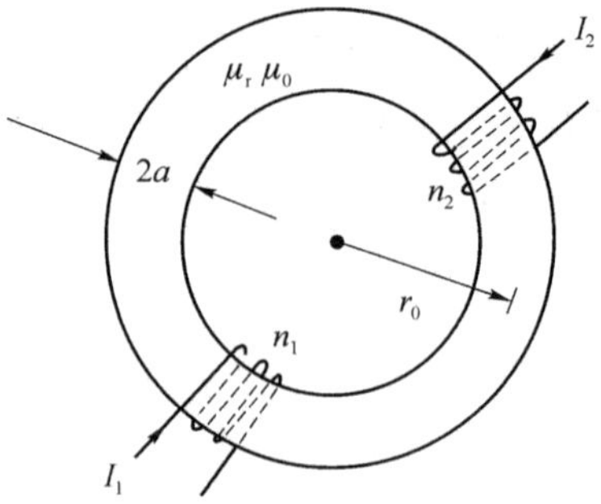

图 3-12　环形磁芯线圈

3-4　什么是自感和互感?

3-5　求无限长直线电流的矢量位 **A** 和磁感应强度。

3-6　如图 3-13 所示,无限长直导体通有直流电流 I,试求:

① 电流 I 的磁场;

② 电流在正方形 $a\times a$ 中的磁通量(距离电流的距离为 a)。

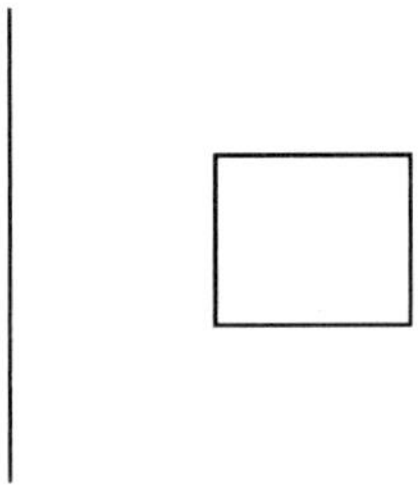

图 3-13　电流对正方形的通量

3-7　半径为 a 的均匀带电圆盘的电荷面密度为 ρ_S,若圆盘绕其轴线以角速度 ω 旋转,试求轴线上任一点的磁通密度。

3-8　两个互相平行的矩形线圈处在同一平面内,尺寸如图 3-14 所示,其中 $b_1\ll l_1$,$l_1\gg l_2$。略去端部效应,试求两线圈间的互感。

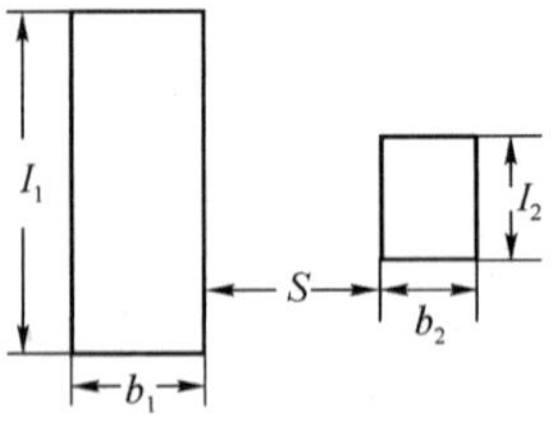

图 3-14　两线圈间的互感

第4章 恒定电场

恒定电流在导体内会产生恒定电场，本章讨论该恒定电场所满足的基本方程、边界条件及其与静电场的相似之处。

4.1 恒定电场的基本方程

在导体中任取一个闭合面 S，其包围的体积为 V，从闭合面流出的电流表示每秒从体积内穿过 S 到外面去的电荷量，由于电荷守恒，因此它应等于体积内电荷的减少率，即电流连续性方程：

$$\oint_S \boldsymbol{J}(\boldsymbol{r},t)\cdot \mathrm{d}\boldsymbol{S} = -\frac{\mathrm{d}q}{\mathrm{d}t} \tag{4-1-1}$$

其中 q 是闭合面内的电量，它等于电荷密度的体积分，再应用散度定理可得电流连续性方程的积分形式：

$$\int_V \nabla\cdot \boldsymbol{J}(\boldsymbol{r},t)\mathrm{d}V = -\int_V \frac{\partial\rho(\boldsymbol{r},t)}{\partial t}\mathrm{d}V$$

电流连续性方程的微分形式：

$$\nabla\cdot \boldsymbol{J}(\boldsymbol{r},t) = -\frac{\partial}{\partial t}\rho(\boldsymbol{r},t) \tag{4-1-2}$$

对于流过恒定电流（直流）的导电媒质，其电荷密度不随时间变化，此时电流连续性方程简化为：

$$\begin{gathered}\oint_l \boldsymbol{J}\cdot \mathrm{d}\boldsymbol{S} = 0\\ \nabla\cdot \boldsymbol{J} = 0\end{gathered} \tag{4-1-3}$$

尽管电流是电荷的运动，在恒定电场的情况下电荷的分布并不随时间改变，由此导出恒定电场的另一重要性质，即恒定电场必与静止电荷的电场具有相同的性质，即它也是保守场。所以恒定电场沿任一闭合路径的线积分恒为零：

$$\oint_C \boldsymbol{E}\cdot \mathrm{d}\boldsymbol{l} = 0 \tag{4-1-4}$$

其微分形式为：

$$\nabla\times \boldsymbol{E} = 0 \tag{4-1-5}$$

同样：

$$\boldsymbol{E} = -\nabla\varphi \tag{4-1-6}$$

即电场可用位函数来表示。

需要说明的是式(4-1-6)在电源内显然不成立,因此电源内的场不是库仑场。

4.2 欧姆定律的微分形式

由实验已知，当导体温度不变时，通过一段导体的电流强度和导体两端的电压成正比，这就是欧姆定律：

$$U=RI$$

式中 R 为导体的电阻，单位为 Ω，表达式为：

$$R=\frac{l}{\sigma S}$$

其中，l 为导体长度；S 为导体横截面；σ 为导体的电导率，单位为 S/m(西门子/米)。所以有：

$$\Delta I=\frac{\Delta U}{R}=\frac{E\Delta l}{\frac{\Delta l}{\sigma\Delta S}}=J\Delta S$$

故在导电媒质中,电流密度与电场强度满足：

$$\boldsymbol{J}(\boldsymbol{r})=\sigma\boldsymbol{E}(\boldsymbol{r}) \tag{4-2-1}$$

式(4-2-1)称为欧姆定律的微分形式。常用材料的电导率如表 4-1 所示,理想导体的电导率 $\sigma\to\infty$，理想介质的电导率 $\sigma\to 0$。

表 4-1 几种材料在常温下的电阻率和电导率

材　料	电阻率/[$\rho\cdot(\Omega\cdot \text{m})^{-1}$]	电导率/[$\sigma\cdot(\text{S}\cdot \text{m})^{-1}$]
铁(99.98%)	10^{-7}	10^{7}
镍	7.24×10^{-8}	1.38×10^{7}
黄铜	6.85×10^{-8}	1.46×10^{7}
铝	2.83×10^{-8}	3.53×10^{7}
金	2.44×10^{-8}	4.10×10^{7}
铅	2.20×10^{-8}	4.55×10^{7}
铜	1.69×10^{-8}	5.92×10^{7}
银	1.62×10^{-8}	6.17×10^{7}
硅	640	1.56×10^{-3}
土壤	$10\sim10^{-4}$	约 $10^{-1}\sim10^{4}$

一般通有电流 I 的导体，若其两端的电压为 U，则单位时间内电场对电荷所作之功，即功率是：

$$P=UI=I^2R$$

图 4-1 中，微小圆柱体的体积元为 $\Delta V=\Delta S\Delta l$，它的热损耗功率是：

$$\Delta P=\Delta U\Delta I=E\Delta lJ\Delta S=EJ\Delta V$$

当 $\Delta V\to 0$ 时，$\Delta P/\Delta V$ 的极限就是导体中任一点的热功率密度，它是单位时间内电流在

导体任一点的单位体积中所产生的热量,表达式是:

$$p=\lim_{\Delta V\to 0}\frac{\Delta P}{\Delta V}=J\cdot E=\sigma E^2=\frac{J^2}{\sigma}$$

此式为焦耳定律的微分形式。

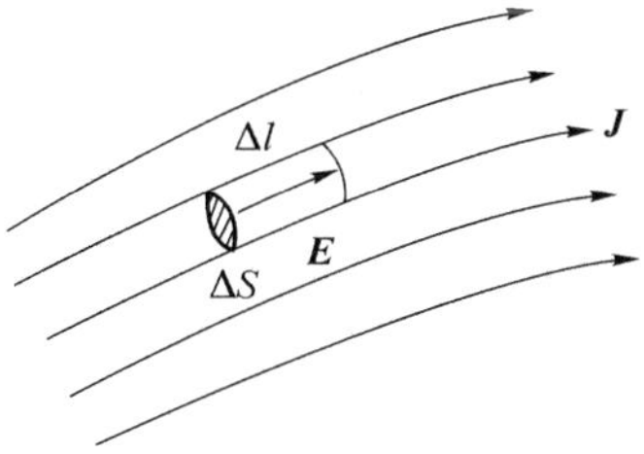

图 4-1 推导欧姆定律的微分形式

无线电仪器设备或电气装置常需要接地。所谓接地，就是将金属导体埋入地内，而将设备中需要接地的部分与该导体连接，这种埋在地内的导体或导体系统称为接地体或接地电极。电流由电极流向大地时所遇到的电阻称为接地电阻(ground resistance)。当远离电极时，电流流过的面积很大，而在接地电极附近，电流流过的面积很小，或者说电极附近电流密度最大，因此，接地电阻主要集中在电极附近，如图 4-2 所示。

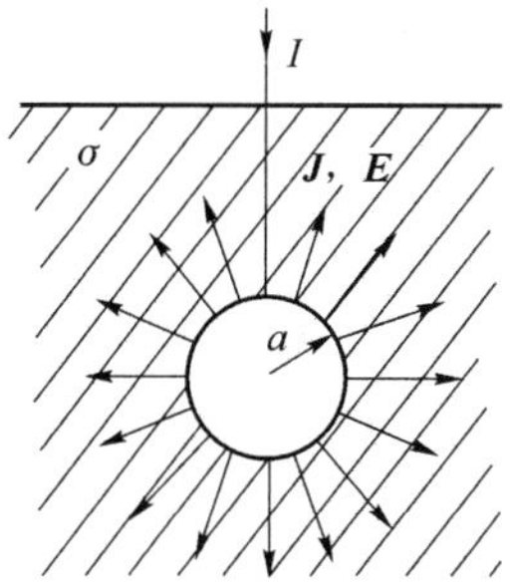

图 4-2 接地电阻

设经引线由 O 点流入半球形电极的电流为 I，则距球心为 r 处的地中任一点的电流密度为:

$$J=\frac{I}{4\pi r^2}$$

相应的电场强度为:

$$E=\frac{I}{4\pi\sigma R^2}$$

由于电流沿径向一直流出去，直至无穷远处,所以电流在大地中的电压为:

$$U=\int_a^{\infty}E\,\mathrm{d}r=\frac{I}{4\pi\sigma a}$$

故接地电阻为:

$$R=\frac{U}{I}=\frac{1}{4\pi\sigma a}$$

4.3 恒定电场的边界条件

在两分界面上，由于电荷不增不减，则有：

$$\oint_S \boldsymbol{J}\cdot \mathrm{d}\boldsymbol{S}=0 \qquad (4\text{-}3\text{-}1)$$

$$\nabla\cdot\boldsymbol{J}=0$$

又由$\oint_C \boldsymbol{E}\cdot \mathrm{d}\boldsymbol{l}=0$，可得在两种导电媒质分界面上：

$$\begin{cases} J_{1n}=J_{2n} \\ E_{1t}=E_{2t} \end{cases} \qquad (4\text{-}3\text{-}2)$$

将$\boldsymbol{J}=\sigma\boldsymbol{E}=-\sigma\nabla\varphi=-\sigma\dfrac{\partial\varphi}{\partial n}$代入$J_{1n}=J_{2n}$，则有：

$$\sigma_1 E_{1n}=\sigma_2 E_{2n}$$

则恒定电场的电位边界条件为：

$$\begin{cases} \sigma_1\dfrac{\partial\varphi_1}{\partial n}=\sigma_2\dfrac{\partial\varphi_2}{\partial n} \\ \varphi_1=\varphi_2 \end{cases} \qquad (4\text{-}3\text{-}3)$$

从上式可得：

$$\frac{\tan\theta_1}{\tan\theta_2}=\frac{\sigma_1}{\sigma_2} \qquad (4\text{-}3\text{-}4)$$

σ_1、σ_2、θ_1、θ_2 如图 4-3 所示。

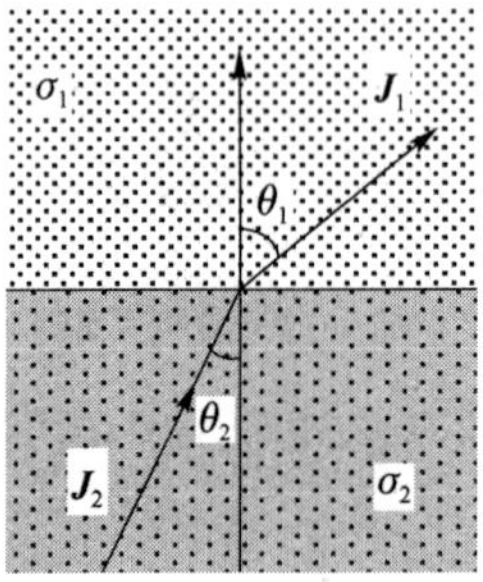

图 4-3 恒定电场的边界条件

例 4-1 两层媒质的平板电容器，如图 4-4 所示，要求各层的损耗相等，求厚度的关系。

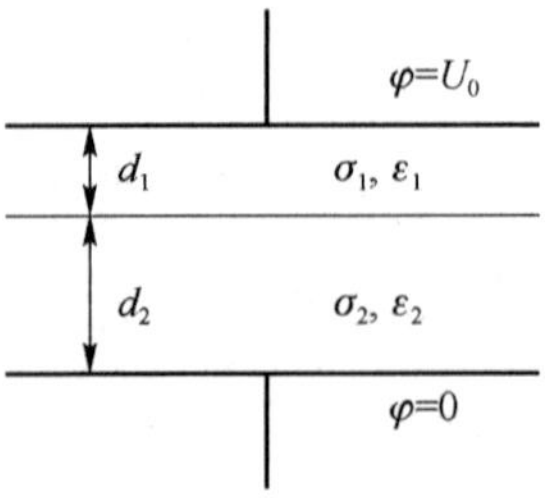

图 4-4 两层媒质的平板电容器

解：根据边界条件有 $J_{1n}=J_{2n}=J$，所以两层媒质内的电场分别为：

$$E_1=E_{1n}=J/\sigma_1 \qquad E_2=E_{2n}=J/\sigma_2$$

两层的损耗相等，有：

$$Sd_1\frac{J^2}{\sigma_1}=Sd_2\frac{J^2}{\sigma_2}$$

求得厚度关系：

$$d_2=d_1\frac{\sigma_2}{\sigma_1}$$

4.4 恒定电场与静电场的比拟

导电媒质内恒定电场的基本方程与无电荷区域内静电场的基本方程的形式相同，边界条件也一致，故两种情况可以比拟，即可以由一种情况的解导出另一种情况的解。

例如，两导体电极间的电容为：

$$C=\frac{Q}{U}=\frac{\oint_{S1}\rho_S\,\mathrm{d}S}{\int_1^2 E\cdot\mathrm{d}l}=\frac{\varepsilon\oint_{S1}E\cdot\mathrm{d}S}{\int_1^2 E\cdot\mathrm{d}l}$$

两导体电极间的电导为：

$$G=\frac{I}{U}=\frac{\oint_{S1}J\cdot\mathrm{d}S}{\int_1^2 E\cdot\mathrm{d}l}=\frac{\sigma\oint_{S1}E\cdot\mathrm{d}S}{\int_1^2 E\cdot\mathrm{d}l}$$

利用电导得电阻：

$$R=\frac{1}{G}=\frac{\int_1^2 E\cdot\mathrm{d}l}{\sigma\oint_{S1}E\cdot\mathrm{d}S}$$

即：

$$\frac{C}{G}=\frac{\varepsilon}{\sigma}$$

习　题

4-1　什么是弛豫时间？它与导电介质的电参数关系如何？

4-2　给出恒定电流场方程式的积分形式和微分形式。

4-3　一个半径为 10 cm 的半球形接地导体电极，电极平面与地面重合，如图 4-5 所示。已知土壤的导电率 $\sigma=10^{-2}$ S/m，求：

① 接地电阻；

② 若有短路电流 100 A 流入地中，某人正以 0.5 m 的步距向接地点前进，前脚距半球中心点的距离为 2 m，求此人的跨步电压及土壤的损耗功率。

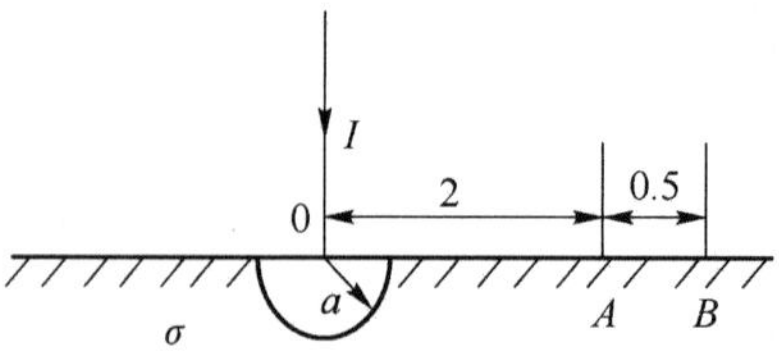

图 4-5 跨步电压

4-4 同轴线内外半径分别为 a 和 b，填充的介质的导电率 $\sigma\neq0$，具有漏电现象，同轴线外加电压为 U，求：

① 漏电介质内的 φ；

② 漏电介质内的 $\boldsymbol{E}$、$\boldsymbol{J}$；

③ 单位长度上的漏电电导。

第 5 章　时变电磁场

本章讨论的时变电磁场是由时变电荷与电流产生的。时变电场与时变磁场相互转换，两者不可分割，它们构成统一的时变电磁场。应用最多的是随时间按正弦规律作简谐变化的电磁场，称为正弦电磁场或时谐电磁场，在空间时谐电磁场的能量以电磁波的形式进行传播。本章的主要内容有时变场满足的 maxwell 方程、边界条件、波动方程。

5.1　法拉第电磁感应定律

把一个磁铁放在一个闭合的导体回路附近移动时，回路中将有感应电动势出现，并产生感应电流。法拉第通过实验总结出感应电动势满足电磁感应定律：

$$\varepsilon = -\frac{\mathrm{d}\Phi}{\mathrm{d}t}$$

感应电动势的方向总是阻止回路中磁通的变化。

由磁通量增加产生的感应电动势与电流如图 5-1 所示。

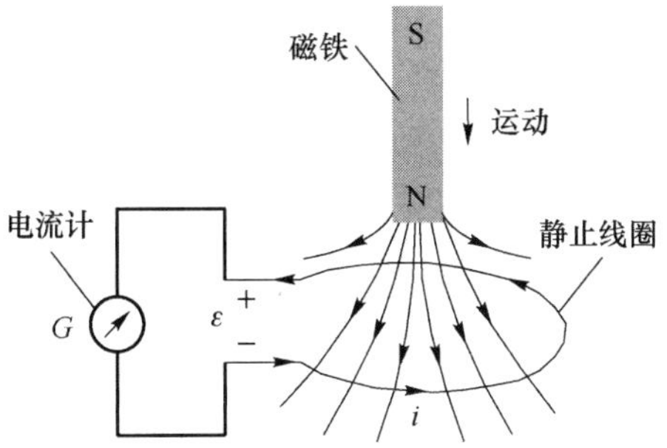

图 5-1　由磁通量增加产生的感应电动势与电流

感应电动势等于感应电场沿回路的线积分：

$$\varepsilon = \oint_C \boldsymbol{E} \cdot \mathrm{d}\boldsymbol{l}$$

而穿过回路的磁通量为：

$$\Phi = \int_S \boldsymbol{B} \cdot \mathrm{d}\boldsymbol{S} \quad (S \text{ 为 } C \text{ 所包围的面积})$$

因此法拉第电磁感应定律可以写成：

$$\oint_C \boldsymbol{E} \cdot \mathrm{d}\boldsymbol{l} = -\frac{\partial}{\partial t}\int_S \boldsymbol{B} \cdot \mathrm{d}\boldsymbol{S}$$

上面假设变化磁场引起感应电场发生在导体构成的回路中。麦克斯韦把这个定律推广到包括真空的任意介质中，即变化磁场不仅能在导体回路中引起感应电场，同样随时间变化的磁场可在任意介质中产生感应电场。

等式的左边可以利用斯克托斯定理将线积分变为面积分：

$$\oint_C \boldsymbol{E}\cdot \mathrm{d}\boldsymbol{l}=\int_S \nabla\times\boldsymbol{E}\cdot \mathrm{d}\boldsymbol{S}=-\int_S \frac{\partial \boldsymbol{B}}{\partial t}\cdot \mathrm{d}\boldsymbol{S}$$

$$\int_S\left(\nabla\times\boldsymbol{E}+\frac{\partial \boldsymbol{B}}{\partial t}\right)\cdot \mathrm{d}\boldsymbol{S}=0$$

上式中 S 是任意的表面，故有：

$$\nabla\times\boldsymbol{E}=-\frac{\partial \boldsymbol{B}}{\partial t}$$

上式为法拉第电磁感应定律的微分形式，它表明随时间变化的磁场可以产生电场。

由于磁场是随时间变化的，因此它对时间的偏导数不等于零，则电场的旋度也不等于零，这个结果表明感应电场和静电场的性质完全不同，它是有旋度的场。

例 5-1 如图 5-2 所示，一个 $h\times w$ 的单匝矩形线圈放在时变电磁场 $\boldsymbol{B}=\boldsymbol{e}_y B_0\sin(\omega t)$ 中，线圈面的法线 $\boldsymbol{n}$ 与 y 轴成 α 角，求：①线圈静止时的感应电动势；②线圈以角速度 ω 绕 x 轴旋转时的感应电动势。

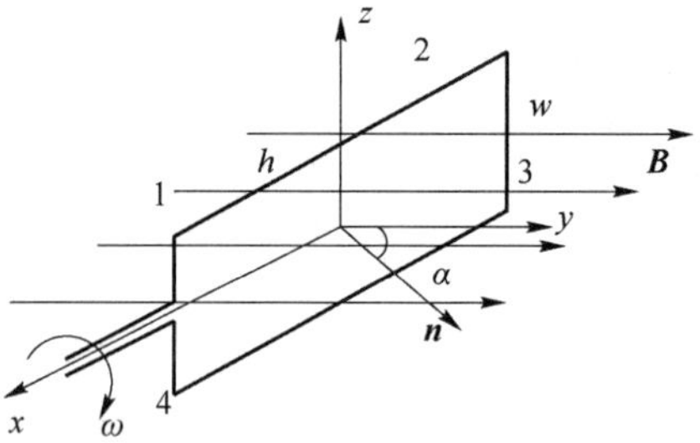

图 5-2 磁场中的线圈

解：①静止时：

$$\begin{aligned}\Phi&=\int_S \boldsymbol{B}\cdot \mathrm{d}\boldsymbol{S}=\boldsymbol{e}_y B_0\sin(\omega t)\cdot \boldsymbol{n}hw\\&=B_0 hw\sin(\omega t)\cos\alpha\end{aligned}$$

$$E_{\text{in}}=-\frac{\mathrm{d}\Phi}{\mathrm{d}t}=-\omega B_0 hw\cos(\omega t)\cos\alpha$$

② 磁场变化加上运动，此时 $\boldsymbol{n}$ 是时间的函数，其旋转角为 $\alpha=\omega t$：

$$\Phi=\boldsymbol{B}(t)\cdot\boldsymbol{n}(t)S=B_0\sin(\omega t)hw\cos(\omega t)$$

$$E_{\text{in}}=-\frac{\mathrm{d}\Phi}{\mathrm{d}t}=-\omega B_0 hw\cos(2\omega t)$$

5.2 位移电流

变化的磁场会产生电场，那么变化的电场能否产生磁场呢？回答是肯定的。麦克斯韦把恒定磁场中的安培定律用于时变场时出现了矛盾，为此提出位移电流的假说，对安培定律做了修正。位移电流的假说就是变化的电场产生磁场的结果。

设一个电容器与时变电源相连，外加电源电压随时间上升或下降，表征由电源送至每一极板上的电荷量 q 在变化。电荷的变化形成随时间变化的电流，该时变电流 $i(t)$ 必然在此区域内建立时变磁场。选择一个闭合路径 C，包围电容器外的开曲面 S，如图 5-3 所示，由安培定律得：

$$\oint_C \boldsymbol{H} \cdot \mathrm{d}\boldsymbol{l} = \int_S \boldsymbol{J} \cdot \mathrm{d}\boldsymbol{S} = i(t)$$

式中，S 是曲线 C 围成的曲面。

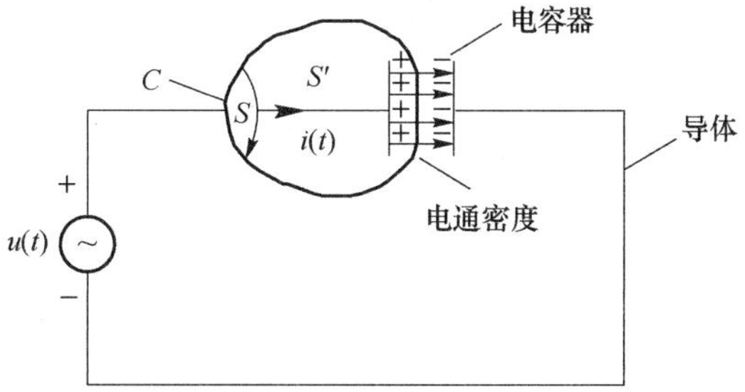

图 5-3 电容器的位移电流

但若考虑同一路径 C 所包围的包含电容器极板的另一个开曲面 S'，由于电容器内传导电流等于零，故：

$$\oint_C \boldsymbol{H} \cdot \mathrm{d}\boldsymbol{l} = \int_{S'} \boldsymbol{J} \cdot \mathrm{d}\boldsymbol{S} = 0$$

显然，上面两式相矛盾。上述矛盾导致麦克斯韦断言，电容器中必然有电流存在。由于这种电流并非由传导产生，他认为，在电容器的两极板间存在着另一种电流，其量值与传导电流相等，因为对于 S 和 S' 构成的闭合面，应用电流连续性方程，有：

$$\oint_{S+S'} \boldsymbol{J} \cdot \mathrm{d}\boldsymbol{S} = -\frac{\mathrm{d}q}{\mathrm{d}t}$$

再对上式应用高斯定理 $\oint_{S+S'} \boldsymbol{D} \cdot \mathrm{d}\boldsymbol{S} = q$，则有：

$$\oint_{S+S'} \boldsymbol{J} \cdot \mathrm{d}\boldsymbol{S} = -\oint_{S+S'} \frac{\partial \boldsymbol{D}}{\partial t} \cdot \mathrm{d}\boldsymbol{S}$$

从此式中可以看到 $\frac{\partial \boldsymbol{D}}{\partial t}$ 与 $\boldsymbol{J}$ 具有完全相同的地位，因此，可以将 $\frac{\partial \boldsymbol{D}}{\partial t}$ 视为一种电流，即：

$$\boldsymbol{J}_{\mathrm{d}} = \frac{\partial \boldsymbol{D}}{\partial t}$$

麦克斯韦称上式为位移电流密度，单位为 $\mathrm{A/m^2}$。

一般情况下，空间中存在传导电流和位移电流，则安培环路定理修正为：

$$\oint_C \boldsymbol{H} \cdot \mathrm{d}\boldsymbol{l} = \int_S \left(\boldsymbol{J} + \frac{\partial \boldsymbol{D}}{\partial t}\right) \cdot \mathrm{d}\boldsymbol{S}$$

上式称为全电流定律，它表明时变场中的磁场是由传导电流和位移电流共同产生的。应用斯托克斯定理 $\oint_C \boldsymbol{H} \cdot \mathrm{d}\boldsymbol{l} = \int_S \nabla \times \boldsymbol{H} \cdot \mathrm{d}\boldsymbol{S}$，则上式变为：

$$\int_S \nabla\times \boldsymbol{H}\cdot \mathrm{d}\boldsymbol{S}=\int_S\left(\boldsymbol{J}+\frac{\partial \boldsymbol{D}}{\partial t}\right)\cdot \mathrm{d}\boldsymbol{S}$$

故可得全电流定律的微分形式：

$$\nabla\times \boldsymbol{H}=\boldsymbol{J}+\frac{\partial \boldsymbol{D}}{\partial t}$$

上式说明，除传导电流外，随时间变化的电场也产生磁场。

例 5-2 圆形平板电容器的半径 $R=10$ cm，对其进行等速充电，电极间电场强度增长率为$\frac{\partial E}{\partial t}=10^{-13}$ V/ms，求电容器中心处的位移电流和磁场强度。

解：位移电流：

$$I_d=J_dS=\varepsilon_0\frac{\partial E}{\partial t}\cdot \pi R^2=2.8\ \mathrm{A}$$

由$\oint_C \boldsymbol{H}\cdot \mathrm{d}\boldsymbol{l}=\varepsilon_0\int_S\frac{\partial \boldsymbol{E}}{\partial t}\cdot \mathrm{d}\boldsymbol{S}$，可求得当 $r<R$ 时：

$$H2\pi r=\varepsilon_0\frac{\partial E}{\partial t}\pi r^2$$

$$H=\frac{1}{2}\varepsilon_0 r\frac{\partial E}{\partial t}=0.445r\ \mathrm{A/m}$$

当 $r>R$ 时：

$$H2\pi r=\varepsilon_0\frac{\partial E}{\partial t}\pi R^2$$

$$H=\frac{1}{2}\varepsilon_0\frac{R_0^2}{r}\frac{\partial E}{\partial t}=\frac{44.5}{r}\ \mathrm{A/m}$$

综上所述，磁场强度：

$$\boldsymbol{H}=\begin{cases}\boldsymbol{e}_\varphi 0.445r, & r<R\\ \boldsymbol{e}_\varphi\dfrac{44.5}{r}, & r>R\end{cases}$$

例 5-3 在无源真空中，已知磁场强度为 $\boldsymbol{H}=\boldsymbol{e}_z A\cos(4x)\sin(\omega t-\beta y)$，其中 A 为常数，求位移电流密度。

解：

$$\boldsymbol{J}_D=\frac{\partial \boldsymbol{D}}{\partial t}=\nabla\times \boldsymbol{H}=\begin{vmatrix}\boldsymbol{e}_x & \boldsymbol{e}_y & \boldsymbol{e}_z\\ \dfrac{\partial}{\partial x} & \dfrac{\partial}{\partial y} & \dfrac{\partial}{\partial z}\\ 0 & 0 & A\cos(4x)\sin(\omega t-\beta y)\end{vmatrix}$$

$$=-\boldsymbol{e}_x\beta A\cos(4x)\cos(\omega t-\beta y)+\boldsymbol{e}_y 4A\sin(4x)\sin(\omega t-\beta y)$$

5.3 麦克斯韦第三方程

静电场的高斯定理微分、积分形式为：

$$\nabla\cdot \boldsymbol{D}=\rho$$

$$\oint_S \boldsymbol{D} \cdot \mathrm{d}\boldsymbol{S} = \int_V \rho \mathrm{d}V$$

当 $\boldsymbol{D}$、ρ 随时间变化时，上式仍然适用。上式所描述的电场是由时变电荷与时变磁场共同产生的。但时变磁场所产生的电场散度为零。时变电场的散度源依然为电荷 ρ。所以高斯定理对时变场依然成立，上式称为 maxwell 第三方程的微分和积分形式。

5.4 麦克斯韦第四方程

由于尚未发现磁荷，因此，时变场中的磁力线也是闭合的，即：

$$\nabla \cdot \boldsymbol{B}=0$$

积分形式为：

$$\oint_S \boldsymbol{B} \cdot \mathrm{d}\boldsymbol{S} = 0$$

式子所描述的磁场是由传导电流与时变电场共同产生的，但时变电场所产生的磁场散度为零。恒流磁场的散度方程对时变电磁场仍然适用。上式称为 maxwell 第四方程的微分和积分形式。

5.5 麦克斯韦方程组

麦克斯韦方程是经典电磁理论的基本方程，它用数学形式概括了宏观电磁现象的基本性质，表达了宏观电磁现象的总规律。其积分形式如下：

$$\oint_C \boldsymbol{H} \cdot \mathrm{d}\boldsymbol{l} = \int_S \boldsymbol{J} \cdot \mathrm{d}\boldsymbol{S} + \int_S \frac{\partial \boldsymbol{D}}{\partial t} \cdot \mathrm{d}\boldsymbol{S}$$

$$\oint_C \boldsymbol{E} \cdot \mathrm{d}\boldsymbol{l} = -\frac{\partial}{\partial t}\int_S \boldsymbol{B} \cdot \mathrm{d}\boldsymbol{S}$$

$$\oint_S \boldsymbol{D} \cdot \mathrm{d}\boldsymbol{S} = \int_V \rho \mathrm{d}\tau$$

$$\oint_S \boldsymbol{B} \cdot \mathrm{d}\boldsymbol{S} = 0$$

相应的微分形式为：

$$\nabla \times \boldsymbol{H} = \boldsymbol{J} + \frac{\partial \boldsymbol{D}}{\partial t}$$

$$\nabla \times \boldsymbol{E} = -\frac{\partial \boldsymbol{B}}{\partial t}$$

$$\nabla \cdot \boldsymbol{D} = \rho$$

$$\nabla \cdot \boldsymbol{B} = 0$$

上面的电流 $\boldsymbol{J}$ 包括外加电流(如果存在)、传导电流($\boldsymbol{J}_c=\sigma\boldsymbol{E}$)和运移电流($\boldsymbol{J}_v=\rho\boldsymbol{v}$)。

4 个方程的简称和物理意义如下。

① 全电流定律：电流和时变电场都会激发磁场。

② 法拉第电磁感应定律：时变磁场将激发电场。

③ 高斯定理：穿过任一封闭面的电通量等于此面所包围的自由电荷电量。

④ 磁通连续性原理：穿过任一封闭面的磁通量恒等于零。

电流连续方程可由微分形式 maxwell 方程的第一和第三式推导得出，对$\nabla\times\boldsymbol{H}=\boldsymbol{J}+\frac{\partial\boldsymbol{D}}{\partial t}$两边取散度得：

$$0=\nabla\cdot\boldsymbol{J}+\nabla\cdot\frac{\partial\boldsymbol{D}}{\partial t}=\nabla\cdot\boldsymbol{J}+\frac{\partial}{\partial t}(\nabla\cdot\boldsymbol{D})=\nabla\cdot\boldsymbol{J}+\frac{\partial\rho}{\partial t}$$

即：

$$\nabla\cdot\boldsymbol{J}=-\frac{\partial\rho}{\partial t}$$

场的本构关系表示了场与介质之间的关系，也称为介质的特性方程或辅助方程。在线性、各向同性介质中辅助方程是：

$$\boldsymbol{J}=\sigma\boldsymbol{E}\qquad \boldsymbol{D}=\varepsilon\boldsymbol{E}\qquad \boldsymbol{B}=\mu\boldsymbol{H}$$

麦克斯韦方程中 4 个基本的场矢量即 $\boldsymbol{D}$、$\boldsymbol{E}$、$\boldsymbol{B}$、$\boldsymbol{H}$，每个矢量含 3 个分量，因此共 12 个未知数。确定 12 个未知数就要有 12 个标量方程。考虑电流连续性方程$\nabla\cdot\boldsymbol{J}=-\frac{\partial\rho}{\partial t}$之后，仅有两个独立的旋度方程，它们只提供 6 个标量方程，而结构关系式的 $\boldsymbol{D}=\varepsilon\boldsymbol{E}$ 及 $\boldsymbol{B}=\mu\boldsymbol{H}$ 又分别提供 3 个标量方程，共 12 个标量场方程，这样就保持了场方程与未知数数目的一致。从而可以求得场的最后解答。

如果无源，在线性各向同性介质中，麦克斯韦旋度方程可用 $\boldsymbol{E}$ 和 $\boldsymbol{H}$ 表示成：

$$\nabla\times\boldsymbol{H}=\varepsilon\frac{\partial\boldsymbol{E}}{\partial t}$$

$$\nabla\times\boldsymbol{E}=-\mu\frac{\partial\boldsymbol{H}}{\partial t}$$

例 5-4 在无源的自由空间中，已知磁场强度的表达式为：$\boldsymbol{H}=\boldsymbol{e}_y2.63\times10^{-5}\cos(3\times10^9t-10z)$，求电场强度 $\boldsymbol{E}$。

解：因在无源空间中，故 $\boldsymbol{J}=0$，$\varepsilon_0=\frac{1}{4\pi\times9\times10^9}=8.854\times10^{-12}$，所以位移电流：

$$\boldsymbol{J}_{\mathrm{d}}=\frac{\partial\boldsymbol{D}}{\partial t}=\nabla\times\boldsymbol{H}=-\boldsymbol{e}_x\frac{\partial H_y}{\partial z}=-\boldsymbol{e}_x2.63\times10^{-4}\sin(3\times10^9t-10z)$$

由

$$\begin{aligned}\boldsymbol{D}&=\int\nabla\times\boldsymbol{H}\mathrm{d}t=-\boldsymbol{e}_x2.63\times10^{-4}\int\sin(3\times10^9t-10z)\,\mathrm{d}t\\&=\boldsymbol{e}_x0.88\times10^{-13}\cos(3\times10^9t-10z)\end{aligned}$$

可以得到电场强度：

$$\boldsymbol{E}=\boldsymbol{D}/\varepsilon_0=\boldsymbol{e}_x0.01\cos(3\times10^9t-10z)$$

5.6 复数形式的麦克斯韦方程

5.6.1 时谐电磁场的复数表示

在直角坐标系中，时谐电磁场可表示为：

$$\boldsymbol{E}(x,y,z,t)=\boldsymbol{e}_x E_x(x,y,z,t)+\boldsymbol{e}_y E_y(x,y,z,t)+\boldsymbol{e}_z E_z(x,y,z,t)$$

当电场随时间作正弦变化时，电场强度的3个分量可用余弦形式表示：

$$E_x(x,y,z,t)=E_{\mathrm{xm}}(x,y,z)\cos(\omega t+\psi_x(x,y,z))$$
$$E_y(x,y,z,t)=E_{\mathrm{ym}}(x,y,z)\cos(\omega t+\psi_y(x,y,z))$$
$$E_z(x,y,z,t)=E_{\mathrm{zm}}(x,y,z)\cos(\omega t+\psi_z(x,y,z))$$

式中 $\omega=2\pi f$ 称为角频率，f 为频率。

用复数的实部表示：

$$E_x=\mathrm{Re}[E_{\mathrm{xm}}\mathrm{e}^{\mathrm{j}(\omega t+\psi_x)}]=\mathrm{Re}[E_{\mathrm{xm}}\mathrm{e}^{\mathrm{j}\psi_x}\mathrm{e}^{\mathrm{j}\omega t}]=\mathrm{Re}[\dot{E}_{\mathrm{xm}}\mathrm{e}^{\mathrm{j}\omega t}]$$

$$E_y=\mathrm{Re}[E_{\mathrm{ym}}\mathrm{e}^{\mathrm{j}(\omega t+\psi_y)}]=\mathrm{Re}[E_{\mathrm{ym}}\mathrm{e}^{\mathrm{j}\psi_y}\mathrm{e}^{\mathrm{j}\omega t}]=\mathrm{Re}[\dot{E}_{\mathrm{ym}}\mathrm{e}^{\mathrm{j}\omega t}]$$

$$E_z=\mathrm{Re}[E_{\mathrm{zm}}\mathrm{e}^{\mathrm{j}(\omega t+\psi_z)}]=\mathrm{Re}[E_{\mathrm{zm}}\mathrm{e}^{\mathrm{j}\psi_z}\mathrm{e}^{\mathrm{j}\omega t}]=\mathrm{Re}[\dot{E}_{\mathrm{zm}}\mathrm{e}^{\mathrm{j}\omega t}]$$

式中 $\dot{E}_{\mathrm{xm}}=E_{\mathrm{xm}}\mathrm{e}^{\mathrm{j}\psi_x}$，$\dot{E}_{\mathrm{ym}}=E_{\mathrm{ym}}\mathrm{e}^{\mathrm{j}\psi_y}$，$\dot{E}_{\mathrm{zm}}=E_{\mathrm{zm}}\mathrm{e}^{\mathrm{j}\psi_z}$ 为复数振幅，则电场强度可表示为：

$$\begin{aligned}\boldsymbol{E}&=\boldsymbol{e}_x E_x+\boldsymbol{e}_y E_y+\boldsymbol{e}_z E_z=\mathrm{Re}[(\boldsymbol{e}_x\dot{E}_{\mathrm{xm}}+\boldsymbol{e}_y\dot{E}_{\mathrm{ym}}+\boldsymbol{e}_z\dot{E}_{\mathrm{zm}})\mathrm{e}^{\mathrm{j}\omega t}]\\&=\mathrm{Re}[\dot{\boldsymbol{E}}_{\mathrm{m}}\mathrm{e}^{\mathrm{j}\omega t}]\end{aligned}$$

式中，$\dot{\boldsymbol{E}}_{\mathrm{m}}=\boldsymbol{e}_x\dot{E}_{\mathrm{xm}}+\boldsymbol{e}_y\dot{E}_{\mathrm{ym}}+\boldsymbol{e}_z\dot{E}_{\mathrm{zm}}$ 为电场强度复矢量。

同理，电磁场中的其他参数亦可用复矢量来表示：

$$\boldsymbol{E}=\mathrm{Re}[\dot{\boldsymbol{E}}_{\mathrm{m}}\mathrm{e}^{\mathrm{j}\omega t}]\qquad \boldsymbol{H}=\mathrm{Re}[\dot{\boldsymbol{H}}_{\mathrm{m}}\mathrm{e}^{\mathrm{j}\omega t}]\qquad \boldsymbol{B}=\mathrm{Re}[\dot{\boldsymbol{B}}_{\mathrm{m}}\mathrm{e}^{\mathrm{j}\omega t}]$$

$$\boldsymbol{D}=\mathrm{Re}[\dot{\boldsymbol{D}}_{\mathrm{m}}\mathrm{e}^{\mathrm{j}\omega t}]\qquad \boldsymbol{J}=\mathrm{Re}[\dot{\boldsymbol{J}}_{\mathrm{m}}\mathrm{e}^{\mathrm{j}\omega t}]\qquad \rho=\mathrm{Re}[\dot{\rho}_{\mathrm{m}}\mathrm{e}^{\mathrm{j}\omega t}]$$

例 5-5 时谐形式与复数形式的对应关系：

① 时谐形式 $E_0\sin\left(\omega t-\frac{\pi}{3}\right)$ 对应的复数形式为 $E_0\mathrm{e}^{-\mathrm{j}\frac{5}{6}\pi}$；

② 复数形式 $\mathrm{e}^{-\mathrm{j}kz+\mathrm{j}\frac{\pi}{4}}\sin x$ 对应的时谐形式为 $\sin x\cos\left(\omega t-kz+\frac{\pi}{4}\right)$。

5.6.2 麦克斯韦方程组的复数表示

时谐电磁场的导数为：

$$\frac{\partial\boldsymbol{E}}{\partial t}=\frac{\partial}{\partial t}\mathrm{Re}[\dot{\boldsymbol{E}}_{\mathrm{m}}\mathrm{e}^{\mathrm{j}\omega t}]=\mathrm{Re}\left[\frac{\partial}{\partial t}(\dot{\boldsymbol{E}}_{\mathrm{m}}\mathrm{e}^{\mathrm{j}\omega t})\right]=\mathrm{Re}[\mathrm{j}\omega\dot{\boldsymbol{E}}_{\mathrm{m}}\mathrm{e}^{\mathrm{j}\omega t}]$$

$$\frac{\partial\boldsymbol{D}}{\partial t}=\mathrm{Re}[\mathrm{j}\omega\dot{\boldsymbol{D}}_{\mathrm{m}}\mathrm{e}^{\mathrm{j}\omega t}]\qquad \frac{\partial\boldsymbol{B}}{\partial t}=\mathrm{Re}[\mathrm{j}\omega\dot{\boldsymbol{B}}_{\mathrm{m}}\mathrm{e}^{\mathrm{j}\omega t}]$$

$$\frac{\partial^2 \boldsymbol{E}}{\partial t^2}=\mathrm{Re}\left[\frac{\partial^2}{\partial t^2}(\dot{\boldsymbol{E}}_{\mathrm{m}}\mathrm{e}^{\mathrm{j}\omega t})\right]=\mathrm{Re}[-\omega^2\dot{\boldsymbol{E}}_{\mathrm{m}}\mathrm{e}^{\mathrm{j}\omega t}]\qquad \frac{\partial^2 \boldsymbol{H}}{\partial t^2}=\mathrm{Re}[-\omega^2\dot{\boldsymbol{H}}_{\mathrm{m}}\mathrm{e}^{\mathrm{j}\omega t}]$$

则麦克斯韦方程组变为：

$$\nabla\times[\mathrm{Re}(\dot{\boldsymbol{H}}_{\mathrm{m}}\mathrm{e}^{\mathrm{j}\omega t})]=\mathrm{Re}[\dot{\boldsymbol{J}}_{\mathrm{m}}\mathrm{e}^{\mathrm{j}\omega t}]+\mathrm{Re}[\mathrm{j}\omega\dot{\boldsymbol{D}}_{\mathrm{m}}\mathrm{e}^{\mathrm{j}\omega t}]$$

$$\nabla\times[\mathrm{Re}(\dot{\boldsymbol{E}}_{\mathrm{m}}\mathrm{e}^{\mathrm{j}\omega t})]=\mathrm{Re}[-\mathrm{j}\omega\dot{\boldsymbol{B}}_{\mathrm{m}}\mathrm{e}^{\mathrm{j}\omega t}]$$

$$\nabla\cdot[\mathrm{Re}(\dot{\boldsymbol{B}}_{\mathrm{m}}\mathrm{e}^{\mathrm{j}\omega t})]=0$$

$$\nabla\cdot[\mathrm{Re}(\dot{\boldsymbol{D}}_{\mathrm{m}}\mathrm{e}^{\mathrm{j}\omega t})]=\mathrm{Re}[\dot{\rho}_{\mathrm{m}}\mathrm{e}^{\mathrm{j}\omega t}]$$

式中∇是对空间场点的坐标的微分运算，故实部可提出，同时 $\mathrm{e}^{\mathrm{j}\omega t}$ 亦可提到∇之外，整理得：

$$\mathrm{Re}[(\nabla\times\dot{\boldsymbol{H}}_{\mathrm{m}})\mathrm{e}^{\mathrm{j}\omega t}]=\mathrm{Re}[(\dot{\boldsymbol{J}}_{\mathrm{m}}+\mathrm{j}\omega\dot{\boldsymbol{D}}_{\mathrm{m}})\mathrm{e}^{\mathrm{j}\omega t}]$$

$$\mathrm{Re}[(\nabla\times\dot{\boldsymbol{E}}_{\mathrm{m}})\mathrm{e}^{\mathrm{j}\omega t}]=\mathrm{Re}[-\mathrm{j}\omega\dot{\boldsymbol{B}}_{\mathrm{m}}\mathrm{e}^{\mathrm{j}\omega t}]$$

$$\mathrm{Re}[(\nabla\cdot\dot{\boldsymbol{B}}_{\mathrm{m}})\mathrm{e}^{\mathrm{j}\omega t}]=0$$

$$\mathrm{Re}[(\nabla\cdot\dot{\boldsymbol{D}}_{\mathrm{m}})\mathrm{e}^{\mathrm{j}\omega t}]=\mathrm{Re}[\dot{\rho}_{\mathrm{m}}\mathrm{e}^{\mathrm{j}\omega t}]$$

上式表明这些复数的实部相等，且有时间因子，故相应的复数应相等，故有：

$$(\nabla\times\dot{\boldsymbol{H}}_{\mathrm{m}})\mathrm{e}^{\mathrm{j}\omega t}=(\dot{\boldsymbol{J}}_{\mathrm{m}}+\mathrm{j}\omega\dot{\boldsymbol{D}})\mathrm{e}^{\mathrm{j}\omega t}$$

$$(\nabla\cdot\dot{\boldsymbol{E}}_{\mathrm{m}})\mathrm{e}^{\mathrm{j}\omega t}=-\mathrm{j}\omega\boldsymbol{B}_{\mathrm{m}}\mathrm{e}^{\mathrm{j}\omega t}$$

$$(\nabla\cdot\dot{\boldsymbol{B}}_{\mathrm{m}})\mathrm{e}^{\mathrm{j}\omega t}=0$$

$$(\nabla\cdot\dot{\boldsymbol{D}}_{\mathrm{m}})\mathrm{e}^{\mathrm{j}\omega t}=\rho\mathrm{e}_{\mathrm{m}}^{\mathrm{j}\omega t}$$

为方便，约定不写时间因子，并去掉下标 m 和上面的点，则得麦克斯韦方程的复数形式为：

$$\begin{cases}\nabla\times\boldsymbol{H}=\boldsymbol{J}+\mathrm{j}\omega\boldsymbol{D}\\ \nabla\times\boldsymbol{E}=-\mathrm{j}\omega\boldsymbol{B}\\ \nabla\cdot\boldsymbol{D}=\rho\\ \nabla\cdot\boldsymbol{B}=0\end{cases}$$

例 5-6 在自由空间某点存在频率为 5 GHz 的时谐电磁场，其磁场强度复矢量为：

$$\dot{\boldsymbol{H}}=\boldsymbol{e}_y 0.01\mathrm{e}^{-\mathrm{j}(100\pi/3)z}\ \mathrm{A/m}$$

求：① 磁场强度瞬时值 $\boldsymbol{H}(t)$；② 电场强度瞬时值 $\boldsymbol{E}(t)$。

解：① 磁场强度瞬时值：

$$\begin{aligned}\boldsymbol{H}(t)&=\mathrm{Re}[\boldsymbol{e}_y 0.01\mathrm{e}^{-\mathrm{j}(100\pi/3)z}\mathrm{e}^{\mathrm{j}2\pi\times5\times10^9 t}]\\&=\boldsymbol{e}_y 0.01\cos[10^{10}\pi t-(100\pi/3)z]\ \mathrm{A/m}\end{aligned}$$

② 利用方程：

$$\nabla\times\dot{\boldsymbol{H}}=\mathrm{j}\omega\varepsilon_0\dot{\boldsymbol{E}}$$

电场强度复矢量为：

$$\dot{E}=\frac{-\mathrm{j}}{\omega\varepsilon_0}\nabla\times\dot{H}=\frac{-\mathrm{j}}{10^{10}\pi\times\frac{1}{36\pi}\times10^{-9}}\begin{vmatrix}\boldsymbol{e}_x & \boldsymbol{e}_y & \boldsymbol{e}_z\\ \frac{\partial}{\partial x} & \frac{\partial}{\partial y} & \frac{\partial}{\partial z}\\ 0 & 0.01\mathrm{e}^{-\mathrm{j}(100\pi/3)z} & 0\end{vmatrix}$$

$$-\boldsymbol{e}_x 1.2\pi \mathrm{e}^{-\mathrm{j}(100\pi/3)z}$$

电场强度瞬时值：

$$\begin{aligned}\boldsymbol{E}(t)&=\mathrm{Re}[\boldsymbol{e}_x 1.2\pi\mathrm{e}^{-\mathrm{j}(100\pi/3)z}\mathrm{e}^{\mathrm{j}10^{10}\pi t}]\\&=\boldsymbol{e}_x 1.2\pi\cos[10^{10}\pi t-(100\pi/3)z]\ \mathrm{V/m}\end{aligned}$$

5.7 时变场的边界条件

在实际问题中，往往不止存在一种介质。因而需要研究在两种介质交界处(介质分界面)的电场、磁场所遵循的规律，这就是边界条件。由于在分界面介质发生突变，引起电磁场的不连续，所以我们应利用积分形式的麦克斯韦方程，研究介质突变处场的规律。

通常将一个任意的矢量场分解成与分界面垂直的法向场分量和相平行的切向场分量，然后研究它们在介质分界面的变化规律。

5.7.1 法向场的边界条件

1. 理想介质分界面上 $\boldsymbol{D}_n$ 的连续性

设两种介质都是各向同性的，其介电系数分别为 ε_1、μ_1 和 ε_2、μ_2，分界面上的电荷面密度为 ρ_S。我们在图 5-4 所示的分界面上取一极小面积 ΔS，围绕它作一个圆柱形闭合面，闭合面的上下底面平行于 ΔS，柱的高度为 Δh，$\Delta h\to0$。运用积分形式的高斯定理讨论法向电场的边界条件。图 5-4 的 $\boldsymbol{e}_{n(S)}$ 表示各对应面的外法线方向。

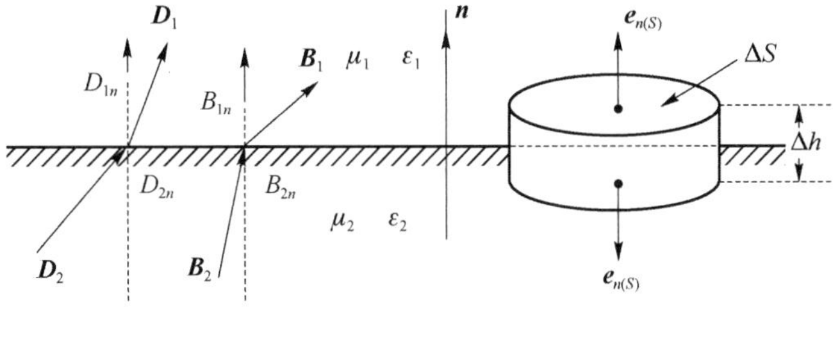

图 5-4 求法向场边界条件

因为 ΔS 极小，所以 ΔS 上的 D 可视为均匀。而且又可忽略从圆柱侧面流出去的电通量(因为 Δh 趋于零，侧面面积趋于零)，于是：

$$D_{1n}\Delta S-D_{2n}\Delta S=\rho_S\cdot\Delta S$$

D_{1n} 及 D_{2n} 分别为 D_1 和 D_2 的法线分量，所以：

$$D_{1n}-D_{2n}=\rho_S \tag{5-7-1}$$

上式表明，分界面两边电位移 $\boldsymbol{D}$ 的法线分量之差等于分界面上自由电荷的面密度 ρ_S。

通常在理想介质分界面上没有自由电荷，即 $\rho_S = 0$，则：

$$D_{1n} = D_{2n} \tag{5-7-2}$$

上式表明，理想介质分界面上 $\boldsymbol{D}$ 的法线分量是连续的。

2. 理想导体表面上的 $\boldsymbol{D_n}$ 等于 $\boldsymbol{\rho_s}$

若介质 2 是理想导体，又因理想导体内部没有电场，即 $D_{2n} = 0$，则由式(5-7-1)可得：

$$D_{1n} = \rho_S \tag{5-7-3}$$

上式表明，理想导体表面的 D_n 等于面电荷密度 ρ_S。

3. 介质分界面上的 $\boldsymbol{B_n}$ 是连续的

设两种介质的磁导率分别为 μ_1 和 μ_2，采用和上面完全类似的方法，只要用磁通量密度 B 代替电通量密度 D，利用磁场高斯定理，即 $\oint_S \boldsymbol{B} \cdot \mathrm{d}\boldsymbol{S} = 0$，就可得到：

$$B_{1n} = B_{2n} \tag{5-7-4}$$

上式表明，在介质分界面上，磁通量密度的法线分量是连续的。

4. 理想导体表面 $\boldsymbol{B_n}$ 等于零

如果介质 2 为理想导体，由于理想导体内没有交变磁场，即 $B_{2n} = 0$，由式(5-7-4)可知：

$$B_{1n} = B_{2n} = 0 \tag{5-7-5}$$

即对于交变场，理想导体表面法线磁场分量等于零。

5.7.2 切向场的边界条件

1. 理想介质分界面上 $\boldsymbol{E_t}$ 的连续性

在图 5-5 所示的分界面的两边，取长方形的闭合回路，使 bc 和 da 平行于分界面，其长度为 Δl，Δl 极小。而另外两边 ab 和 cd 垂直于分界面，且 $ab = cd = \Delta h$，且 $\Delta h \to 0$，沿 $abcda$ 环路对电场强度 $\boldsymbol{E}$ 作线积分，由

$$\oint_C \boldsymbol{E} \cdot \mathrm{d}\boldsymbol{l} = -\frac{\partial}{\partial t}\int_S \boldsymbol{B} \cdot \mathrm{d}\boldsymbol{S}$$

可知，由于高度 Δh 趋于零，Δl 极小，所以环路所包围面积也趋于零，故 $\frac{\partial B}{\partial t}$ 的面积分为零，于是有：

$$\oint_C \boldsymbol{E} \cdot \mathrm{d}\boldsymbol{l} = -\int_S \frac{\partial \boldsymbol{B}}{\partial t} \cdot \mathrm{d}\boldsymbol{S} = 0 \tag{5-7-6}$$

对 $\overline{bc}$、$\overline{da}$ 段而言，起作用的是切向电场 E_{1t}、E_{2t}，由于 Δl 足够小，则其上的切向场可视为均匀分布；对高度 $\overline{ab}$、$\overline{cd}$ 段而言，起作用的是法向电场 E_{1n}、E_{2n}，但由于高度 $\Delta h \to 0$，则其上的电场积分可以忽略不计，于是由上式得到：

$$E_{1t} = E_{2t} \tag{5-7-7}$$

即介质分界面上，相切电场分量是连续的。

2. 理想导体表面的 $\boldsymbol{E_t}$ 等于零

如果介质 2 为理想导体，而理想导体内部电场为零，即 $E_{2t} = 0$，则由式(5-7-7)可知：

$$E_{1t}=0 \tag{5-7-8}$$

这就是说，在理想导体表面电场的切线分量 E_t 为零。

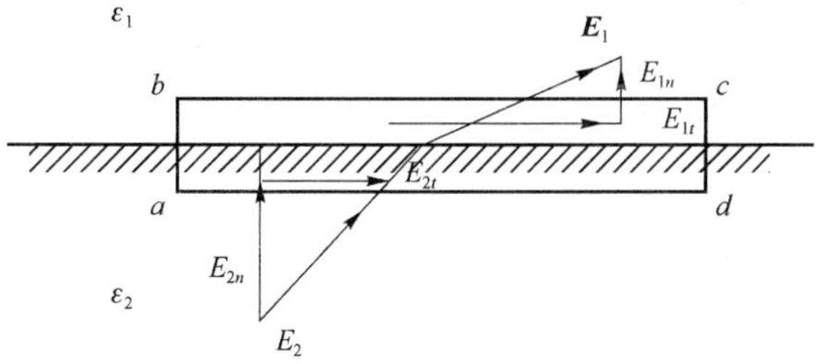

图 5-5 求切向场的边界条件

3. 理想介质分界面上 $\boldsymbol{H}_t$ 是连续的

在介质分界面两边作一个矩形闭合回路 $abcda$，与研究电场切线分量边界条件的方法相同，由麦克斯韦第一方程 $\oint_C \boldsymbol{H}\cdot \mathrm{d}\boldsymbol{l}=I+\int_S \frac{\partial \boldsymbol{D}}{\partial t}\cdot \mathrm{d}\boldsymbol{S}$ 可知，通过闭合回路所包围面积的位移电流为 $\int_S \frac{\partial \boldsymbol{D}}{\partial t}\cdot \mathrm{d}\boldsymbol{S}$，由于该面积趋于零，故其值可以忽略。假如在分界面上存在传导电流 I，而且是面电流分布，即电流仅处在分界面上无限薄的一层时，上式可写成：

$$(H_{1t}-H_{2t})\Delta l = I = J_S\Delta l$$

所以：

$$H_{1t}-H_{2t}=J_S \tag{5-7-9}$$

式中 J_S 为电流面密度。式(5-7-9)表明，对无限薄表层有传导电流面密度 J_S 的分界面，H_{1t}与 H_{2t}之差等于电流面密度 J_S。

对于理想介质分界面，其上并无传导电流，即 $J_S=0$，于是由式(5-7-9)可知：

$$H_{1t}=H_{2t} \tag{5-7-10}$$

即理想介质分界面上，切向磁场是连续的。

4. 理想导体表面的 $\boldsymbol{H}_t$ 等于 $\boldsymbol{J}_S$

若介质 2 为理想导体，则 $H_{2t}=0$，于是由式(5-7-9)可得：

$$H_{1t}=J_S \tag{5-7-11}$$

即理想导体表面上切向磁场强度 H_t 等于面电流密度 J_S。

理想导体边界条件的矢量形式为：

$$\begin{cases} \boldsymbol{e}_n\times \boldsymbol{H}=\boldsymbol{J}_S \\ \boldsymbol{e}_n\times \boldsymbol{E}=0 \\ \boldsymbol{e}_n\cdot \boldsymbol{D}=\rho_S \\ \boldsymbol{e}_n\cdot \boldsymbol{B}=0 \end{cases} \tag{5-7-12}$$

式中，$\boldsymbol{e}_n$ 为分界面的法向单位矢量。由上面的边界条件可得导体表面的电场与导体面垂直，磁场与表面平行。

无论是分析静态场还是交变场的边界条件时，对于在介质分界面处所作的矩形闭合

回路的 Δl、Δh 以及圆柱形高斯闭合面的 ΔS、Δl，都特别强调了 $\Delta h\to 0$，以及 Δl、ΔS 要足够小。实际上对于边界条件，若能想象成 $\Delta l\to 0$，$\Delta S\to 0$，这样对边界条件的理解就显得更为严格。于是，介质分界面不一定必须是很大的平面，要求应该更宽松一些。对于如图 5-6 所示的分界面情况，以前所讨论的边界条件的结论仍然是正确的。

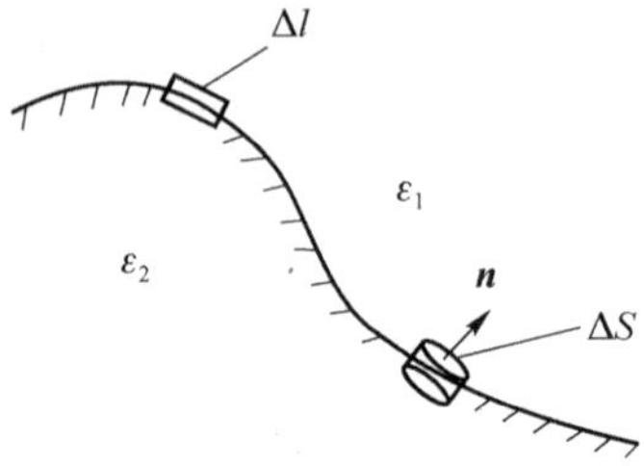

图 5-6　研究边界条件时，更具普遍性的介质分界面及闭合回路、高斯面示意图

5.8　坡印廷定理和坡印廷矢量

5.8.1　坡印廷定理

定义单位时间内穿过与能量流动方向相垂直的单位表面的能量为能流矢量，大小为电磁场中某点的功率密度，方向为该点的能量流动的方向。

由矢量恒等式：

$$\nabla\cdot(\boldsymbol{E}\times\boldsymbol{H})=\boldsymbol{H}\cdot\nabla\times\boldsymbol{E}-\boldsymbol{E}\cdot\nabla\times\boldsymbol{H}$$

将麦克斯韦方程的第一式、第二式代入：

$$\nabla\cdot(\boldsymbol{E}\times\boldsymbol{H})=-\boldsymbol{H}\cdot\frac{\partial\boldsymbol{B}}{\partial t}-\boldsymbol{E}\cdot\frac{\partial\boldsymbol{D}}{\partial t}-\boldsymbol{J}\cdot\boldsymbol{E}$$

介质不是时间的变量，于是：

$$\boldsymbol{H}\cdot\frac{\partial\boldsymbol{B}}{\partial t}=\mu\boldsymbol{H}\cdot\frac{\partial\boldsymbol{H}}{\partial t}=\boldsymbol{B}\cdot\frac{\partial\boldsymbol{H}}{\partial t}=\frac{1}{2}\left(\boldsymbol{H}\cdot\frac{\partial\boldsymbol{B}}{\partial t}+\boldsymbol{B}\cdot\frac{\partial\boldsymbol{H}}{\partial t}\right)$$

$$=\frac{\partial}{\partial t}\left(\frac{1}{2}\boldsymbol{B}\cdot\boldsymbol{H}\right)=\frac{\partial}{\partial t}w_{\mathrm{m}}$$

$$\boldsymbol{E}\cdot\frac{\partial\boldsymbol{D}}{\partial t}=\varepsilon\boldsymbol{E}\cdot\frac{\partial\boldsymbol{E}}{\partial t}=\boldsymbol{D}\cdot\frac{\partial\boldsymbol{E}}{\partial t}=\frac{1}{2}\left(\boldsymbol{E}\cdot\frac{\partial\boldsymbol{D}}{\partial t}+\boldsymbol{D}\cdot\frac{\partial\boldsymbol{E}}{\partial t}\right)$$

$$=\frac{\partial}{\partial t}\left(\frac{1}{2}\boldsymbol{D}\cdot\boldsymbol{E}\right)=\frac{\partial}{\partial t}w_{\mathrm{e}}$$

式中 w_{e} 和 w_{m} 分别为电场能量密度和磁场能量密度。

$\boldsymbol{J}\cdot\boldsymbol{E}=\sigma E^2$ 是单位体积中的焦耳热功率，故有：

$$\nabla\cdot(\boldsymbol{E}\times\boldsymbol{H})=-\frac{\partial}{\partial t}(w_{\mathrm{m}}+w_{\mathrm{e}})-\sigma E^2$$

体积分：

$$\int_V\nabla\cdot(\boldsymbol{E}\times\boldsymbol{H})\mathrm{d}\tau=-\int_V\frac{\partial}{\partial t}(w_{\mathrm{m}}+w_{\mathrm{e}})\mathrm{d}V-\int_V\sigma E^2\mathrm{d}V$$

应用散度定理并整理：

$$-\oint (\boldsymbol{E}\times\boldsymbol{H})\cdot \mathrm{d}\boldsymbol{S}=\frac{\mathrm{d}}{\mathrm{d}t}\int_V (w_{\mathrm{m}}+w_{\mathrm{e}})\mathrm{d}V+\int_V \sigma E^2\mathrm{d}V-\oint (\boldsymbol{E}\times\boldsymbol{H})\cdot \mathrm{d}\boldsymbol{S}$$

$$=\frac{\mathrm{d}}{\mathrm{d}t}(W_{\mathrm{m}}+W_{\mathrm{e}})+\sigma E^2$$

上式称为坡印廷定理。右边第一项是体积 V 内每秒电场和磁场能量的增加量；第二项为变为焦耳热的功率。由能量守恒原理可知，等式左边的面积分就为经过闭合面进入体积内的功率。

5.8.2 坡印廷矢量及其平均值

由于 $\boldsymbol{E}\times\boldsymbol{H}$ 的闭合面积分表示通过封闭面的总功率，那么 $\boldsymbol{E}\times\boldsymbol{H}$ 这个矢量显然代表在封闭面上任意一点通过单位面积的功率，称为功率密度。它是矢量，通常用 $\boldsymbol{S}$ 表示，并称为坡印廷矢量：

$$\boldsymbol{S}=\boldsymbol{E}\times\boldsymbol{H}$$

$\boldsymbol{S}$ 是瞬时值，单位为 $\mathrm{W/m^2}$（瓦/平方米），$\boldsymbol{S}$ 的指向就是电磁波的传播方向，由 $\boldsymbol{E}\times\boldsymbol{H}$ 的右螺旋定则确定，如图 5-7 所示。$\boldsymbol{S}$ 是功率密度，自然就是单位时间通过单位面积的电磁能量，即能量流密度。

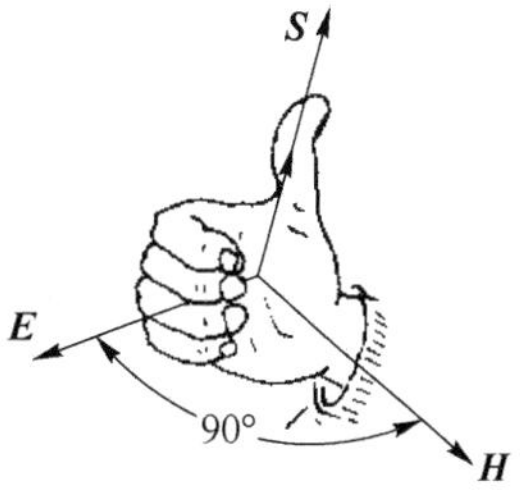

图 5-7 坡印廷矢量

由于坡印廷矢量只能表示某时刻的能流，但随时间的改变能流的大小和方向也会发生变化，因此我们更关心在某一段时间内有多少能量流入或流出，因此引入平均坡印廷矢量。

时谐电磁场的一般表达式：

$$\boldsymbol{E}=\boldsymbol{e}_x E_{\mathrm{xm}}\cos(\omega t+\psi_{\mathrm{xE}})+\boldsymbol{e}_y E_{\mathrm{ym}}\cos(\omega t+\psi_{\mathrm{yE}})+\boldsymbol{e}_z E_{\mathrm{zm}}\cos(\omega t+\psi_{\mathrm{zE}})$$

$$\boldsymbol{H}=\boldsymbol{e}_x H_{\mathrm{xm}}\cos(\omega t+\psi_{\mathrm{xE}})+\boldsymbol{e}_y H_{\mathrm{ym}}\cos(\omega t+\psi_{\mathrm{yH}})+\boldsymbol{e}_z H_{\mathrm{zm}}\cos(\omega t+\psi_{\mathrm{zH}})$$

坡印廷矢量的瞬时值为：

$$\boldsymbol{S}=\boldsymbol{E}\times\boldsymbol{H}=\boldsymbol{e}_x(E_yH_z-E_zH_y)+\boldsymbol{e}_y(E_zH_x-E_xH_z)+\boldsymbol{e}_z(E_xH_y-E_yH_x)$$

$$=\boldsymbol{e}_xS_x+\boldsymbol{e}_yS_y+\boldsymbol{e}_zS_z$$

平均坡印廷矢量为一个周期内坡印廷矢量的平均值：

$$\boldsymbol{S}_{\mathrm{av}}=\frac{1}{T}\int_0^T\boldsymbol{S}\mathrm{d}t$$

一个周期内坡印廷矢量 x 分量的平均值：

$$S_{\mathrm{xav}}=\frac{1}{T}\int_0^T S_x\mathrm{d}t$$

$$=\frac{1}{T}\int_0^T[E_{\mathrm{ym}}H_{\mathrm{zm}}\cos(\omega t+\psi_{\mathrm{yE}})\cos(\omega t+\psi_{\mathrm{zH}})-$$

$$E_{\mathrm{zm}}H_{\mathrm{ym}}\cos(\omega t+\psi_{\mathrm{zE}})\cos(\omega t+\psi_{\mathrm{yH}})]\mathrm{d}t$$

运用三角函数 $\cos\alpha\cos\beta=\frac{1}{2}[\cos(\alpha+\beta)+\cos(\alpha-\beta)]$，积分第一项：

$$
\begin{aligned}
S_{\mathrm{xav1}} &= \frac{1}{T}\int_0^T E_{\mathrm{ym}} H_{\mathrm{zm}} \cos(\omega t + \psi_{\mathrm{yE}}) \cos(\omega t + \psi_{\mathrm{zH}})\,\mathrm{d}t \\
&= \frac{1}{2T} E_{\mathrm{ym}} H_{\mathrm{zm}} \int_0^T [\cos(2\omega t + \psi_{\mathrm{yE}} + \psi_{\mathrm{zE}}) + \cos(\psi_{\mathrm{yE}} - \psi_{\mathrm{zH}})]\mathrm{d}t \\
&= \frac{1}{2T} E_{\mathrm{ym}} H_{\mathrm{zm}} \left[\frac{1}{2\omega}\sin(2\omega t + \psi_{\mathrm{yE}} + \psi_{\mathrm{zE}})\Big|_0^T + \cos(\psi_{\mathrm{yE}} - \psi_{\mathrm{zH}})t\Big|_0^T\right] \\
&= \frac{1}{2} E_{\mathrm{ym}} H_{\mathrm{zm}} \cos(\psi_{\mathrm{yE}} - \psi_{\mathrm{zH}}) = \frac{1}{2}\mathrm{Re}[E_{\mathrm{ym}} H_{\mathrm{zm}} \mathrm{e}^{\mathrm{j}(\psi_{\mathrm{yE}} - \psi_{\mathrm{zE}})}] \\
&= \frac{1}{2}\mathrm{Re}[\dot{E}_y \dot{H}_z^*]
\end{aligned}
$$

同理,积分第二项:

$$S_{\mathrm{xav2}} = \frac{1}{2}\mathrm{Re}[\dot{E}_z \dot{H}_y^*]$$

故:

$$S_{\mathrm{xav}} = \frac{1}{2}\mathrm{Re}[\dot{E}_y \dot{H}_z^* - \dot{E}_z \dot{H}_y^*]$$

它表示 x 方向的平均功率流密度,式中:

$$\dot{E}_y = E_{\mathrm{ym}} \mathrm{e}^{\mathrm{j}\psi_{\mathrm{yE}}} \qquad \dot{E}_z = E_{\mathrm{zm}} \mathrm{e}^{\mathrm{j}\psi_{\mathrm{zH}}}$$

$\dot{H}_y^* = H_{\mathrm{ym}} \mathrm{e}^{-\mathrm{j}\psi_{\mathrm{yH}}}$ 是 $\dot{H}_y = H_{\mathrm{ym}} \mathrm{e}^{\mathrm{j}\psi_{\mathrm{yH}}}$ 的共轭值,$\dot{H}_z^* = H_{\mathrm{zm}} \mathrm{e}^{-\mathrm{j}\psi_{\mathrm{zH}}}$ 是 $\dot{H}_z = H_{\mathrm{zm}} \mathrm{e}^{\mathrm{j}\psi_{\mathrm{zH}}}$ 的共轭值,同理:

$$S_{\mathrm{yav}} = \frac{1}{2}\mathrm{Re}[\dot{E}_z \dot{H}_x^* - \dot{E}_x \dot{H}_z^*]$$

$$S_{\mathrm{zav}} = \frac{1}{2}\mathrm{Re}[\dot{E}_x \dot{H}_y^* - \dot{E}_y \dot{H}_x^*]$$

则坡印廷矢量的平均值:

$$
\begin{aligned}
\boldsymbol{S}_{\mathrm{av}} &= \boldsymbol{e}_x S_{\mathrm{xav}} + \boldsymbol{e}_y S_{\mathrm{yav}} + \boldsymbol{e}_z S_{\mathrm{zav}} \\
&= \frac{1}{2}\mathrm{Re}[\boldsymbol{e}_x(\dot{E}_y \dot{H}_z^* - \dot{E}_z \dot{H}_y^*) + \boldsymbol{e}_y(\dot{E}_z \dot{H}_x^* - \dot{E}_x \dot{H}_z^*) + \boldsymbol{e}_z(\dot{E}_x \dot{H}_y^* - \dot{E}_y \dot{H}_x^*)] \\
&= \frac{1}{2}\mathrm{Re}[\dot{\boldsymbol{E}} \times \dot{\boldsymbol{H}}^*]
\end{aligned}
$$

为书写方便,去掉表示复数的点,坡印廷矢量的平均值:

$$\boldsymbol{S}_{\mathrm{av}} = \frac{1}{2}\mathrm{Re}[\boldsymbol{E} \times \boldsymbol{H}^*]$$

例 5-7 已知天线所发射的球面电磁波的电场和磁场分别为:

$$E_\theta = A_0 \frac{\sin\theta}{r}\cos(\omega t - kr) \qquad H_\varphi = \frac{1}{\eta_0} A_0 \frac{\sin\theta}{r}\cos(\omega t - kr)$$

求天线的发射功率。

解:

$$\boldsymbol{S}(t) = \boldsymbol{E} \times \boldsymbol{H} = \boldsymbol{e}_r E_\theta H_\varphi = \boldsymbol{e}_r \frac{1}{\eta_0} A_0^2 \frac{\sin^2\theta}{r^2}\cos^2(\omega t - kr)$$

$$P(t)=\oint_s \boldsymbol{S}(t)\cdot \mathrm{d}\boldsymbol{s}=\int_0^{2\pi}\mathrm{d}\varphi\int_0^{\pi}\frac{1}{\eta_0}A_0^2\ \frac{\sin^2\theta}{r^2}\cos^2(\omega t-kr)\cdot r^2\sin\theta\mathrm{d}\theta$$

$$=\frac{8\pi A_0^2}{3\eta_0}\cos^2(\omega t-kr)$$

$$\overline{P}=\frac{1}{T}\int_0^T P(t)\mathrm{d}t=\frac{4\pi A_0^2}{3\eta_0}$$

例 5-8 如图 5-8 所示，在两导体平板($x=0$ 和 $x=d$)之间的空气中传播的电磁波，已知其电场为 $\boldsymbol{E}=\boldsymbol{e}_y E_0\sin\left(\frac{\pi}{d}x\right)\cos(\omega t-kz)$，式中 k 为常数，求：

① 磁场强度 $\boldsymbol{H}(t)$；

② 导体表面的面电流密度。

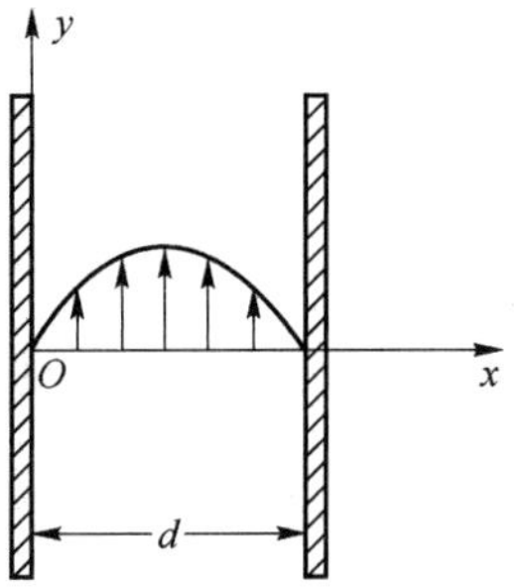

图 5-8 两导体平板

解：①磁场强度：

$$\dot{\boldsymbol{H}}=\frac{\mathrm{j}}{\omega\mu}\nabla\times\dot{\boldsymbol{E}}=\frac{\mathrm{j}}{\omega\mu}\begin{vmatrix}\boldsymbol{e}_x & \boldsymbol{e}_y & \boldsymbol{e}_z\\ \frac{\partial}{\partial x} & \frac{\partial}{\partial y} & \frac{\partial}{\partial z}\\ 0 & E_y & 0\end{vmatrix}$$

$$=\frac{\mathrm{j}}{\omega\mu}\left[-\boldsymbol{e}_x\frac{\partial E_y}{\partial z}+\boldsymbol{e}_z\frac{\partial E_y}{\partial x}\right]$$

$$=-\boldsymbol{e}_x\frac{k}{\omega\mu}E_0\sin\frac{\pi x}{d}\mathrm{e}^{-\mathrm{j}kz}+\boldsymbol{e}_z\frac{\mathrm{j}\pi}{\omega\mu d}E_0\cos\frac{\pi x}{d}\mathrm{e}^{-\mathrm{j}kz}$$

$$\boldsymbol{H}(t)=\mathrm{Re}[\dot{H}\mathrm{e}^{\mathrm{j}\omega t}]=-\boldsymbol{e}_x\frac{k}{\omega\mu}E_0\sin\frac{\pi x}{d}\cos(\omega t-kz)-\boldsymbol{e}_z\frac{\pi}{\omega\mu d}E_0\cos\frac{\pi x}{d}\sin(\omega t-kz)\ \mathrm{A/m}$$

② 两个导体表面的电流分布，在 $x=0$ 面：

$$\dot{\boldsymbol{J}}_S=\boldsymbol{e}_x\times\dot{\boldsymbol{H}}|_{x=0}=-\boldsymbol{e}_y\frac{\mathrm{j}\pi}{\omega\mu d}E_0\mathrm{e}^{-\mathrm{j}kz}$$

$$J_S(t)=\mathrm{Re}[\dot{J}_S\mathrm{e}^{\mathrm{j}\omega t}]=\boldsymbol{e}_y\frac{\pi}{\omega\mu d}E_0\sin(\omega t-kz)\ \mathrm{A/m}$$

在 $x=d$ 面：

$$\dot{J}_S = -e_x \times \dot{H}|_{x=d} = -e_y \frac{j\pi}{\omega\mu d} E_0 e^{-jkz}$$

$$J_S(t) = \mathrm{Re}[\dot{J}_S e^{j\omega t}] = e_y \frac{\pi}{\omega\mu d} E_0 \sin(\omega t - kz)\ \mathrm{A/m}$$

习　题

5-1　试述麦克斯韦方程的积分形式与微分形式，并解释其物理意义。

5-2　试述时变电磁场的边界条件。

5-3　无源真空中，A_1、A_2 为常数，已知时变电磁场的磁场强度为 $\boldsymbol{H} = \boldsymbol{e}_x A_1 \sin(4x)\cos(\omega t - \beta y) + \boldsymbol{e}_z A_2 \cos(4x)\sin(\omega t - \beta y)$，求位移电流密度。

5-4　什么是正弦电磁场？如何用复矢量表示正弦电磁场？

5-5　在分别位于 $z=0$ 和 $z=a$ 处的两块无限大的理想导体平板之间的空气中，时变电磁场的磁场强度 $\boldsymbol{H} = \boldsymbol{e}_y H_0 \cos(\omega t - \beta z)$，则两导体表面上的电流密度分别为多少？

5-6　在真空中，电场强度和磁场强度的瞬时值分别为 $\boldsymbol{E} = \boldsymbol{e}_x E_0 \sin(\beta z)\cos(\omega t)$，$\boldsymbol{H} = \boldsymbol{e}_y \dfrac{E_0}{\eta_0}\cos(\beta z)\sin(\omega t)$，求坡印廷矢量的瞬时值和平均值。

5-7　试写媒质 1 为理想介质，媒质 2 为理想导体分界面时变场的边界条件。

第 6 章　平面电磁波

等相面为平面的电磁波称为平面波。如果平面波等相面上场强的幅度均匀不变，则称为均匀平面波。许多复杂的电磁波如柱面波、球面波，可以分解为许多均匀平面波的叠加，故均匀平面波是最简单、最基本的电磁波模式。因此我们从均匀平面波开始电磁波的学习，本章主要研究平面波的电磁场量关系、平面波的参数、平面波的极化及平面波的反射、折射特性。

6.1　波动方程

在均匀无耗媒质的无源区域，即 $\sigma=0,\boldsymbol{J}=\boldsymbol{0},\rho=0$ 的区域，麦克斯韦方程写为：

$$\begin{aligned}
&\nabla\times\boldsymbol{H}=\varepsilon\frac{\partial\boldsymbol{E}}{\partial t}\\
&\nabla\times\boldsymbol{E}=-\mu\frac{\partial\boldsymbol{H}}{\partial t}\\
&\nabla\cdot\boldsymbol{H}=0\\
&\nabla\cdot\boldsymbol{E}=0
\end{aligned}\tag{6-1-1}$$

对式(6-1-1)两边做叉积，可得：

$$\nabla\times(\nabla\times\boldsymbol{E})=-\mu\frac{\partial}{\partial t}(\nabla\times\boldsymbol{H})$$

利用矢量恒等式：

$$\nabla\times\nabla\times\boldsymbol{E}=\nabla(\nabla\cdot\boldsymbol{E})-\nabla^2\boldsymbol{E}$$

有：

$$-\nabla^2\boldsymbol{E}=-\mu\frac{\partial}{\partial t}\left(\varepsilon\frac{\partial\boldsymbol{E}}{\partial t}\right)$$

整理得电场 $\boldsymbol{E}$ 的无源波动方程：

$$\nabla^2\boldsymbol{E}-\mu\varepsilon\frac{\partial^2\boldsymbol{E}}{\partial t^2}=0$$

同理可导出磁场 $\boldsymbol{H}$ 的无源波动方程：

$$\nabla^2\boldsymbol{H}-\mu\varepsilon\frac{\partial^2\boldsymbol{H}}{\partial t^2}=0$$

上式为无源区域的波动方程。为什么称之为波动方程？这是因为上式的第一项是对坐标的运算，第二项是对时间的运算，换言之，位置的变化等同于时间的变化，即在某处出现了的情况过一段时间后在另一个位置上重复出现，这正是波的形式。

在直角坐标系中，波动方程可以分为 3 个标量方程，如 $\boldsymbol{E}$ 的波动方程可以分为：

$$\frac{\partial^2 E_x}{\partial x^2}+\frac{\partial^2 E_x}{\partial y^2}+\frac{\partial^2 E_x}{\partial z^2}-\mu\varepsilon\frac{\partial^2 E_x}{\partial t^2}=0$$

$$\frac{\partial^2 E_y}{\partial x^2}+\frac{\partial^2 E_y}{\partial y^2}+\frac{\partial^2 E_y}{\partial z^2}-\mu\varepsilon\frac{\partial^2 E_y}{\partial t^2}=0$$

$$\frac{\partial^2 E_z}{\partial x^2}+\frac{\partial^2 E_z}{\partial y^2}+\frac{\partial^2 E_z}{\partial z^2}-\mu\varepsilon\frac{\partial^2 E_z}{\partial t^2}=0$$

将复数形式的场变量代入无源区波动方程，可得复数形式的无源区波动方程：

$$\nabla^2\dot{\boldsymbol{E}}+k^2\dot{\boldsymbol{E}}=0$$

$$\nabla^2\dot{\boldsymbol{H}}+k^2\dot{\boldsymbol{H}}=0$$

为书写方便，去掉场变量的点，复数形式无源区波动方程即亥姆霍兹方程：

$$\nabla^2\boldsymbol{E}+k^2\boldsymbol{E}=0$$

$$\nabla^2\boldsymbol{H}+k^2\boldsymbol{H}=0$$

式中，$k=\omega\sqrt{\mu\varepsilon}$，$k$ 为传播常数。亥姆霍兹方程是求解频域中空间电磁波传播的方程。

6.2 理想介质中的均匀平面波

6.2.1 均匀平面波

我们将波的传播方向称为纵向，与传播方向垂直的平面称为横向平面，若场量 $\boldsymbol{E}$ 和 $\boldsymbol{H}$ 只分布在横向平面中，则称这种波为平面波，如图 6-1 所示。所谓均匀平面波是指横向平面内场量的幅度处处相等，电磁场的幅度及相位仅沿传播方向变化。如图 6-2 所示为电场在 x 方向，磁场在 y 方向，沿 z 方向传播的均匀平面波。

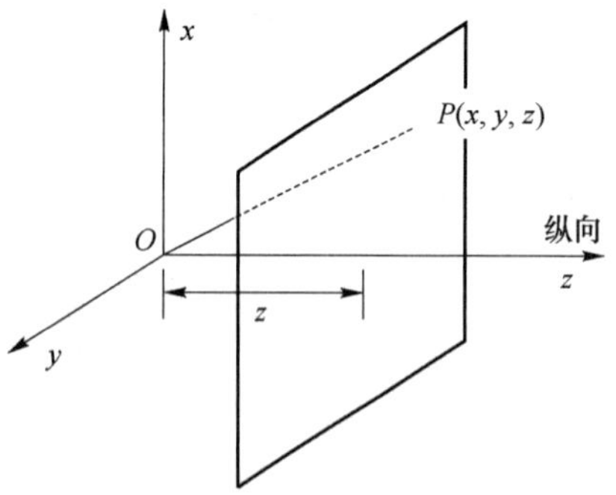

图 6-1 平面波

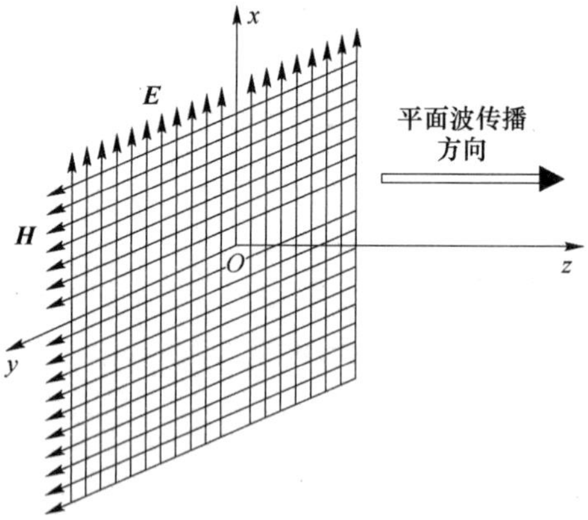

图 6-2 均匀平面波

设有沿 z 轴传播，电场沿 x 方向的均匀平面波。无源区域电场满足的齐次亥姆霍兹方程为$\nabla^2\boldsymbol{E}+k^2\boldsymbol{E}=0$，因 $\boldsymbol{E}$ 只有 x 方向分量，则矢量方程简化为标量方程：

$$\frac{\partial^2 E_x}{\partial x^2}+\frac{\partial^2 E_x}{\partial y^2}+\frac{\partial^2 E_x}{\partial z^2}+k^2E_x=0$$

对于均匀平面波，则场只是纵向 z 的函数，则方程进一步简化为：

$$\frac{\partial^2 E_x}{\partial z^2}+k^2 E_x=0$$

其通解为：

$$E_x=E_x^+ + E_x^- = C_1 \mathrm{e}^{-\mathrm{j}kz}+C_2 \mathrm{e}^{+\mathrm{j}kz}$$

式中 C_1、C_2 是由边界条件确定的常数。

上式是电场的复振幅形式，我们把电场转换为时谐形式即可看到“波”，上式第一项 $C_1 \mathrm{e}^{-\mathrm{j}kz}$ 的瞬时值为 $C_1\cos(\omega t-kz)$，这是向 z 轴正向传播的一列电磁波。同理，可以看到 $C_2 \mathrm{e}^{+\mathrm{j}kz}$ 是向 z 轴负向传播的波。

6.2.2 均匀平面波的传播参数

我们来研究 z 轴正向传播均匀平面波的参数，电场复振幅 $E_x=E_0 \mathrm{e}^{-\mathrm{j}kz}$，式中 E_0 是 $z=0$ 处电场强度的振幅。电场瞬时值为 $E_x(t)=E_0\cos(\omega t-kz)$，$\omega t$ 为时间相位，kz 为空间相位。空间相位相同的场点所组成的曲面称为等相面、波前或波面。可见，$z=$常数的平面为波面，因此称这种电磁波为平面电磁波。又因 E_x 与 x、y 无关，在 $z=$常数的波面上各点场强相等，这种在波面上场强均匀分布的平面波称为均匀平面波。

空间相位变化 2π 所经过的距离称为波长，用 λ 表示，$k\lambda=2\pi$，此时：

$$k=\frac{2\pi}{\lambda} \tag{6-2-1}$$

称为波数(单位为 rad/m)，k 也可认为是包含在 2π 空间距离内的波长数。

很显然，频率越高，波长越短，则相移常数 k 越大，反之亦然。另外，当频率相同而电磁波在不同的介质中传播时，也会具有不同的相移常数。介质的介电系数 ε 越大，电磁波的传播速度就变得越慢，波长变得越短，因此，相移常数 k 就变得越大，反之亦然。既然 k 代表单位长度的相位移，那么 kl 则代表在长度为 l 的这段距离上的总相移。

时间相位 ωt 变化 2π 所经历的时间称为周期，用 T 表示；而一秒内相位变化 2π 的次数称为频率，用 f 表示。因 $\omega t=2\pi$ 得：

$$T=\frac{2\pi}{\omega}=1/f \tag{6-2-2}$$

定义等相位面移动的速度为相速度。选取一个与波同方向前进的参考点，即对应于 $\cos(\omega t-kz)$ 为常数的一个参考点，$\omega t-kz=$常数，等相位面的速度：

$$\frac{\mathrm{d}z}{\mathrm{d}t}=v_\mathrm{p}=\frac{\omega}{k}$$

将 $k^2=\omega^2\mu\varepsilon$ 代入上式：

$$v_\mathrm{p}=\frac{\omega}{k}=\frac{1}{\sqrt{\mu\varepsilon}} \tag{6-2-3}$$

在自由空间有：

$$\mu=\mu_0=4\pi\times10^{-7}\ \mathrm{H/m} \qquad \varepsilon=\varepsilon_0=\frac{1}{4\pi\times9\times10^9}\ \mathrm{F/m}$$

代入式(6-2-3)，则可得真空中电磁波的传播速度为：

$$v_p = c = \frac{1}{\sqrt{\mu_0 \varepsilon_0}} = 3 \times 10^8 \text{ m/s}$$

此为光速，因此光也是电磁波。

6.2.3 均匀平面波的场量关系

对于均匀无界空间，假定只考虑正方向传播的波，则电场 $\boldsymbol{E} = \boldsymbol{e}_x E_x = \boldsymbol{e}_x E_0 \mathrm{e}^{-\mathrm{j}kz}$，$E_0$ 是 $z=0$ 处电场强度的振幅，可由 $\nabla \times \boldsymbol{E} = -\mathrm{j}\omega\mu\boldsymbol{H}$ 求得磁场：

$$\nabla \times \boldsymbol{E} = \begin{vmatrix} \boldsymbol{e}_x & \boldsymbol{e}_y & \boldsymbol{e}_z \\ \dfrac{\partial}{\partial x} & \dfrac{\partial}{\partial y} & \dfrac{\partial}{\partial z} \\ E_x & 0 & 0 \end{vmatrix} = \boldsymbol{e}_y \frac{\partial E_x}{\partial z}$$

注意 E_x 不是 x、y 的函数，则：

$$H_y = -\frac{1}{\mathrm{j}\omega\mu}\frac{\partial E_x}{\partial z} = \frac{k}{\omega\mu}E_0 \mathrm{e}^{-\mathrm{j}kz} = \sqrt{\frac{\varepsilon}{\mu}}E_0 \mathrm{e}^{-\mathrm{j}kz} = \frac{1}{\eta}E_x$$

用矢量表示，磁场：

$$\boldsymbol{H} = \boldsymbol{e}_y \frac{1}{\eta} E_0 \mathrm{e}^{-\mathrm{j}kz} = \frac{1}{\eta}\boldsymbol{e}_z \times \boldsymbol{E}$$

磁场的瞬时值：

$$\boldsymbol{H} = \boldsymbol{e}_y \frac{1}{\eta} E_x \cos(\omega t - kz)$$

电场、磁场及传播方向之间的方向关系见图 6-3。磁场与电场的振幅相差一个因子：

$$\eta = \sqrt{\frac{\mu}{\varepsilon}} \tag{6-2-4}$$

称为媒质的本征阻抗或者波阻抗。

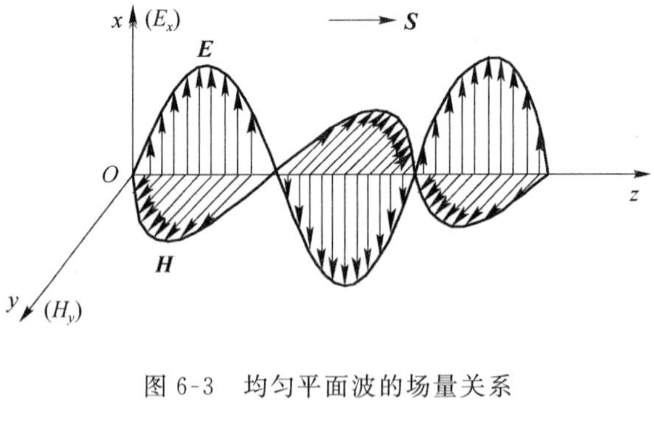

图 6-3 均匀平面波的场量关系

在自由空间中：

$$\eta_0 = \sqrt{\frac{\mu_0}{\varepsilon_0}} = 120\,\pi\ \Omega = 377\ \Omega$$

E_x 及 H_y 的瞬时值可研究其随时间、空间的变化。

为了简明，我们只分析电场某一等相位面上任意一点（如 P 点）的情况。因为波形是一个整体，只要弄清楚该点随时间、空间的变化关系，那么电场 E_x 的时间、空间变化关系也就清楚了。

既然所观察的始终都是等相位面上的 P 点，于是就有：

$$\omega t_1-kz_1=\omega t_2-kz_2=\cdots=\omega t_n-kz_n=\text{常数}$$

该式表明，当时间从 $t_1\to t_2\to t_3\to\cdots$ 变化时，P 点的空间位置变化是从 $z_1\to z_2\to z_3\to\cdots$ 这种时间、空间变化的对应关系如图 6-4(c)所示。

从图 6-4(c)可以清楚地看到，P 点沿着正 z 方向运动，亦即整个电场 E_x 沿着正 z 方向运动。这样我们就得到一个结论，即电场 E_x 的瞬时表达式若为：

$$E_x=E_0\cos(\omega t-kz)$$

其复数形式为：

$$E_x=E_0\mathrm{e}^{\mathrm{j}(\omega t-kz)}$$

则表示电场 E_x 是往正 z 方向传播的。不言而喻，当 E_x 的表达式为

$$E_x=E_0\cos(\omega t+kz)$$

或

$$E_x=E_0\mathrm{e}^{\mathrm{j}(\omega t+kz)}$$

就表示电场 E_x 是往负 z 方向传播的。

我们把沿一定方向前进的波称为行波，行波具有连续的相位变化。大家知道，参量 k 是相移常数，代表单位长度上的相位移。于是 kz 就代表了在长度为 z 的这段距离上总的相位移，它表示的是一个角度。那么，$-kz$ 则表示一个负的角度，而负角度是代表相位滞后的，表示经过 z 这一段距离后所落后的角度。z 连续地变化，相位就连续地变化。对于行波相位变化的特点，可以选定 z 轴上任意一点 z_1 来观察通过该点的波的相位变化。当 z_1 选定后，$-kz_1$ 就是一个常数。虽然该点的相位角 $\omega t-kz_1$ 是随时间 t 变化的，如图 6-4(b)所示。但是，行波相位变化的特点却是当选定了某一瞬间 t_1 后，相位角 ωt_1-kz 不仅是随着 z 的变化而变化的，而且随 z 的连续变化作连续的、均匀的变化，而没有突变。这和驻波在相位变化上的不连续形成对照。

从图 6-4(a)可以看到，当固定某一瞬间 t_1 而沿 z 方向观察时，我们所看到的电磁场瞬时值在各点是不同的，其值有大有小，有正有负。

当固定在某一点 z_1 观察行波的运动时，我们可以看到波形上的所有值都从 z_1 点经过。很容易想象，凡是波的传播所要经过的地方，都可以出现波形的正值、负值、零值、最大值等各连续的值。而且在所研究的无损介质的情况下，各点所能够出现的场的幅度的最大值又都是相等的。图 6-4(c)所表示的就是这种情况，它是电场 E_x(行波)沿正 z 方向传播时，不同瞬间沿 z 的分布情况。

均匀理想介质中均匀平面波的性质概括如下：均匀平面波的电场和磁场互相垂直，而且都位于横截面上而无纵向(传输方向)分量，所以又称它为横电磁波(TEM 波)。均匀平面波在同一个等相位面上电场的幅度相同，磁场的幅度也相同。传播方向垂直于电场磁场所构成的平面。传播速度 $v=1/\sqrt{\mu\varepsilon}$，它不随频率而变，正因为如此，我们称这种平面波为非色散波。

由于是理想介质，没有损耗，因此在传播过程中其振幅(E_0、H_0)不变。由于是理想介质中的平面波，因此电场、磁场的时间相位相同，即电场、磁场同时为正，同时为负，同时

为零，同时为最大值。因此，电场 E_x 与磁场 H_y 之比（即波阻抗 η）是一个纯阻。若介质为空气时，平面波的传播速度为光速 c，波阻抗 $\eta_0=377\ \Omega$。

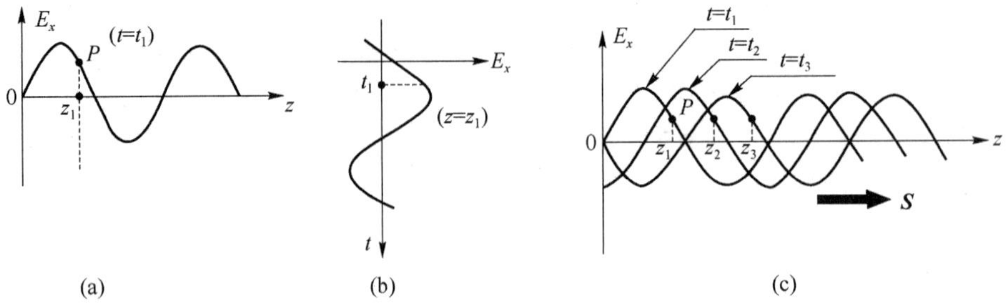

图 6-4　行波

例 6-1　频率为 100 MHz 的正弦均匀平面波在各向同性的均匀理想介质中沿 $+z$ 方向传播，介质的特性参数为 $\varepsilon_r=4$，$\mu_r=1$，$\sigma=0$。设电场沿 x 方向，即 $\boldsymbol{E}=\boldsymbol{e}_x E_x$，当 $t=0$，$z=1/8$ m时，电场等于其振幅值 10^{-4} V/m。试求：①波的传播速度以及 ω、λ、k；②$\boldsymbol{E}(z,t)$ 和 $\boldsymbol{H}(z,t)$；③坡印廷矢量的瞬时值和平均值。

解：① $v=\dfrac{1}{\sqrt{\mu\varepsilon}}=\dfrac{1}{\sqrt{4\mu_0\varepsilon_0}}=1.5\times10^8\ \text{m/s}\qquad \omega=2\pi f=2\pi\times10^8$

$$k=\omega\sqrt{\mu\varepsilon}=2\pi f\sqrt{4\mu_0\varepsilon_0}=\frac{4\pi}{3}\ \text{rad/m}\qquad \lambda=\frac{v}{f}=\frac{2\pi}{k}=1.5\ \text{m}$$

② 写出一般电场强度的表达式：

$$\boldsymbol{E}(z,t)=\boldsymbol{e}_x E(z,t)=\boldsymbol{e}_x E_m\cos(\omega t-kx+\psi_{xE})$$

式中，$E_m=10^{-4}$ V/m，又由 $t=0$，$z=1/8$ m 时，$E_x=E_m=10^{-4}$ V/m，则有：

$$\omega t-kz+\Psi_{xE}=0$$

所以：

$$\Psi_{xE}=kz=\pi/6\ \text{rad}$$

$$\boldsymbol{E}(z,t)=\boldsymbol{e}_x E_m\cos(\omega t-kx+\psi_{xE})=\boldsymbol{e}_x 10^{-4}\cos\left(2\pi\times10^8 t-\frac{4\pi}{3}z+\frac{\pi}{6}\right)\ \text{V/m}$$

$$\boldsymbol{H}(z,t)=\frac{1}{\eta}\boldsymbol{e}_z\times\boldsymbol{E}=\boldsymbol{e}_y\boldsymbol{H}_y=\boldsymbol{e}_y\frac{E_x}{\eta}=\boldsymbol{e}_y\frac{1}{\sqrt{\frac{\mu}{\varepsilon}}}10^{-4}\cos\left(2\pi\times10^8 t-\frac{4\pi}{3}z+\frac{\pi}{6}\right)$$

$$=\boldsymbol{e}_y\frac{1}{60\pi}10^{-4}\cos\left(2\pi\times10^8 t-\frac{4\pi}{3}z+\frac{\pi}{6}\right)\ \text{A/m}$$

③ 瞬时坡印廷矢量：

$$\boldsymbol{S}=\boldsymbol{E}\times\boldsymbol{H}=\boldsymbol{e}_z\frac{1}{60\pi}\times10^8\cos^2\left(2\pi\times10^8 t-\frac{4\pi}{3}z+\frac{\pi}{6}\right)$$

平均坡印廷矢量：

$$\boldsymbol{S}_{av}=\frac{1}{2}\text{Re}[\boldsymbol{E}\times\boldsymbol{H}^*]$$

式中：

$$\boldsymbol{E}=\boldsymbol{e}_x 10^{-4}e^{-j\left(\frac{4\pi}{3}z-\frac{\pi}{6}\right)}$$

$$H^* = e_y \frac{10^{-4}}{60\pi} e^{j\left(\frac{4\pi}{3}z - \frac{\pi}{6}\right)}$$

故：

$$S_{av} = \frac{1}{2}\mathrm{Re}\left[e_x 10^{-4} e^{-j\left(\frac{4\pi}{3}z-\frac{\pi}{6}\right)} \times e_y \frac{10^{-4}}{60\pi} e^{+j\left(\frac{4\pi}{3}z-\frac{\pi}{6}\right)}\right]$$
$$= \frac{1}{2}\mathrm{Re}\left[e_z \frac{(10^{-4})^2}{60\pi}\right] = e_z \frac{10^{-7}}{12\pi}\ \mathrm{W/m^2}$$

6.3 导电媒质中的平面波

6.3.1 导电媒质的分类

导电媒质又称为有耗媒质，是指 $\sigma \neq 0$ 的媒质。电磁波在导电媒质中传播时，根据欧姆定律，将出现传导电流 $J_c = \sigma E$，在无源区域，有方程：

$$\nabla \times H = J_c + j\omega D = \sigma E + j\omega\varepsilon E = j\omega\left(\varepsilon - j\frac{\sigma}{\omega}\right)E = j\omega\varepsilon_c E$$

$$\varepsilon_c = \varepsilon - j\frac{\sigma}{\omega}$$

称为等效介电常数，它是一个复数。

按$\frac{\sigma}{\omega\varepsilon}$的量级，可把导电媒质分为 3 类。

电介质：$\frac{\sigma}{\omega\varepsilon} \ll 1\left(如\frac{\sigma}{\omega\varepsilon} < 10^{-2}\right)$。

不良导体：$\frac{\sigma}{\omega\varepsilon} \approx 1\left(如\ 10^{-2} < \frac{\sigma}{\omega\varepsilon} < 10^{2}\right)$。

良导体：$\frac{\sigma}{\omega\varepsilon} \gg 1\left(如\frac{\sigma}{\omega\varepsilon} > 10^{2}\right)$。

几种媒质的电参数如表 6-1 所示。

表 6-1　几种媒质的电参数

媒　质	$\varepsilon_r = \varepsilon/\varepsilon_0$	$\sigma/(\mathrm{S \cdot m^{-1}})$
铜	1	5.8×10^7
海水	80	4
耕土	14	10^{-2}
非耕土	3	10^{-4}
淡水	80	10^{-3}

6.3.2 导电媒质中的波动方程

在无源区域，导电媒质中的麦克斯韦方程为：

$$\nabla \times \boldsymbol{H} = \mathrm{j}\omega\varepsilon_c \boldsymbol{E}$$
$$\nabla \times \boldsymbol{E} = -\mathrm{j}\omega\mu \boldsymbol{H}$$
$$\nabla \cdot \boldsymbol{B} = 0$$
$$\nabla \cdot \boldsymbol{D} = 0$$

此时的亥姆霍兹方程为：

$$\nabla^2 \boldsymbol{E} + k_c^2 \boldsymbol{E} = 0$$
$$\nabla^2 \boldsymbol{H} + k_c^2 \boldsymbol{H} = 0$$

式中 $k_c^2 = \omega^2 \mu\varepsilon_c$，即 $k_c = \omega\sqrt{\mu\varepsilon_c}$ 是一个复数。引入传播系数：

$$\Gamma = \mathrm{j}k_c = \mathrm{j}\omega\sqrt{\mu\varepsilon_c} = \alpha + \mathrm{j}\beta$$

故：

$$\Gamma^2 = -k_c^2 = -\omega^2\mu\varepsilon_c = -\omega^2\mu\left(\varepsilon - \mathrm{j}\frac{\sigma}{\omega}\right)$$

则亥姆霍兹定理：

$$\nabla^2 \boldsymbol{E} - \Gamma^2 \boldsymbol{E} = 0$$
$$\nabla^2 \boldsymbol{H} - \Gamma^2 \boldsymbol{H} = 0$$

对于沿 z 轴方向传播的均匀平面波，仍假设只有 E_x 分量，则有：

$$\frac{\partial^2 E_x}{\partial z^2} - \Gamma^2 E_x = 0$$

此方程的解为：

$$E_x = E_0 \mathrm{e}^{-\Gamma z} = E_0 \mathrm{e}^{-\alpha z} \mathrm{e}^{-\mathrm{j}\beta z}$$

写出矢量形式：

$$\boldsymbol{E} = \boldsymbol{e}_x E_x = \boldsymbol{e}_x E_0 \mathrm{e}^{-\Gamma z} = \boldsymbol{e}_x E_0 \mathrm{e}^{-\alpha z} \mathrm{e}^{-\mathrm{j}\beta z}$$

将 $\mathrm{j}k_c = \alpha + \mathrm{j}\beta$ 带入 $k_c = \omega\sqrt{\mu\left(\varepsilon - \mathrm{j}\frac{\sigma}{\omega}\right)}$，两边平方后有：

$$k_c^2 = \beta^2 - a^2 - \mathrm{j}2\beta a = \omega^2\mu\left(\varepsilon - \mathrm{j}\frac{\sigma}{\omega}\right)$$

上式两边的实部和虚部应分别相等，有：

$$\begin{cases} \beta^2 - a^2 = \omega^2\mu\varepsilon \\ 2\beta a = \omega\mu\sigma \end{cases}$$

由上边的两个方程解得：

$$\alpha = \omega\sqrt{\frac{\mu\varepsilon}{2}\left[\sqrt{1 + \left(\frac{\sigma}{\omega\varepsilon}\right)^2} - 1\right]}$$

α 称为衰减系数，即单位距离的衰减程度，单位为 Np/m（奈培/米）。

$$\beta = \omega\sqrt{\frac{\mu\varepsilon}{2}\left[\sqrt{1 + \left(\frac{\sigma}{\omega\varepsilon}\right)^2} + 1\right]}$$

称为相位系数（相移常数），即单位距离滞后的相位，单位为 rad/m。场强相位随 z 的增加按 βz 滞后，即波沿 z 方向传播。波的相速为：

$$v_p = \frac{\omega}{\beta} = \frac{1}{\sqrt{\mu\varepsilon}}\left[\frac{2}{\sqrt{1 + \left(\frac{\sigma}{\omega\varepsilon}\right)^2} + 1}\right]^{1/2} < \frac{1}{\sqrt{\mu\varepsilon}}$$

可见，在导电媒质中传播时，波的相速比 μ、ε 相同的理想介质情况慢，且 σ 越大，v_p 越慢。该相速还随频率而变化，频率低，则相速慢。这样，携带信号的电磁波其不同的频率分量将以不同的相速传播。经过一段距离后，它们的相位关系将发生变化，从而导致信号失真，这种现象称为色散。导电媒质是色散媒质。

导电媒质的波阻抗：

$$\eta_c=\sqrt{\frac{\mu}{\varepsilon_c}}=\sqrt{\frac{\mu}{\varepsilon-j\dfrac{\sigma}{\omega}}}=\sqrt{\frac{\mu}{\varepsilon}}\left[1-j\frac{\sigma}{\omega\varepsilon}\right]^{-1/2}=|\eta|e^{j\xi}$$

所以 ξ 的取值范围为 $0\sim\dfrac{\pi}{4}$，可见，波阻抗具有感性相角。这意味着电场引前于磁场，两者不再同相。此时磁场强度复矢量为：

$$\boldsymbol{H}=\boldsymbol{e}_y\frac{E_0}{\eta_c}e^{-jkz}=\boldsymbol{e}_y\frac{E_0}{|\eta|}e^{-az}e^{-j\beta z}e^{-j\xi}$$

其瞬时值为：

$$\boldsymbol{H}(t)=\boldsymbol{e}_y\frac{E_0}{|\eta|}e^{-az}\cos(\omega t-\beta z-\xi)$$

故沿 z 轴传输导电媒质中的平面波见图 6-5。

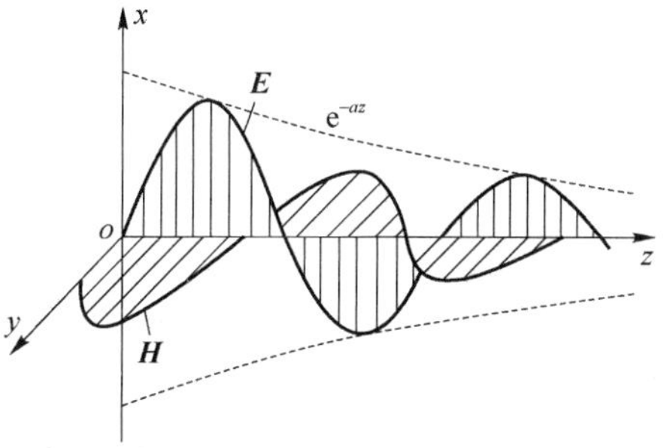

图 6-5 导电媒质中的平面波

值得注意的是，电磁波在良导体中衰减极快。对于良导体，$\dfrac{\sigma}{\omega\varepsilon}\gg1$，传导电流密度远大于位移电流密度。平面波的传播常数为：

$$k_c=\omega\sqrt{\mu\left(\varepsilon-j\frac{\sigma}{\omega}\right)}\approx\omega\sqrt{\mu\cdot\left(-j\frac{\sigma}{\omega}\right)}=\sqrt{\omega\mu\sigma}e^{-j\frac{\pi}{4}}=(1-j)\sqrt{\pi f\mu\sigma}$$

$$\beta\approx a\approx\sqrt{\pi f\mu\sigma}$$

由于良导体的 σ 一般在 10^7 S/m 量级，高频率电磁波传入良导体后，往往在微米量级的距离内就衰减得近于零了。所以高频电磁场只能存于导体表面的一个薄层内，这个现象称为集肤效应。电磁波场强振幅衰减到表面处的 1/e 即 36.8%的深度，称为集肤深度（或穿透深度）δ，即：

$$E_0e^{-a\delta}=\frac{1}{e}E_0$$

得：

$$\delta=\frac{1}{\alpha}=\frac{1}{\sqrt{\pi f\mu\sigma}}\ \mathrm{m}$$

导电性能越好(σ越大)，工作频率越高，则集肤深度越小。例如，银的导电率为6.15×10^{7} S/m，磁导率为$4\pi\times10^{-7}$ H/m,得：

$$\delta=\sqrt{\frac{1}{\pi f\times4\pi\times6.15}}=\frac{0.064}{\sqrt{f}}\ \mathrm{m}$$

当频率$f=3$ GHz时，得$\delta=1.17\times10^{-6}$ m$=1.17$ μm。因此，虽然微波器件通常用黄铜制成，但只要在其导电层的表面涂上若干微米银，就能保证表面电流主要在银层通过。

6.4 平面波的极化

时变场是随时间变化的,即每一个瞬间场矢量的大小甚至方向,都会随时间变化。电磁波的极化就是描述场矢量的这种变化方式的。通常用电场强度矢量$\boldsymbol{E}$的端点在空间随时间变化的轨迹来描述。如轨迹是直线,则为线极化;如轨迹是圆,则称为圆极化;如轨迹是椭圆,则称为椭圆极化。

6.4.1 线极化波

图6-6中,沿x方向和沿y方向的电场都是线极化波。例如,电场:

$$\boldsymbol{E}=\boldsymbol{e}_xE_0\sin(\omega t-kz)$$

我们固定在$z=0$处,观察它随时间t的变化,令:

$$t_1=\frac{3}{12}T,t_2=\frac{5}{12}T,t_3=\frac{6}{12}T,t_4=\frac{7}{12}T,t_5=\frac{9}{12}T\cdots$$

则:

$$\omega t_1=90^\circ,\omega t_2=150^\circ,\omega t_3=180^\circ,\omega t_4=210^\circ,\omega t_5=270^\circ\cdots$$

它们所对应的电场E_x分别为E_0，$\frac{1}{2}E_0$,0，$-\frac{1}{2}E_0$,$-E_0$…如图6-6所示。这个电场随时间变化始终沿着x轴而变,这就是线极化波。

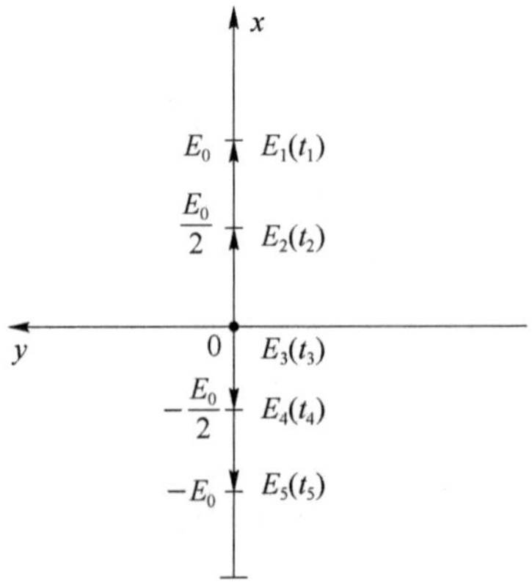

图6-6 线极化波

6.4.2 圆极化波

圆极化波是由两个线极化波所合成的，这两个线极化波的电场(或磁场)的空间方位互相垂直，幅度相等，而时间相位相差 90°，如：

$$\begin{cases} E_x = E_0 \cos(\omega t - kz) \\ E_y = E_0 \cos(\omega t - kz \pm 90°) \end{cases} \tag{6-4-1}$$

还是观察 $z=0$ 处的情况，我们将 E_x 及 E_y 的平方相加则得：

$$E_x^2 + E_y^2 = E_0^2 [\cos^2(\omega t) + \cos^2(\omega t \pm 90°)] = E_0^2$$

即：

$$\left(\frac{E_x}{E_0}\right)^2 + \left(\frac{E_y}{E_0}\right)^2 = 1 \tag{6-4-2}$$

显然，式(6-4-2)是个圆方程。圆的半径为 E_0，亦即 E_x、E_y 的合成电场的幅度为 E_0，合成电场 $\boldsymbol{E}$ 与 x 轴的夹角 γ 为：

$$\gamma = \arctan\left(\frac{E_y}{E_x}\right) = \arctan\left[\frac{\mp E_0 \sin(\omega t)}{E_0 \cos(\omega t)}\right] = \mp \omega t$$

可以看到，合成电场是以给定的角频率 ω 旋转的。合成电场矢量的端点随时间变化所描绘的轨迹为圆，如图 6-7 所示。而合成电场 $\boldsymbol{E}$ 的旋转方向可能是顺时针的，也可能是逆时针的，这很容易由 E_x 和 E_y 所差的 90°相角为正还是为负来确定。

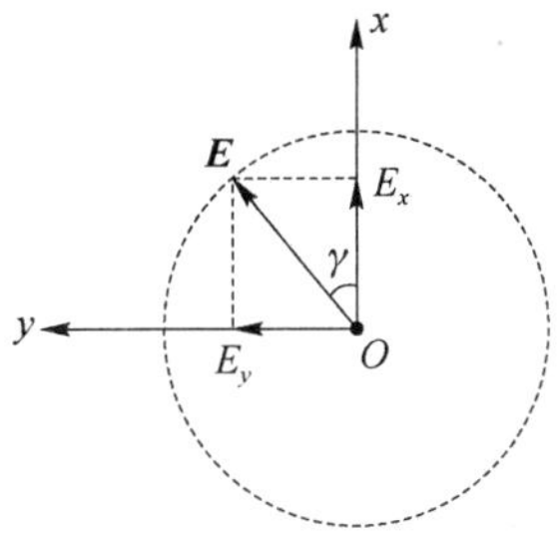

图 6-7 圆极化波

6.4.3 椭圆极化波

椭圆极化波可以由两个空间方位互相垂直，时间相位相差 90°，而幅度不相等的线极化波的电场(或磁场)合成。例如，以下两个电场就可构成椭圆极化波。

$$\begin{cases} E_x = E_0' \cos(\omega t - kz) \\ E_y = E_0 \cos(\omega t - kz \pm 90°) \end{cases} \tag{6-4-3}$$

还是研究 $z=0$ 处的情况。我们用 E_0' 去除上式的 E_x，用 E_0 去除 E_y，然后将它们的平方相加，于是得到：

$$\left(\frac{E_x}{E_0'}\right)^2 + \left(\frac{E_y}{E_0}\right)^2 = [\cos^2(\omega t) + \cos^2(\omega t + 90°)] = 1 \tag{6-4-4}$$

显然，式(6-4-4)是一个椭圆方程。故合成电场矢量的端点随时间变化所描绘的轨迹为椭圆，如图 6-8 所示。

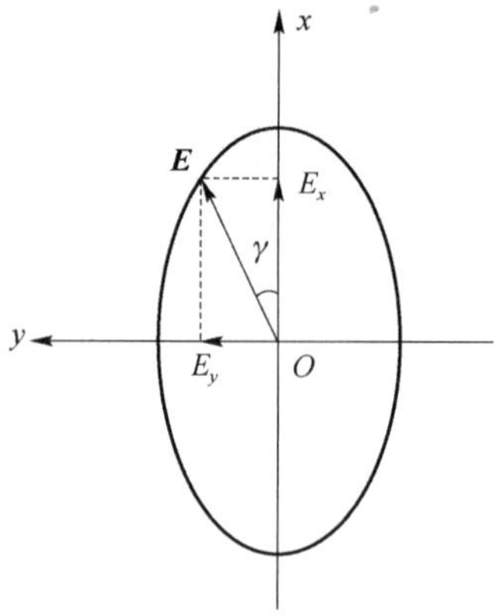

图 6-8　椭圆极化波

了解电磁波的极化是重要的，它可以告诉我们怎样设置天线才能得到最有效的接收。大家知道，波动方程是一个线性微分方程，根据线性方程的叠加原理，其解可以为若干个解之和。从物理概念上讲，一种极化波可以由若干种极化波叠加而成。反过来，也可以把一种波加以分解。当然，它们的频率都是相同的。

6.5　平面边界上的正投射

前面分析了无界媒质中平面波的传播，现在研究由于介质的不连续所产生的平面波的反射和折射。本节研究平面波垂直入射到界面的正投射情况，涉及的介质仍然是均匀、线性、各向同性的。而且只限于非磁性介质，并假定各电介质的 μ 值近似等于 μ_0，不同介质的分界面为无限大平面。

由于介质的不连续，交变场在介质分界面上必然要感生出一层交变电荷，这层感生的随时间变化的束缚电荷可视为新的场源，在分界面两方产生新的电磁波。结果：在介质 1 中不仅有入射波，还有反射波，而透过分界面进入介质 2 的波则是折射波。研究波的入射、反射、折射规律的依据，仍然是介质分界面上的边界条件。

6.5.1　对理想导体的正投射

如图 6-9 所示，区域 1 为理想介质，区域 2 为理想导体。理想介质与理想导体的分界面是和 xOy 面相重合的极大平面。平面波由区域 1 垂直入射到理想导体表面时，将引起波的反射。结果：区域 1 有入射波，还有反射波。它们都是行波。而这两个行波的合成波则是另外一种波——驻波。下面分析这些波的形成及特点。

1. 合成波的电场

由于平面波垂直入射到理想导体表面，其入射波电场的复数形式可表示为：

$$\boldsymbol{E}^{+}=\boldsymbol{e}_x E_0^{+}\,\mathrm{e}^{-\mathrm{j}kz} \tag{6-5-1}$$

它是往正 z 方向传播的 x 方向的电场。反射波是往负 z 方向传播的，假设反射波的电场

$$\boldsymbol{E}^{-}=\boldsymbol{e}_x E_0^{-}\,\mathrm{e}^{+\mathrm{j}kz}$$

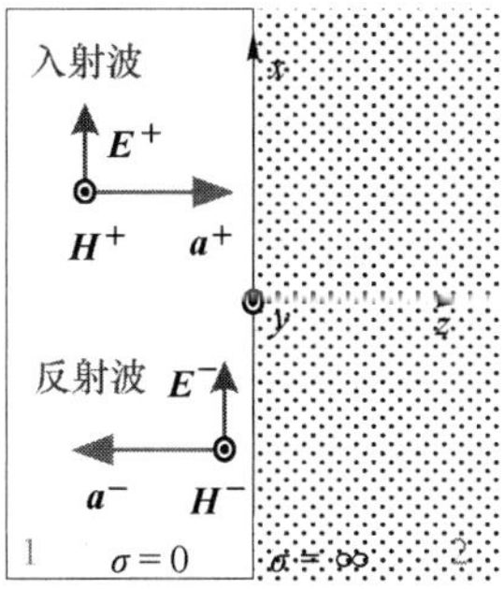

图 6-9　平面波垂直入射到理想导体表面

根据理想导体的边界条件，其切向电场分量等于零。则合成的电场 $\boldsymbol{E}=\boldsymbol{E}^+ + \boldsymbol{E}^-$，在界面 $z=0$ 处，须满足边界条件 $E=0$，所以：

$$E_0^+ = -E_0^-$$

上式表明：切向电场入射到理想导体表面时，要引起全反射，即 $|E_0^+|=|E_0^-|$，即合成波的电场：

$$\begin{aligned}\boldsymbol{E}_1 = \boldsymbol{E}^+ + \boldsymbol{E}^- &= \boldsymbol{e}_x (E_0^+ \mathrm{e}^{-\mathrm{j}kz} + E_0^- \mathrm{e}^{+\mathrm{j}kz}) \\ &= \boldsymbol{e}_x E_0^+ (\mathrm{e}^{-\mathrm{j}kz} - \mathrm{e}^{+\mathrm{j}kz}) = -\boldsymbol{e}_x \mathrm{j} 2E_0^+ \sin(kz)\end{aligned}$$

瞬时值为：

$$\boldsymbol{E}_1(t) = \boldsymbol{e}_x 2E_0^+ \sin(kz) \sin(\omega t)$$

合成波电场的驻波分布如图 6-10 所示。

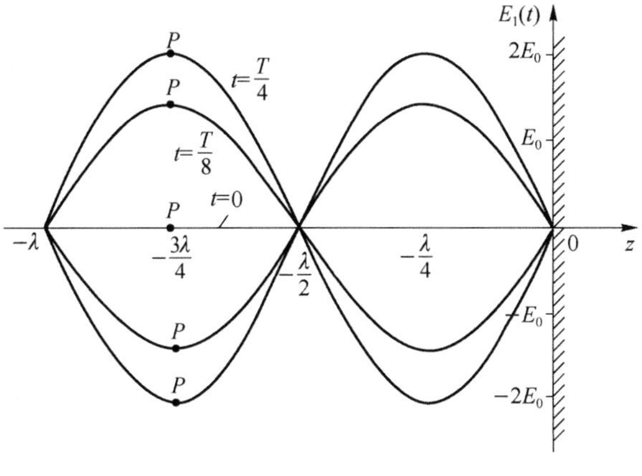

图 6-10　合成波电场的驻波分布

2. 合成波的磁场

可由入射波的电场 $\boldsymbol{E}^+ = \boldsymbol{e}_x E_0^+ \mathrm{e}^{-\mathrm{j}kz}$ 写出入射波的磁场：

$$\boldsymbol{H}^+ = \boldsymbol{e}_z \times \frac{\boldsymbol{E}^+}{\eta} = \boldsymbol{e}_y H_y^+ = \boldsymbol{e}_y \frac{E_0^+}{\eta} \mathrm{e}^{-\mathrm{j}kz}$$

同理，可由反射波的电场 $\boldsymbol{E}^- = \boldsymbol{e}_x E_0^- \mathrm{e}^{+\mathrm{j}kz}$ 写出入射波的磁场：

$$\boldsymbol{H}^- = (-\boldsymbol{e}_z) \times \frac{\boldsymbol{E}^-}{\eta} = -\boldsymbol{e}_y (E_0^-/\eta) \mathrm{e}^{\mathrm{j}kz}$$

所以,合成波的磁场:

$$\boldsymbol{H}_1=\boldsymbol{H}^{+}+\boldsymbol{H}^{-}=\boldsymbol{e}_y\left(\frac{E_0^{+}}{\eta}\mathrm{e}^{-\mathrm{j}kz}-\frac{E_0^{-}}{\eta}\mathrm{e}^{\mathrm{j}kz}\right)=\boldsymbol{e}_y\left(\frac{E_0^{+}}{\eta}\mathrm{e}^{-\mathrm{j}kz}+\frac{E_0^{+}}{\eta}\mathrm{e}^{\mathrm{j}kz}\right)$$

$$=\boldsymbol{e}_y 2H_0^{+}\cos(kz)=\boldsymbol{e}_y 2\frac{E_0^{+}}{\eta}\cos(kz)$$

瞬时值为:

$$\boldsymbol{H}_1(t)=\boldsymbol{e}_y 2\frac{E_0^{+}}{\eta}\cos(kz)\cdot\cos(\omega t)$$

由合成波的电场、磁场的表达式可以清楚地看到,平面波垂直入射到理想导体表面,引起了波的全反射。入射波及反射波这两个行波叠加后所形成的合成波具有以下特点。

① 电场、磁场的合成波都是驻波,但这两个驻波沿 z 方向的分布规律却不相同。电场沿 z 的驻波分布规律为 $\sin(kz)$,磁场则为 $\cos(kz)$。

② 合成波的电场、磁场不仅空间(沿 z 坐标)的分布规律不同,而且合成波的 E_x 与 H_y 还有 90°的时间相位差。因此,由 E_x 与 H_y 所构成的沿 z 方向的坡印廷矢量的平均值 $\boldsymbol{S}_{\mathrm{av}}$ 为 0。

$$\boldsymbol{S}_{\mathrm{av}}=\mathrm{Re}\left[\frac{1}{2}\boldsymbol{E}_1\times\boldsymbol{H}_1^{*}\right]=\boldsymbol{e}_z\frac{1}{2}\mathrm{Re}\left[-\mathrm{j}2E_0^{+}\sin(kz)\times 2\frac{E_0^{+}}{\eta}\cos(kz)\right]=0 \quad (6\text{-}5\text{-}2)$$

这是因为往正 z 方向和往负 z 方向传输的功率密度一样大。所以功率密度的平均值等于零。它表明驻波没有能量的传播,而只有电、磁能量的相互交换。

③ 由于 E_x 和 H_y 有 90°的时间相位差,所以当合成波的电场达到最大值时,此时合成波的磁场等于零。反之亦然。

例 6-2 一均匀平面波从空气垂直入射到位于 $z=0$ 的理想导体平板上,已知入射波的电场强度为:$\boldsymbol{E}^{+}=(\boldsymbol{e}_x+\mathrm{j}\boldsymbol{e}_y)E_0\mathrm{e}^{-\mathrm{j}kz}$,求:①反射波的电场 ;②合成波的磁场。

解:① 根据理想导体的边界条件,在界面 $z=0$ 处,须满足边界条件 $E=0$,可写出反射波的电场:

$$\boldsymbol{E}^{-}=-(\boldsymbol{e}_x+\mathrm{j}\boldsymbol{e}_y)E_0\mathrm{e}^{+\mathrm{j}kz}$$

② 利用入射波、反射波的电场分别写出其对应的磁场,入射波的磁场:

$$\boldsymbol{H}^{+}=\boldsymbol{e}_z\times\boldsymbol{E}^{+}/\eta_0=(\boldsymbol{e}_y-\mathrm{j}\boldsymbol{e}_x)\frac{E_0}{\eta_0}\mathrm{e}^{-\mathrm{j}kz}$$

反射波的磁场:

$$\boldsymbol{H}^{-}=-\boldsymbol{e}_z\times\boldsymbol{E}^{-}/\eta_0=(\boldsymbol{e}_y-\mathrm{j}\boldsymbol{e}_x)\frac{E_0}{\eta_0}\mathrm{e}^{\mathrm{j}kz}$$

则,合成波的磁场:

$$\boldsymbol{H}=\boldsymbol{H}^{+}+\boldsymbol{H}^{-}=(\boldsymbol{e}_y-\mathrm{j}\boldsymbol{e}_x)2\frac{E_0}{\eta_0}\cos(kz)$$

6.5.2 对理想介质的正投射

平面波从第一种介质(μ_0,ε_1)垂直入射到介质分界面上,引起波的反射和折射,如图 6-11 所示。现在来研究反射和折射的规律。

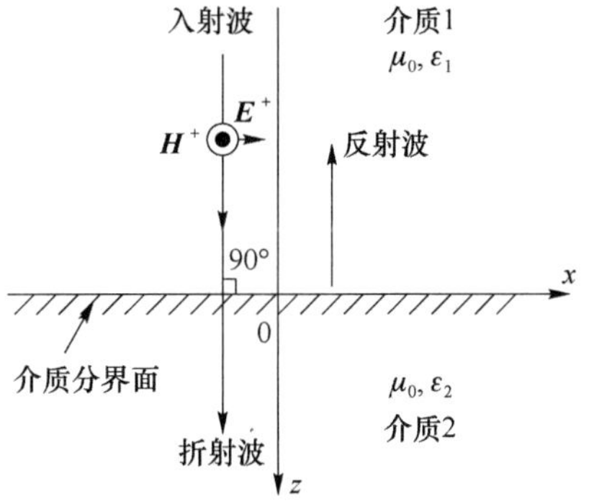

图 6-11 平面波垂直入射到理想介质分界面上

1. 入射波、反射波、折射波电磁场的表达式

令入射波的电场表达式为：

$$\boldsymbol{E}^+ = \boldsymbol{e}_x E_0^+ \mathrm{e}^{-\mathrm{j}k_1 z} \tag{6-5-3}$$

入射波的磁场则可写成：

$$\boldsymbol{H}^+ = \boldsymbol{e}_z \times \frac{\boldsymbol{E}^+}{\eta_1} = \boldsymbol{e}_y H_y^+ = \boldsymbol{e}_y \frac{E_0^+}{\eta_1} \mathrm{e}^{-\mathrm{j}k_1 z} \tag{6-5-4}$$

式中 $k_1 = \omega\sqrt{\mu_0 \varepsilon_1}$ 是第一种介质中的相移常数。$\eta_1 = \sqrt{\mu_0/\varepsilon_1}$ 是第一种介质的波阻抗。

反射波电场的表达式可写成：

$$\boldsymbol{E}^- = \boldsymbol{e}_x E_x^- = \boldsymbol{e}_x E_0^- \mathrm{e}^{\mathrm{j}k_1 z} \tag{6-5-5}$$

于是，反射波磁场的表达式可写成：

$$\boldsymbol{H}^- = (-\boldsymbol{e}_z) \times \frac{\boldsymbol{E}^-}{\eta_1} = -\boldsymbol{e}_y \frac{E_0^-}{\eta_1} \mathrm{e}^{\mathrm{j}k_1 z} \tag{6-5-6}$$

折射波是指进入到第二种介质(μ_0, ε_2)中的波。我们用 E^{T}、H^{T} 来表示。

折射波电场的表达式可写成：

$$\boldsymbol{E}^{\mathrm{T}} = \boldsymbol{e}_x E_x^{\mathrm{T}} = \boldsymbol{e}_x E_0^{\mathrm{T}} \mathrm{e}^{-\mathrm{j}k_2 z} \tag{6-5-7}$$

式中 $k_2 = \omega\sqrt{\mu_0 \varepsilon_2}$。

折射波磁场则可写成：

$$\boldsymbol{H}^{\mathrm{T}} = \boldsymbol{e}_y H_y^{\mathrm{T}} = \boldsymbol{e}_y H_y^{\mathrm{T}} \mathrm{e}^{-\mathrm{j}k_2 z} \tag{6-5-8}$$

2. 电场的反射系数 R 及传输系数 T

介质分界面上(即 $z=0$ 处)电场的反射系数 R 定义为：分界面处反射波的切向电场强度与入射波的切向电场强度之比，即：

$$R = \frac{E_0^-}{E_0^+} \tag{6-5-9}$$

介质分界面上(即 $z=0$ 处)电场的传输系数 T 定义为：分界面处折射波的切向电场强度与入射波的切向电场强度之比，即：

$$T=\frac{E_0^{\mathrm{T}}}{E_0^+} \tag{6-5-10}$$

（1）求垂直入射时电场的反射系数 R

这里要用到切向场连续的边界条件。由 $E_{1t}=E_{2t}$ 可知：

$$E_{1t}=E_0^+ +E_0^- =E_{2t} \tag{6-5-11}$$

由切向磁场连续的边界条件 $H_{1t}=H_{2t}$ 又知：

$$\begin{aligned} H_{1t}&=H_0^+ +H_0^- =\frac{E_0^+}{\eta_1}-\frac{E_0^-}{\eta_1} \\ &=H_{2t}=\frac{E_0^{\mathrm{T}}}{\eta_2}=\frac{E_{2t}}{\eta_2} \end{aligned} \tag{6-5-12}$$

所以：

$$E_{2t}=\frac{\eta_2}{\eta_1}(E_0^+ -E_0^-) \tag{6-5-13}$$

且：

$$E_0^+ +E_0^- =\frac{\eta_2}{\eta_1}(E_0^+ -E_0^-) \tag{6-5-14}$$

于是，由上式可解得垂直入射时电场的反射系数为：

$$R=\frac{E_0^-}{E_0^+}=\frac{\eta_2-\eta_1}{\eta_2+\eta_1} \tag{6-5-15}$$

（2）求电场的传输系数 T

由 T 的定义及 $E_{1t}=E_{2t}$ 的边界条件，又可得：

$$T=\frac{E_0^{\mathrm{T}}}{E_0^+}=\frac{E_{2t}}{E_0^+}=\frac{E_{1t}}{E_0^+}=\frac{E_0^+ +E_0^-}{E_0^+}=1+R$$

即垂直入射时有：

$$T=1+R \tag{6-5-16}$$

把式(6-5-15)代入上式，则得电场传输系数的表达式为：

$$T=\frac{2\eta_2}{\eta_2+\eta_1} \tag{6-5-17}$$

3. 垂直入射时，用 ε 表示的一般电介质的反射系数及传输系数

一般电介质的磁导率 μ 和自由空间的磁导率 μ_0 相差很小，于是可以认为它们都是 μ_0。这样，电场的反射系数 R 可写成：

$$R=\frac{\eta_2-\eta_1}{\eta_2+\eta_1}=\frac{\sqrt{\mu_0/\varepsilon_2}-\sqrt{\mu_0/\varepsilon_1}}{\sqrt{\mu_0/\varepsilon_2}+\sqrt{\mu_0/\varepsilon_1}}=\frac{\sqrt{\varepsilon_1}-\sqrt{\varepsilon_2}}{\sqrt{\varepsilon_1}+\sqrt{\varepsilon_2}}$$

即：

$$R=\frac{\sqrt{\varepsilon_1}-\sqrt{\varepsilon_2}}{\sqrt{\varepsilon_1}+\sqrt{\varepsilon_2}} \tag{6-5-18}$$

作同样的处理又可得电场的传输系数为：

$$T=\frac{2\sqrt{\varepsilon_1}}{\sqrt{\varepsilon_1}+\sqrt{\varepsilon_2}} \tag{6-5-19}$$

从式(6-5-18)可知，当$\varepsilon_1>\varepsilon_2$(即$\eta_2>\eta_1$)时，电场反射系数$R$为正。而$\varepsilon_1<\varepsilon_2$(即$\eta_2<\eta_1$)时，电场反射系数$R$为负。磁场的反射系数恰与上述情况相反。由式(6-5-19)可知，传输系数T总为正。

例 6-3 一均匀平面波从空气垂直入射到$\mu_r=1$、$\varepsilon_r=4$的理想介质中，以$z=0$处为界面，已知入射波的电场强度为$\boldsymbol{E}^+=(\boldsymbol{e}_x+\mathrm{j}\boldsymbol{e}_y)E_0\mathrm{e}^{\mathrm{j}(wt-kz)}$，求：①反射波的电场；②折射波的磁场。

解：① 根据反射系数和传输系数的公式，可以写出：

$$\eta_2=\frac{1}{2}\eta_0 \qquad \eta_1=\eta_0 \qquad R=\frac{\eta_2-\eta_1}{\eta_2+\eta_1}=-\frac{1}{3} \qquad T=\frac{2\eta_2}{\eta_2+\eta_1}=\frac{2}{3}$$

反射波的电场：

$$\boldsymbol{E}^-=-\frac{1}{3}\boldsymbol{E}^+=-\frac{1}{3}(\boldsymbol{e}_x+\mathrm{j}\boldsymbol{e}_y)E_0\mathrm{e}^{\mathrm{j}(wt+kz)}$$

② 折射波的磁场可由折射波的电场写出：

$$\boldsymbol{E}^{\mathrm{T}}=T\cdot\boldsymbol{E}^+=\frac{2}{3}(\boldsymbol{e}_x+\mathrm{j}\boldsymbol{e}_y)E_0\mathrm{e}^{\mathrm{j}(wt-2kz)}$$

$$\boldsymbol{H}^{\mathrm{T}}=\frac{\boldsymbol{e}_z\times\boldsymbol{E}^{\mathrm{T}}}{\eta_2}=\frac{1}{90\pi}(\boldsymbol{e}_y-\mathrm{j}\boldsymbol{e}_x)E_0\mathrm{e}^{\mathrm{j}(wt-2kz)}$$

习 题

6-1 空气中传播的均匀平面波电场为$\boldsymbol{E}=\boldsymbol{e}_xE_0\mathrm{e}^{-\mathrm{j}\boldsymbol{k}\cdot\boldsymbol{r}}$，已知电磁波沿$z$轴传播，频率为$f$，求：①磁场$\boldsymbol{H}$；②波长$\lambda$；③能流密度$\boldsymbol{S}$和平均能流密度$\boldsymbol{S}_{\mathrm{av}}$。

6-2 什么是均匀平均波？试述平面波的频率、波长、传播数量、相速、波阻抗及能速的定义。它们分别与哪些因素有关？

6-3 在自由空间传播的均匀平面波的电场强度复矢量为：

$$\boldsymbol{E}=\boldsymbol{e}_x\times10^{-4}\mathrm{e}^{-\mathrm{j}20\pi z}+\boldsymbol{e}_y\times10^{-4}\mathrm{e}^{-\mathrm{j}(20\pi z-\frac{\pi}{2})}\ \mathrm{V/m}$$

求：①平面波的传播方向；②频率；③波的极化方式；④磁场强度；⑤电磁波的平均坡印廷矢量$\boldsymbol{S}_{\mathrm{av}}$。

6-4 均匀平面波的磁场强度的振幅为$\frac{1}{3\pi}$ A/m，以相位常数 30 rad/m 在空气中沿$-\boldsymbol{e}_z$方向传播。当$t=0$和$z=0$时，若磁场的取向为$-\boldsymbol{e}_y$，试写出电场和磁场的表达式，并求出波的频率和波长。

6-5 集肤深度的定义是什么？它与哪些因素有关？

6-6 什么是平面波的极化特性？什么是线极化、圆极化与椭圆极化？它们之间的相互关系如何？什么是椭圆极化波的轴比？

6-7 试证一个线极化平面波可以分解为两个旋转方向相反的圆极化波。

6-8 试证一个椭圆极化平面波可以分解为两个旋转方向相反的圆极化平面波。

6-9 海水的电导率 $\gamma=4\ \mathrm{S/m}$，相对介电常数 $\varepsilon_r=81$。求频率为 10 kHz、100 kHz、1 MHz、10 MHz、100 MHz、1 GHz 的电磁波在海水中的波长、衰减系数和波阻抗。

6-10 已知在空气中电场 $\boldsymbol{E}=\boldsymbol{e}_y 0.1\sin(10\pi x)\cos(6\pi\times10^9 t-\beta z)$，求磁场和 β。（提示：将电场代入直角坐标中的波方程，可求得 β。）

第7章 导行系统

7.1 引　言

导行系统即用以引导电磁波能量定向传播的结构，可分为三大类：第一类是传横电磁模（TEM）的双导体结构，如双导线、同轴线、带状线、微带线等，如图7-1所示；第二类是传色散的横电模（TE）或横磁模（TM）的单导体结构，如矩形波导、圆波导、脊形波导、椭圆波导等，如图7-2所示；第三类是传表面波的介质传输线，如介质波导、镜像线、光纤等，如图7-3所示。

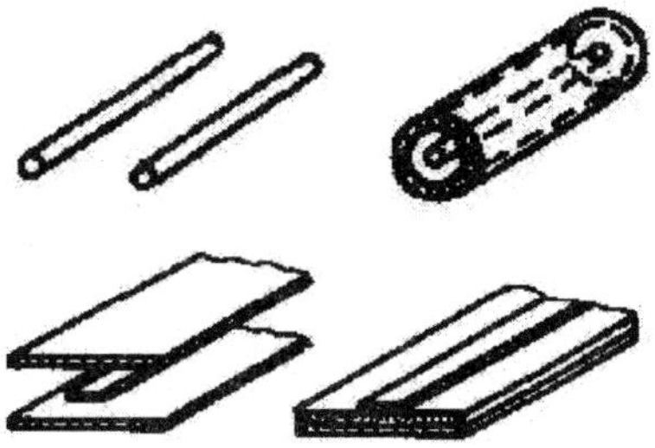

图7-1　TEM导行系统

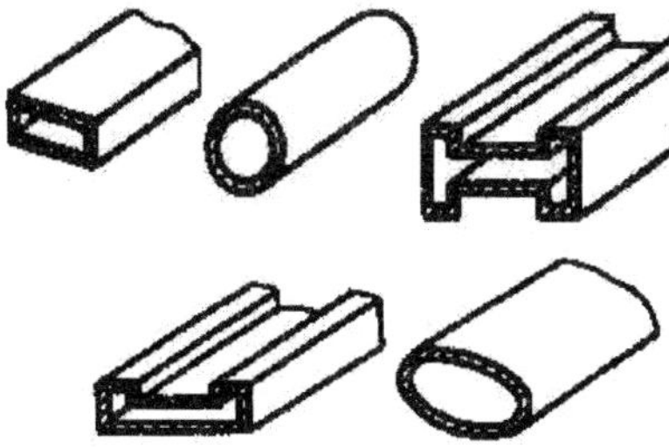

图7-2　TE、TM导行系统

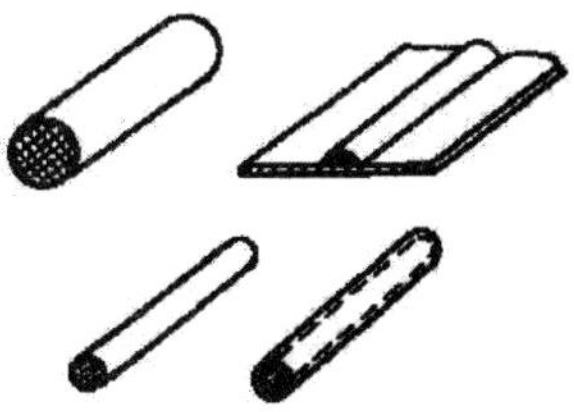

图7-3　表面波导行系统

在微波的低频段，可以用双导线来传输微波能量和信号；而当频率提高到其波长和两根导线间的距离可以相比时，电磁能量会通过导线向空间辐射出去，损耗随之增加，频率愈高，损耗愈大，因此在微波的高频段，双导线不再能用来作为传输线。为了避免辐射损耗，可以将传输线做成封闭形式，像同轴线那样电磁能量被限制在内外导体之间，从而消除了辐射损耗。因此,同轴线传输线所传输的电磁波频率范围可以提高,是常用的微波传输线。但随频率的继续提高,同轴线的横截面尺寸必须相应减小,才能保证它只传输TEM模,这样会导致同轴线的导体损耗增加,尤其是内导体引起的损耗会增加,所以传输功率容量会降低。因此同轴线不能传输更高频率的电磁波,一般最低波长适用于厘米波段。对于更高频段的电磁波传输问题则需要规则金属波导、光纤等。

7.2 规则金属波导系统的导波方程

本节讨论传输TE波(恒电,纵向电场为0)、TM波(恒磁,纵向磁场为0)的规则金属波导。所谓规则金属波导是指各种截面形状(如矩形、圆形、脊形、椭圆形、三角形等)的无限长笔直的空心金属管。波导壁材料一般为铜、铝,有时其壁上会镀金或银。波导的优点有:导体损耗和介质损耗小,功率容量大,没有辐射损耗,结构简单,易于制造,故广泛应用于3～300 GHz的厘米波段和毫米波段。

1. 导波方程

对于任意横截面的规则金属波导,如图7-4所示,符合如下条件。

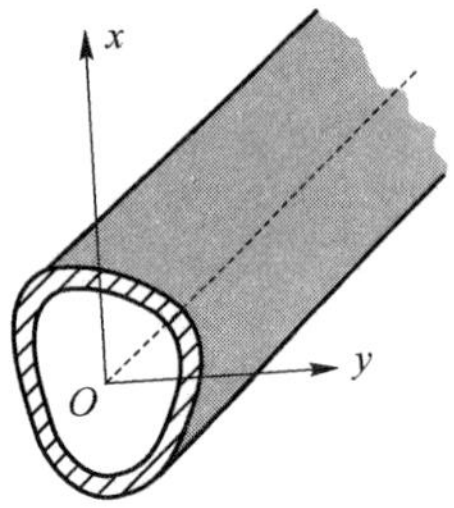

图7-4 任意截面的均匀波导

① 波导无限长,即波导横截面沿纵向(z方向)是均匀的,即导波内的电场、磁场只与坐标x、y有关,与坐标z无关。

② 波导内壁的电导率为无限大。

③ 波导内填充的介质是均匀无耗、线性及各向同性的。

④ 波导内无自由电荷和传导电流($\rho=0$, $J=0$),且远离波源。

⑤ 波导内的电磁场是时谐场。

设波导中电磁波沿$+z$方向传播,对于角频率ω的时谐场,由条件①和②可将电磁场量表示为:

$$\begin{aligned}\boldsymbol{E}(x,y,z)&\equiv\boldsymbol{E}_t(x,y)\mathrm{e}^{-\mathrm{j}\beta z}\\ \boldsymbol{H}(x,y,z)&\equiv\boldsymbol{H}_t(x,y)\mathrm{e}^{-\mathrm{j}\beta z}\end{aligned}\tag{7-2-1}$$

β称为相移常数,$\boldsymbol{E}_t(x,y)$、$\boldsymbol{H}_t(x,y)$为波导中的场分布。

在不同导波系统的边界条件下求解麦克斯韦方程组,可得出相移常数β和相应的场分布$\boldsymbol{E}_t(x,y)$、$\boldsymbol{H}_t(x,y)$。

由条件④可得麦克斯韦方程组:

$$\begin{aligned}\nabla\times\boldsymbol{H}&=\mathrm{j}\omega\varepsilon\boldsymbol{E}\\ \nabla\times\boldsymbol{E}&=-\mathrm{j}\omega\mu\boldsymbol{H}\end{aligned}\tag{7-2-2}$$

将式(7-2-2)在直角坐标系中展开,并考虑式(7-2-1),可得到x、y、z 3个分量的6个坐标方程,化解为4个用纵向场表示的横向场方程:

$$
\begin{aligned}
E_x &= \frac{-\mathrm{j}}{k_c^2}\left(\beta\frac{\partial E_z}{\partial x}+\omega\mu\frac{\partial H_z}{\partial y}\right)\\
E_y &= \frac{-\mathrm{j}}{k_c^2}\left(\beta\frac{\partial E_z}{\partial y}-\omega\mu\frac{\partial H_z}{\partial x}\right)\\
H_x &= \frac{-\mathrm{j}}{k_c^2}\left(\beta\frac{\partial H_z}{\partial x}-\omega\varepsilon\frac{\partial E_z}{\partial y}\right)\\
H_y &= \frac{-\mathrm{j}}{k_c^2}\left(\beta\frac{\partial H_z}{\partial y}+\omega\varepsilon\frac{\partial E_z}{\partial x}\right)
\end{aligned}
\tag{7-2-3}
$$

式中，$k_c^2 = k^2-\beta^2$，$k=\omega\sqrt{\mu\varepsilon}$。

式(7-2-3)表明：规则导行系统中，导波场的横向分量可由纵向分量完全确定。可以根据纵向场分量 E_z、H_z 是否为 0，对波导中的波进行划分：

① TM 波即恒磁波，即磁场的 z 分量 $H_z=0$，但 $E_z\neq 0$ 的导波；

② TE 波即恒电波，即电场的 z 分量 $E_z=0$，但 $H_z\neq 0$ 的导波；

③ TEM 波即恒电磁波，即 $E_z=0$ 同时 $H_z=0$ 的导波。

2. 导波的传输特性

定义导行系统中某导模无衰减所能传播的最大波长为该导模的截止波长，用 λ_c 表示；导行系统中某导模无衰减所能传播的最低频率为该导模的截止频率，用 f_c 表示，由式

$$\beta=\sqrt{k^2-k_c^2}=k\sqrt{1-(k_c/k)^2}$$

可以看出，当 $k^2<k_c^2$ 时，β 为虚数，则相应的导模只有衰减，不能传播；当 $k^2>k_c^2$ 时，β 为实数，则相应的导模可以传播；当 $k^2=k_c^2$ 时，相应的 $\beta=0$，此时导模被截止，相应的截止频率为：

$$f_c=\frac{k_c}{2\pi\sqrt{\mu\varepsilon}} \tag{7-2-4}$$

截止波长为：

$$\lambda_c=\frac{2\pi}{k_c} \tag{7-2-5}$$

故导波的传输条件为：

$$\lambda<\lambda_c \text{ 或 } f>f_c \tag{7-2-6}$$

7.3 矩形波导

矩形波导即截面为矩形的金属波导，如图 7-5 所示，波导内壁尺寸 $a\times b(a>b)$，波导内填充介电参数为 ε、μ 的理想媒质。

1. 波动方程

在均匀无耗媒质的无源区域，即 $\sigma=0$、$\boldsymbol{J}=0$、$\rho=0$ 的区域，麦克斯韦方程写为：

$$\nabla\times\boldsymbol{H}=\varepsilon\frac{\partial\boldsymbol{E}}{\partial t}$$
$$\nabla\times\boldsymbol{E}=-\mu\frac{\partial\boldsymbol{H}}{\partial t}\qquad(7\text{-}3\text{-}1)$$
$$\nabla\cdot\boldsymbol{H}=0$$
$$\nabla\cdot\boldsymbol{E}=0$$

对$\nabla\times\boldsymbol{E}=-\mu\frac{\partial\boldsymbol{H}}{\partial t}$两边做叉积，可得：

$$\nabla\times(\nabla\times\boldsymbol{E})=-\mu\frac{\partial}{\partial t}(\nabla\times\boldsymbol{H})$$

利用矢量恒等式：

$$\nabla\times\nabla\times\boldsymbol{E}=\nabla(\nabla\cdot\boldsymbol{E})-\nabla^2\boldsymbol{E}$$

可得场复数形式无源区波动方程即亥姆霍兹方程：

$$\nabla^2\boldsymbol{E}+k^2\boldsymbol{E}=0\qquad(7\text{-}3\text{-}2)$$

式中，$k=\omega\sqrt{\mu\varepsilon}$。

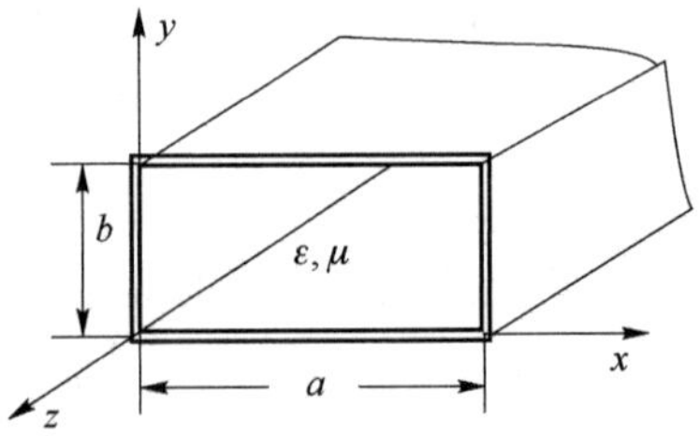

图 7-5 矩形波导

对于无耗波导，沿正 z 方向传播的电磁波可写成横向场 $E_t(x,y,z)$ 与纵向场 $E_z(x,y,z)$ 的叠加：

$$\boldsymbol{E}(x,y,z)=\overline{E}_t(x,y,z)+\boldsymbol{e}_zE_z(x,y,z)=\overline{E}_{0t}(x,y)\mathrm{e}^{-\mathrm{j}\beta z}+\boldsymbol{e}_zE_{0z}(x,y)\mathrm{e}^{-\mathrm{j}\beta z}$$
$$\boldsymbol{H}(x,y,z)=\overline{H}_x(x,y,z)+\boldsymbol{e}_zH_z(x,y,z)=\overline{H}_{0t}(x,y)\mathrm{e}^{-\mathrm{j}\beta z}+\boldsymbol{e}_zH_{0z}(x,y)\mathrm{e}^{-\mathrm{j}\beta z}\qquad(7\text{-}3\text{-}3)$$

其中横向场量 $\overline{E}_{0t}(x,y)$、$\overline{H}_{0t}(x,y)$ 只随横向坐标(x,y)变化。

将波动方程(7-3-2)应用于正 z 方向传播的波导系统，有：

$$\nabla^2\boldsymbol{E}+k^2\boldsymbol{E}=\frac{\partial^2\boldsymbol{E}}{\partial x^2}+\frac{\partial^2\boldsymbol{E}}{\partial y^2}+\frac{\partial^2\boldsymbol{E}}{\partial z^2}+k^2\boldsymbol{E}=\nabla_t^2\boldsymbol{E}+\frac{\partial^2\boldsymbol{E}}{\partial z^2}+k^2\boldsymbol{E}$$
$$=\nabla_t^2\boldsymbol{E}+(k^2-\beta^2)\boldsymbol{E}=0$$
$$k=\omega\sqrt{\mu\varepsilon}=2\pi/\lambda$$

引入：

$$k_c^2=k^2-\beta^2$$

则波导中的电场满足：

$$\nabla_t^2\boldsymbol{E}+k_c^2\boldsymbol{E}=0\qquad(7\text{-}3\text{-}4)$$

直角坐标系中，该式可写成 3 个坐标方向的标量方程。

导行波的纵向场分量满足二维亥姆霍兹方程：

$$\begin{aligned}\nabla_t^2 E_x + k_c^2 E_x = 0 \\ \nabla_t^2 E_y + k_c^2 E_y = 0 \\ \nabla_t^2 E_z + k_c^2 E_z = 0\end{aligned} \tag{7-3-5}$$

同理可得，关于磁场满足方程：

$$\nabla_t^2 H_z + k_c^2 H_z = 0 \tag{7-3-6}$$

下面求解关于 E_z、H_z 的方程，有：

$$E_z(x,y,z)=E_{0z}(x,y)\mathrm{e}^{-\mathrm{j}\beta z} \qquad H_z(x,y,z)=H_{0z}(x,y)\mathrm{e}^{-\mathrm{j}\beta z}$$

本征值方程为：

$$\frac{\partial^2 E_{0z}}{\partial x^2}+\frac{\partial^2 E_{0z}}{\partial y^2}+k_c^2 E_{0z}=0$$

$$\frac{\partial^2 H_{0z}}{\partial x^2}+\frac{\partial^2 H_{0z}}{\partial y^2}+k_c^2 H_{0z}=0$$

下面分别讨论这两种情况。

(1) TE 模

对于 TE 模：

$$E_z=0 \qquad H_z\neq 0$$

对于 $H_{0z}(x,y)$ 应用分离变量法求解：

$$H_{0z}(x,y)=X(x)Y(y)$$

代入本征值方程：

$$\frac{1}{X(x)}\frac{\mathrm{d}^2 X(x)}{\mathrm{d}x^2}+\frac{1}{Y(y)}\frac{\mathrm{d}^2 Y(y)}{\mathrm{d}y^2}+k_c^2=0$$

则上式每一项必等于常数，定义分离变数为 k_x 和 k_y，得：

$$\frac{\mathrm{d}^2 X(x)}{\mathrm{d}x^2}+k_x^2 X(x)=0$$

$$\frac{\mathrm{d}^2 Y(y)}{\mathrm{d}y^2}+k_y^2 Y(y)=0$$

式中：

$$k_x^2+k_y^2=k_c^2$$

则可得到通解：

$$H_{0z}(x,y)=[A_1\cos(k_x x)+A_2\sin(k_x x)][B_1\cos(k_y y)+B_2\sin(k_y y)]$$

则由纵横关系式可得电场：

$$E_{0x}(x,y)=\frac{-\mathrm{j}\omega\mu k_y}{k_c^2}[A_1\cos(k_x x)+A_2\sin(k_x x)][-B_1\sin(k_y y)+B_2\cos(k_y y)]$$

$$E_{0y}(x,y)=\frac{-\mathrm{j}\omega\mu k_x}{k_c^2}[-A_1\sin(k_x x)+A_2\cos(k_x x)][B_1\cos(k_y y)+B_2\sin(k_y y)]$$

边界条件为：

$$E_{0x}(x,y)=0, y=0,b$$

$$E_{0y}(x,y)=0, x=0,a$$

代入边界条件，可得：

$$A_2=0 \qquad k_y=\frac{n\pi}{b}, n=0,1,2,\cdots$$

$$B_2=0 \qquad k_x=\frac{m\pi}{a}, m=0,1,2,\cdots$$

则纵向场为：

$$H_z(x,y,z)=\sum_{m=0}^{\infty}\sum_{n=0}^{\infty}H_{mn}\cos\frac{m\pi x}{a}\cos\frac{n\pi y}{b}e^{-j\beta z}$$

代入横纵场量关系得：

$$E_x=\sum_{m=0}^{\infty}\sum_{n=0}^{\infty}\frac{j\omega\mu}{k_c^2}\frac{n\pi}{b}H_{mn}\cos\frac{m\pi x}{a}\sin\frac{n\pi y}{b}e^{j(\omega t-\beta z)}$$

$$E_y=\sum_{m=0}^{\infty}\sum_{n=0}^{\infty}\frac{-j\omega\mu}{k_c^2}\frac{m\pi}{a}H_{mn}\sin\frac{m\pi x}{a}\cos\frac{n\pi y}{b}e^{j(\omega t-\beta z)}$$

$$E_z=0$$

$$H_x=\sum_{m=0}^{\infty}\sum_{n=0}^{\infty}\frac{j\beta}{k_c^2}\frac{m\pi}{a}H_{mn}\sin\frac{m\pi x}{a}\cos\frac{n\pi y}{b}e^{j(\omega t-\beta z)}$$

$$H_y=\sum_{m=0}^{\infty}\sum_{n=0}^{\infty}\frac{j\beta}{k_c^2}\frac{n\pi}{b}H_{mn}\cos\frac{m\pi x}{a}\sin\frac{n\pi y}{b}e^{j(\omega t-\beta z)}$$

$$H_z=\sum_{m=0}^{\infty}\sum_{n=0}^{\infty}H_{mn}\cos\frac{m\pi x}{a}\cos\frac{n\pi y}{b}e^{j(\omega t-\beta z)}$$

式中：

$$k_c^2=k_x^2+k_y^2=\left(\frac{m\pi}{a}\right)^2+\left(\frac{n\pi}{b}\right)^2$$

TE 波中，当 $m=0$ 且 $n=0$ 时，H_z 恒定，其余场不存在，故 m、n 不能同时取 0。

(2) TM 模

对于 TM 模：

$$E_z\neq 0 \qquad H_z=0$$

应用分离变量法，可得到通解：

$$E_{0z}(x,y)=[A_1\cos(k_x x)+A_2\sin(k_x x)][B_1\cos(k_y y)+B_2\sin(k_y y)]$$

其边界条件为：

$$E_{0z}(x,y)=0, y=0,b$$

$$E_{0z}(x,y)=0, x=0,a$$

代入边界条件，可得：

$$A_1=0 \qquad k_x=\frac{m\pi}{a}, m=0,1,2,\cdots$$

$$B_1=0 \qquad k_y=\frac{n\pi}{b}, n=0,1,2,\cdots$$

则纵向场为：

$$E_z(x,y,z)=\sum_{m=0}^{\infty}\sum_{n=0}^{\infty}E_{mn}\sin\frac{m\pi x}{a}\sin\frac{n\pi y}{b}e^{-j\beta z}$$

代入横纵场量关系得：

$$E_x=\sum_{m=1}^{\infty}\sum_{n=1}^{\infty}\frac{-j\beta}{k_c^2}\frac{m\pi}{a}E_{mn}\cos\frac{m\pi x}{a}\sin\frac{n\pi y}{b}e^{j(\omega t-\beta z)}$$

$$E_y=\sum_{m=1}^{\infty}\sum_{n=1}^{\infty}\frac{j\beta}{k_c^2}\frac{n\pi}{b}E_{mn}\sin\frac{m\pi x}{a}\cos\frac{n\pi y}{b}e^{j(\omega t-\beta z)}$$

$$E_z=\sum_{m=1}^{\infty}\sum_{n=1}^{\infty}E_{mn}\sin\frac{m\pi x}{a}\sin\frac{n\pi y}{b}e^{j(\omega t-\beta z)}$$

$$H_x=\sum_{m=1}^{\infty}\sum_{n=1}^{\infty}\frac{j\omega\varepsilon}{k_c^2}\frac{n\pi}{b}E_{mn}\sin\frac{m\pi x}{a}\cos\frac{n\pi y}{b}e^{j(\omega t-\beta z)}$$

$$H_y=\sum_{m=1}^{\infty}\sum_{n=1}^{\infty}\frac{j\omega\varepsilon}{k_c^2}\frac{m\pi}{a}E_{mn}\cos\frac{m\pi x}{a}\sin\frac{n\pi y}{b}e^{j(\omega t-\beta z)}$$

$$H_z=0$$

式中：

$$k_c^2=k_x^2+k_y^2=\left(\frac{m\pi}{a}\right)^2+\left(\frac{n\pi}{b}\right)^2$$

TM 波中 m、n 均不能取 0，否则 $E_z=0$。

由场解可知，矩形波导中可能存在的电磁场有无限多个(解)，即 TE_{mn} 和 TM_{mn} 模式，或将此称为“波型”。一般来说，不同的模式具有不同的特性参量。但实际场解中有些不同模式具有相同的特性参量，这种情况称为“简并”。

2. 矩形波导的传输特性

(1) 导模的传输与截止

其传播常数为：

$$\beta=\sqrt{k^2-k_c^2}=\sqrt{k^2-\left(\frac{m\pi}{a}\right)^2-\left(\frac{n\pi}{b}\right)^2}$$

对于传输模式，β 应为实数，即 $k>k_c$；截止时，$\beta=0$，此时 $k=k_c$，则可得截止频率为：

$$f_c=\frac{v}{\lambda_c}=\frac{k_c}{2\pi\sqrt{\mu\varepsilon}}=\frac{1}{2\pi\sqrt{\mu\varepsilon}}\sqrt{\left(\frac{m\pi}{a}\right)^2+\left(\frac{n\pi}{b}\right)^2}$$

$$=\frac{1}{2\sqrt{\mu\varepsilon}}\sqrt{\left(\frac{m}{a}\right)^2+\left(\frac{n}{b}\right)^2}$$

相应的截止波长为：

$$\lambda_c=\frac{2\pi}{k_c}=\frac{v}{f_c}=\frac{2}{\sqrt{(m/a)^2+(n/b)^2}}$$

λ_c 只与模式和波导尺寸有关。

- 导模的传输条件：$\lambda<\lambda_c$ 或 $f>f_c$。
- 导模的截止：$\lambda>\lambda_c$ 或 $f<f_c$。
- “简并”模式：不同的模式具有相同的截止频率(波长)等特性参量的现象称为“简

并”。相同波型指数 m 和 n 的 TE_{mn} 和 TM_{mn} 模的 $\lambda_c(f_c)$ 相同，故相对应的 TE 和 TM 模式为简并模，但由于 TM 模无 TM_{01} 和 TM_{10} 模，故 TE_{10} 和 TE_{01} 模无简并模。

- 主模 TE_{10} 模：导行系统中截止波长最长的导模称为该导模的主模，或称基模、最低型模，其他的称为高次模。矩形波导中主模为 TE_{10} 模：

$$f_{cTE_{10}}=\frac{1}{2a\sqrt{\mu\varepsilon}}$$

$$\lambda_{cTE_{10}}=2a$$

传输单一模式（主模）的波导称为单模波导。允许主模和一个或多个高次模同时传输称为多模传输，能同时维持多个模传输的波导称为多模波导。

（2）相速度和群速度

矩形波导导模的相速度为：

$$v_p=\frac{\omega}{\beta}=\frac{v}{\sqrt{1-(\lambda/\lambda_c)^2}}$$

主模 TE_{10} 的相速：

$$v_{pTE_{10}}=\frac{v}{\sqrt{1-(\lambda/2a)^2}}$$

矩形波导导模的群速度为：

$$v_g=\frac{d\omega}{d\beta}=v\sqrt{1-\left(\frac{\lambda}{\lambda_c}\right)^2}$$

主模 TE_{10} 的群速：

$$v_{pTE_{10}}=v\sqrt{1-\left(\frac{\lambda}{2a}\right)^2}$$

显然：

$$v_p\cdot v_g=v^2$$

（3）波导波长

矩形波导导模的波导波长：

$$\lambda_g=\frac{2\pi}{\beta}=\frac{\lambda}{\sqrt{1-(\lambda/\lambda_c)^2}}$$

主模 TE_{10} 模的波导波长：

$$\lambda_{gTE_{10}}=\frac{\lambda}{\sqrt{1-(\lambda/2a)^2}}$$

（4）波阻抗

矩形波导 TE 导模的波阻抗：

$$Z_{TE}=\frac{E_u}{H_v}=\frac{\omega\mu}{\beta}=\sqrt{\frac{\mu}{\varepsilon}}\frac{k}{\beta}=\frac{\eta}{\sqrt{1-(\lambda/\lambda_c)^2}}$$

主模 TE_{10} 模的波阻抗：

$$Z_{TE}=\frac{\eta}{\sqrt{1-(\lambda/2a)^2}}$$

矩形波导 TM 导模的波阻抗：

$$Z_{TM}=\frac{E_u}{H_v}=\frac{\beta}{\omega\varepsilon}=\sqrt{\frac{\mu}{\varepsilon}}\frac{\beta}{k}=\eta\sqrt{1-\left(\frac{\lambda}{\lambda_c}\right)^2}$$

例 7-1 求 X 波段空气铜制矩形波导 BJ-100($a=2.286$ cm,$b=1.016$ cm)的前四个导模的截止频率,以及工作频率为 10 GHz 时该波导能传输几种模式。

解:截止频率的公式为

$$f_c=\frac{c}{2\pi}\sqrt{\left(\frac{m}{a}\right)^2+\left(\frac{n}{b}\right)^2}$$

则 TE_{10}模的 $f_{c10}=6.562$ GHz,TE_{20}模的 $f_{c20}=13.123$ GHz,TE_{01}模的 $f_{c01}=14.764$ GHz,TE_{11}和 TM_{11}模的 $f_{c10}=16.156$ GHz,TE_{21}和 TM_{21}模的 $f_{c10}=19.753$ GHz,TE_{12}和 TM_{12}模的 $f_{c10}=30.248$ GHz。可见前 4 个导模是 TE_{10}、TE_{20}、TE_{01}、TE_{11}。

当 $f_0=10$ GHz 时,$\lambda_c=3$ cm,此时该波导只能传输 TE_{10}模。

7.4 传输线理论

传输线理论研究的方向有:①横向,传输线截面内电场、磁场的结构及模式可通过求解电磁场的边值问题来解决;②纵向,即传输线轴向波的传播特性可通过分析终端负载与传输线的匹配度来解决。

7.4.1 均匀传输线的电路模型

传输线的纵向问题可以用场的方法分析,即解已知边界的波动方程,得出电场、磁场随时空的变化规律;也可以用路的方法分析,即根据传输线的等效分布参数解回路方程,得出电压(对应电场)、电流(对应磁场)随时空的变化规律。故场与路是分析问题的两种方法,本节讨论使用路的方法分析传输线的纵向问题。

传输线的电长度 d 为:传输线的几何长度 l 与其传输的电磁波波长 λ 的比值:

$$d=l/\lambda \tag{7-4-1}$$

电长度 $d>0.05$ 的传输线称为长线。

在微波波段,长线导体上存在的损耗电阻 R、电感 L,导体间存在的电导 G 和电容 C 均不能被忽略,而且这些参数分布在传输线上的每一点,故称之为分布参数。

当传输线的材料、结构、尺寸、填充的介质等沿纵向不改变时称为均匀传输线。均匀传输线单位长度上的分布电阻为 R_l、分布电导为 G_l、分布电容为 C_l、分布电感为 L_l。

对于传输线上的线元 Δz,可认为是一集总参数的电路,其集总电阻、电感、电导、电容分别为 $R_l\Delta z$、$L_l\Delta z$、$G_l\Delta z$、$C_l\Delta z$,如图 7-6 所示。

均匀传输线上电压、电流的相互关系称为传输线方程。

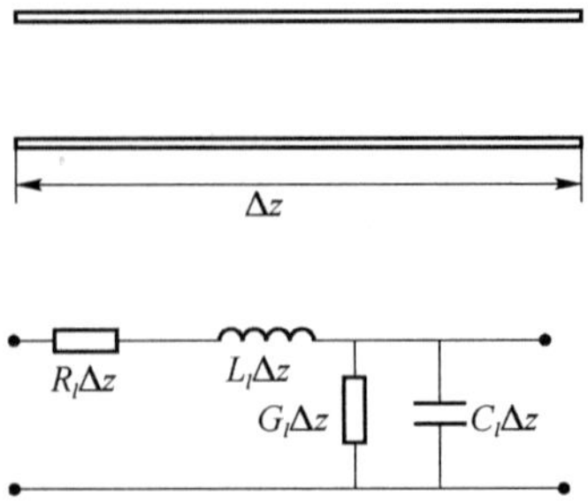

图 7-6 线元的等效电路

如图 7-7 所示，均匀传输线上线元两端的电压差、电流差分别为：

$$v(z+\Delta z,t)-v(z,t)=\frac{\partial v(z,t)}{\partial z}\Delta z$$

$$i(z+\Delta z,t)-i(z,t)=\frac{\partial i(z,t)}{\partial z}\Delta z$$

应用基尔霍夫定律$\left(L\text{ 上}:v=L\dfrac{\mathrm{d}i}{\mathrm{d}t},C\text{ 上}:i=C\dfrac{\mathrm{d}v}{\mathrm{d}t}\right)$：

$$-\frac{\partial v(z,t)}{\partial z}\Delta z=R_l\Delta z\cdot i(z,t)+L_l\Delta z\cdot\frac{\partial i(z,t)}{\partial t}$$

$$-\frac{\partial i(z,t)}{\partial z}\Delta z=G_l\Delta z\cdot v(z,t)+C_l\Delta z\cdot\frac{\partial v(z,t)}{\partial t}$$

上式两端除以 Δz，并令 $\Delta z\to 0$，可得均匀传输线方程：

$$\begin{aligned}\frac{\partial v(z,t)}{\partial z}&=-R_l i(z,t)-L_l\frac{\partial i(z,t)}{\partial t}\\ \frac{\partial i(z,t)}{\partial z}&=-G_l v(z,t)-C_l\frac{\partial v(z,t)}{\partial t}\end{aligned}\tag{7-4-2}$$

可见均匀传输线方程是两个偏微分方程，式中 $v(z,t)$和 $i(z,t)$是时空变量。

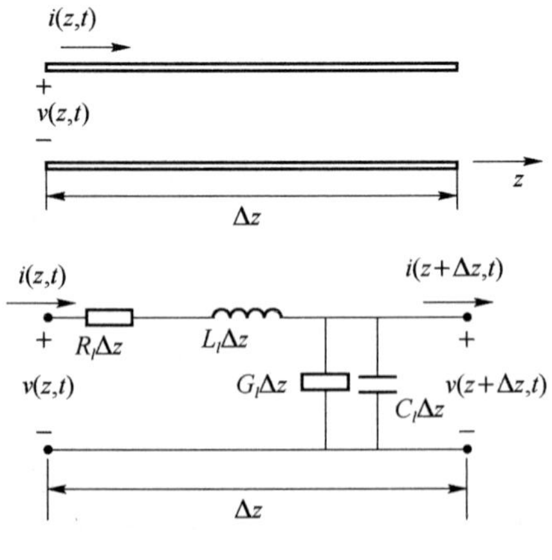

图 7-7 线元两端的电压、电流

当电压和电流随时间时谐变化时，有：

$$v(z,t)=\mathrm{Re}[V(z)\mathrm{e}^{\mathrm{j}\omega t}]$$

$$i(z,t)=\mathrm{Re}[I(z)\mathrm{e}^{\mathrm{j}\omega t}]$$

式中 $V(z)$ 和 $I(z)$ 分别为传输线上 z 处电压和电流的复数形式。代入式(7-4-2)中,即可得复数形式的均匀传输线方程:

$$\begin{aligned}\frac{\mathrm{d}V(z)}{\mathrm{d}z}&=-(R_l+\mathrm{j}\omega L_l)I(z)=-Z_l I(z)\\ \frac{\mathrm{d}I(z)}{\mathrm{d}z}&=-(G_l+\mathrm{j}\omega C_l)V(z)=-Y_l V(z)\end{aligned} \tag{7-4-3}$$

式中 $Z_l=R_l+\mathrm{j}\omega L_l$、$Y_l=G_l+\mathrm{j}\omega C_l$ 是传输线单位长度的串联阻抗、并联导纳。对方程再进行微分,并相互代入:

$$\frac{\mathrm{d}^2V(z)}{\mathrm{d}z^2}-Z_lY_lV(z)=0$$

$$\frac{\mathrm{d}^2I(z)}{\mathrm{d}z^2}-Z_lY_lI(z)=0$$

引入电压传播常数:

$$\gamma=\sqrt{Z_lY_l}=\sqrt{(R_l+\mathrm{j}\omega L_l)(G_l+\mathrm{j}\omega C_l)}$$

则均匀传输线方程可变为:

$$\begin{aligned}\frac{\mathrm{d}^2V(z)}{\mathrm{d}z^2}-\gamma^2V(z)=0\\ \frac{\mathrm{d}^2I(z)}{\mathrm{d}z^2}-\gamma^2I(z)=0\end{aligned} \tag{7-4-4}$$

电压的通解为:

$$V(z)=A_1\mathrm{e}^{-\gamma z}+A_2\mathrm{e}^{\gamma z} \tag{7-4-5}$$

式(7-4-5)中的两项分项分别代表向 $+z$ 方向和 $-z$ 方向传播的电磁波,$+z$ 方向的为入射波,$-z$ 方向的为反射波。电流的通解为:

$$I(z)=-\frac{1}{R_l+\mathrm{j}\omega L_l}\frac{\mathrm{d}V(z)}{\mathrm{d}z}=\frac{1}{Z_0}(A_1\mathrm{e}^{-\gamma z}-A_2\mathrm{e}^{\gamma z}) \tag{7-4-6}$$

式中:

$$Z_0=\sqrt{\frac{R_l+\mathrm{j}\omega L_l}{G_l+\mathrm{j}\omega C_l}} \tag{7-4-7}$$

Z_0 为传输线的特性阻抗。

积分常数 A_1、A_2 由传输线的边界条件来确定,如图 7-8 所示,已知终端电压 V_L 和电流 I_L,即终端边界条件:

$$V(l)=V_L \qquad I(l)=I_L \tag{7-4-8}$$

将上式代入通解:

$$V_L=A_1\mathrm{e}^{-\gamma l}+A_2\mathrm{e}^{\gamma l}$$

$$I_L=\frac{1}{Z_0}(A_1\mathrm{e}^{-\gamma l}-A_2\mathrm{e}^{\gamma l})$$

得:

$$A_1=\frac{V_L+Z_0I_L}{2}\mathrm{e}^{\gamma l} \qquad A_2=\frac{V_L-Z_0I_L}{2}\mathrm{e}^{-\gamma l}$$

代入式(7-4-5)、式(7-4-6)中：

$$V(z)=\frac{V_L+Z_0I_L}{2}e^{\gamma(l-z)}+\frac{V_L-Z_0I_L}{2}e^{-\gamma(l-z)}$$

$$I(z)=\frac{V_L+Z_0I_L}{2Z_0}e^{\gamma(l-z)}-\frac{V_L-Z_0I_L}{2Z_0}e^{-\gamma(l-z)}$$

令 $d=l-z$，d 为由终点算起的坐标，则均匀传输线上任一点：

$$V(d)=\frac{V_L+Z_0I_L}{2}e^{\gamma d}+\frac{V_L-Z_0I_L}{2}e^{-\gamma d}$$

$$I(d)=\frac{V_L+Z_0I_L}{2Z_0}e^{\gamma d}-\frac{V_L-Z_0I_L}{2Z_0}e^{-\gamma d} \tag{7-4-9}$$

$e^{-\gamma z}$、$e^{\gamma z}$ 分别表示向 $+z$ 和 $-z$ 方向传播的波。写成双曲函数：

$$V(d)=V_L\cosh(\gamma d)+Z_0I_L\sinh(\gamma d)$$

$$I(d)=\frac{V_L}{Z_0}\sinh(\gamma d)+I_L\cosh(\gamma d) \tag{7-4-10}$$

此为终端边界已知后均匀传输线的特解。

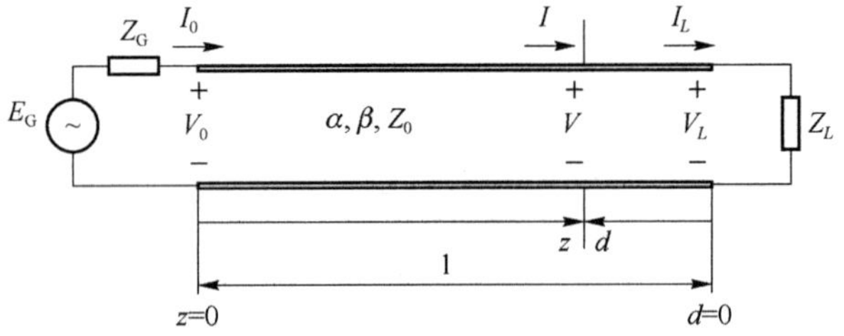

图 7-8 均匀传输线终端边界条件

7.4.2 分布参数

1. 输入阻抗

传输线上任一点的输入阻抗 Z_{in} 定义为该点的电压与电流之比，由式(7-4-9)可得：

$$Z_{in}(d)=\frac{V(d)}{I(d)}=\frac{V_L\cosh(\gamma d)+I_LZ_0\sinh(\gamma d)}{\frac{V_L}{Z_0}\sinh(\gamma d)+I_L\cosh(\gamma d)}=Z_0\frac{Z_L+Z_0\tanh(\gamma d)}{Z_0+Z_L\tanh(\gamma d)} \tag{7-4-11}$$

对于无耗传输线：

$$\alpha=0 \qquad \gamma=j\beta \qquad \tanh(\gamma d)=\tanh(j\beta d)=j\tan(\beta d)$$

则：

$$Z_{in}(d)=Z_0\frac{Z_L+jZ_0\tan(\beta d)}{Z_0+jZ_L\tan(\beta d)} \tag{7-4-12}$$

由上式可见，d 点的输入阻抗与该点的位置和负载阻抗 Z_L 有关。

① Z_{in} 随 d 而变，分布于沿线各点，与 Z_L 有关，是分布参数阻抗。

② 传输线段具有阻抗变换作用，Z_L 经 d 的距离变为 Z_{in}。

③ 无耗线的阻抗呈周期性变化，具有 $\frac{\lambda}{4}$ 的变换性和 $\frac{\lambda}{2}$ 的重复性。

当 $d=\frac{\lambda}{2}n$ 时：

$$\beta d=\beta\frac{n\lambda}{2}=\frac{2\pi}{\lambda}\cdot\frac{\nu\lambda}{2}=n\pi \qquad Z_{in}=Z_L$$

当 $d=\frac{\lambda}{4}n$ 时：

$$\beta d=\frac{n\pi}{2} \qquad Z_{in}=\frac{Z_0^2}{Z_L}$$

2. 反射参量

传输线上某点的电压反射系数 Γ 定义为：该点的反射波电压与该点的入射波电压之比：

$$\Gamma(d)=\frac{V^-(d)}{V^+(d)} \tag{7-4-13}$$

“＋”表示入射波，“－”表示反射波。将式(7-4-9)代入式(7-4-12)得：

$$\Gamma(d)=\frac{V_L-Z_0I_L}{V_L+Z_0I_L}e^{-2\gamma d}=\frac{Z_L-Z_0}{Z_L+Z_0}E^{-2\gamma d}=\Gamma_L e^{-2\gamma d}=|\Gamma_L|e^{j\varphi_L}e^{-2\gamma d} \tag{7-4-14}$$

式中终端反射系数：

$$\Gamma_L=\frac{Z_L-Z_0}{Z_L+Z_0}=|\Gamma_L|e^{j\varphi_L} \tag{7-4-15}$$

对于无耗线 $\gamma=j\beta$，式(7-4-13)可写成：

$$\Gamma(d)=|\Gamma_L|e^{j(\varphi_L-2\beta d)}$$

无耗线上不同点的反射系数大小不变，相位以 $-2\beta d$ 的角度沿等半径向信号源端变化，如图 7-9 所示。

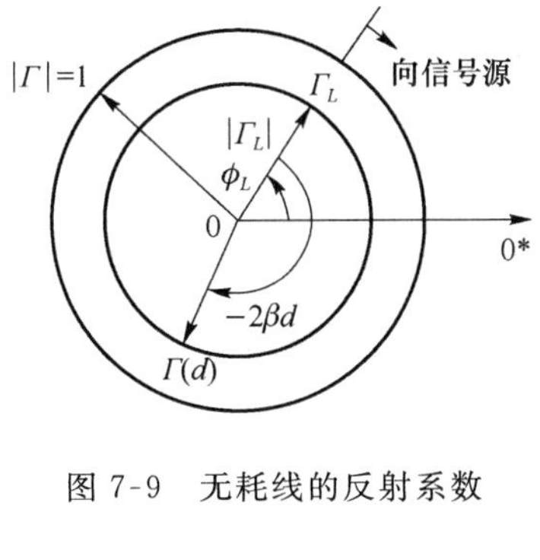

图 7-9 无耗线的反射系数

阻抗与反射系数的关系：

$$\begin{aligned}V(d)&=V^+(d)+V^-(d)=V^+(d)[1+\Gamma(d)]\\ I(d)&=I^+(d)+I^-(d)=I^+(d)[1-\Gamma(d)]\end{aligned} \tag{7-4-16}$$

则：

$$Z_{in}(d)=\frac{V^+(d)[1+\Gamma(d)]}{I^+(d)[1-\Gamma(d)]}=Z_0\frac{1+\Gamma(d)}{1-\Gamma(d)} \tag{7-4-17}$$

$$\Gamma(d)=\frac{Z_{in}(d)-Z_0}{Z_{in}(d)+Z_0} \tag{7-4-18}$$

当传输线的特性阻抗 Z_0 确定时，传输线上任一点的输入阻抗 $Z_{in}(d)$ 与该点的反射系数 $\Gamma(d)$ 相对应。对于归一化阻抗 z_{in} 有：

$$z_{in}=\frac{Z_{in}(d)}{Z_0}=\frac{1+\Gamma(d)}{1-\Gamma(d)} \tag{7-4-19}$$

3. 驻波参量

(1) 电压驻波比

驻波的波腹点——max；波谷(节)点——min。

传输线上电压的最大振幅值与最小振幅值之比定义为电压驻波比(Voltage Standing Wave Ratio，VSWR)，用 ρ 表示：

$$\rho(\text{VSWR})=\frac{|V|_{max}}{|V|_{min}} \tag{7-4-20}$$

(2) ρ 与 Γ 的关系

$$V(d)=V^+(d)[1+|\Gamma_L|e^{j(\varphi_L-2\beta d)}]$$
$$I(d)=I^+(d)[1-|\Gamma_L|e^{j(\varphi_L-2\beta d)}]$$

则其模：

$$|V(d)|=|V^+(d)|[1+|\Gamma_L|^2+2|\Gamma_L|\cos(\varphi_L-2\beta d)]^{1/2}$$
$$|I(d)|=|I^+(d)|[1+|\Gamma_L|^2-2|\Gamma_L|\cos(\varphi_L-2\beta d)]^{1/2}$$

则可得到电压最大、最小值：

$$\Phi_L=2\beta d,\ |V(d)|_{max}=|V^+(d)|[1+|\Gamma_L|]$$
$$\Phi_L=2\beta d+\pi,\ |I(d)|_{max}=|I^+(d)|[1+|\Gamma_L|]$$
$$\Phi_L=2\beta d+\pi,\ |V(d)|_{min}=|V^+(d)|[1-|\Gamma_L|]$$
$$\Phi_L=2\beta d,\ |I(d)|_{min}=|I^+(d)|[1-|\Gamma_L|]$$

注意：在 V_{max} 点上有 I_{min}，而在 V_{min} 点上有 I_{max}。可得：

$$\rho=\frac{1+|\Gamma_L|}{1-|\Gamma_L|} \tag{7-4-21}$$

或者

$$|\Gamma_L|=\frac{\rho-1}{\rho+1} \tag{7-4-22}$$

习　题

7-1　特性阻抗 $Z_0=100\ \Omega$ 的传输线上，终端负载阻抗 $Z_L=50\ \Omega$，终端负载电压 $V_L=3\ \text{V}$，求距离负载 $\frac{\lambda}{4}$ 处的输入端的阻抗 Z_{in}，输入端的电压大小 $|V_{in}|$ 及输入端的反射系数 Γ_{in}。

7-2　如图 7-10 所示，特性阻抗为 50 Ω，测得其驻波比 $\rho=2.5$，并在距离终端 0.4λ 处测得其 $|V_{max}|=100\ \text{V}$，求负载阻抗、输入端的输入阻抗和反射系数，画出线上电压振幅分布。

7-3　特性阻抗为 50 Ω 的无耗线，终端接 $Z_L=200+j100\ \Omega$ 的负载，终端距离 A 点的

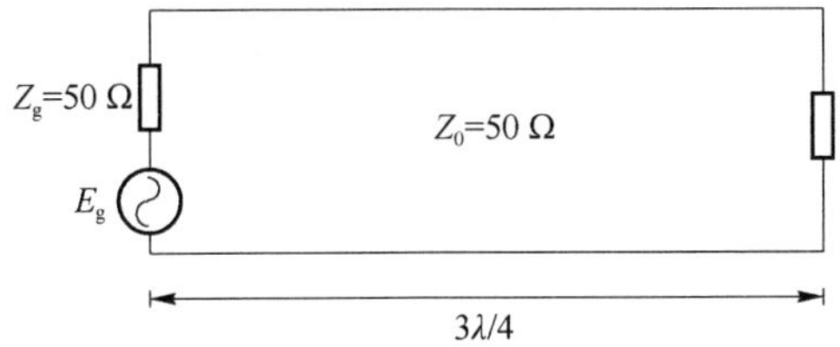

图 7-10 长线

传输线长度为 1.25λ，求沿线由终端到 A 点的电压最大点和电压最小点的位置分布。

7-4 有毫米波波导（$a\times b$=7.112 mm×3.556 mm）。利用它传输频率为 50 GHz 的信号，在波导中可能存在哪些模式？其中有无简并现象？这些模式中哪个为传输主模？

7-5 采用 BJ-100 波导（2.286 cm×1.016 cm）作馈线：①当工作波长为 2 cm、4 cm 时，波导中可能存在哪些模？②为保证只传输主模，其波长范围和频率范围应为多少？

第 8 章　电磁辐射

时变电荷和电流量是产生电磁波辐射的源，用电磁学的术语来说，波起源于时变电荷和电流。然而，为了能形成有效的辐射，该电荷和电流必须按特殊的方式分布。天线就是设计成以某种规定方式分布，并形成有效辐射的能量转换设备。因此，天线被称为产生电磁波辐射的波源。该源所辐射的场强、场强的空间分布，以及辐射出功率的大小和能量转换的效率等都是我们所关心的问题。

天线辐射问题是个具有复杂边界的电磁场的边值问题，严格求解相当困难。因为即使假定天线的结构很简单，若要由给定的激励去精确求出该天线上的电荷和电流分布也仍然是个极其复杂的问题。因此，实际上只能采用近似方法求解。天线可分为无限多个基本元，其上有电流或磁流。每个基本元上的电流或磁流的振幅、相位和方向均相同。但各个元上的相应参数是不同的。如掌握了每个基本元的辐射特性，则可根据电流或磁流的振幅、相位和方向在空间的分布，得出各类天线的辐射特性。

8.1　时变场的位函数

8.1.1　时变场位与场的关系

时变场的情况同静磁场一样，也定义矢量磁位 $\boldsymbol{A}$ 为：

$$\boldsymbol{B}=\nabla\times\boldsymbol{A}$$

则 $\nabla\cdot\boldsymbol{B}=\nabla\cdot\nabla\times\boldsymbol{A}=0$ 仍然满足 maxwell 方程，这表明 $\boldsymbol{B}=\nabla\times\boldsymbol{A}$ 对时变场仍然成立。

但标量电位的定义不同于静电场，由于时变电场的旋度不等于零，所以不能直接定义。但有：

$$\nabla\times\boldsymbol{E}=-\frac{\partial\boldsymbol{B}}{\partial t}=-\frac{\partial}{\partial t}(\nabla\times\boldsymbol{A})=-\nabla\times\frac{\partial\boldsymbol{A}}{\partial t}$$

可得：

$$\nabla\times\left(\boldsymbol{E}+\frac{\partial\boldsymbol{A}}{\partial t}\right)=0$$

我们可以令：

$$\left(\boldsymbol{E}+\frac{\partial\boldsymbol{A}}{\partial t}\right)=-\nabla\varphi$$

上面就是标量电位的定义。由上式可得时变电场标量电位的关系：

$$\boldsymbol{E}=-\nabla\varphi-\frac{\partial\boldsymbol{A}}{\partial t}\tag{8-1-1}$$

这样我们就实现了用位函数表示时变电磁场量的目的。

8.1.2 位函数的波动方程

1. 矢量位的波动方程

$$\nabla\times\nabla\times\boldsymbol{A}=\nabla\times\boldsymbol{B}=\mu\boldsymbol{J}+\mu\varepsilon\frac{\partial\boldsymbol{E}}{\partial t}$$

$$=\mu\boldsymbol{J}+\mu\varepsilon\frac{\partial}{\partial t}\left(-\nabla\varphi-\frac{\partial\boldsymbol{A}}{\partial t}\right)$$

$$=\mu\boldsymbol{J}-\mu\varepsilon\nabla\frac{\partial\varphi}{\partial t}-\mu\varepsilon\frac{\partial^2\boldsymbol{A}}{\partial t^2}$$

根据恒等式：

$$\nabla\times\nabla\times\boldsymbol{A}=\nabla(\nabla\cdot\boldsymbol{A})-\nabla^2\boldsymbol{A}$$

上式可写成：

$$\nabla^2\boldsymbol{A}-\mu\varepsilon\frac{\partial^2\boldsymbol{A}}{\partial t^2}=-\mu\boldsymbol{J}+\nabla\left(\nabla\cdot\boldsymbol{A}+\mu\varepsilon\frac{\partial\varphi}{\partial t}\right)$$

由于矢量位 $\boldsymbol{A}$ 的散度尚待规定，从简化角度，我们可以令：

$$\nabla\cdot\boldsymbol{A}+\mu\varepsilon\frac{\partial\varphi}{\partial t}=0$$

这就是洛仑兹规范。由此可得矢量位的波动方程：

$$\nabla^2\boldsymbol{A}-\mu\varepsilon\frac{\partial^2\boldsymbol{A}}{\partial t^2}=-\mu\boldsymbol{J}$$

2. 标量位的波动方程

$$\nabla\cdot\boldsymbol{E}=-\nabla\cdot\left(\nabla\varphi+\frac{\partial\boldsymbol{A}}{\partial t}\right)=-\left(\nabla^2\varphi+\nabla\cdot\frac{\partial\boldsymbol{A}}{\partial t}\right)$$

$$=-\left(\nabla^2\varphi+\frac{\partial}{\partial t}(\nabla\cdot\boldsymbol{A})\right)$$

$$=-\left(\nabla^2\varphi-\mu\varepsilon\frac{\partial^2\varphi}{\partial t^2}\right)$$

同时：

$$\nabla\cdot\boldsymbol{E}=-\frac{\rho}{\varepsilon}$$

故得标量位的波动方程：

$$\nabla^2\varphi-\mu\varepsilon\frac{\partial^2\varphi}{\partial t^2}=-\frac{\rho}{\varepsilon}$$

在无源区域，ρ 与 $\boldsymbol{J}$ 均为零，上述位函数的波动方程变为齐次波动方程，即：

$$\nabla^2\boldsymbol{A}-\mu\varepsilon\frac{\partial^2\boldsymbol{A}}{\partial t^2}=0$$

$$\nabla^2\varphi-\mu\varepsilon\frac{\partial^2\varphi}{\partial t^2}=0$$

8.1.3 时变场的滞后位

在静态场中，标量位：

$$\varphi(r)=\frac{1}{4\pi\varepsilon}\int_{V'}\frac{\rho(r)\mathrm{d}V'}{r}$$

矢量位：

$$\mathbf{A}(r)=\frac{\mu}{4\pi}\int_{V'}\frac{\boldsymbol{J}(r)\mathrm{d}V'}{r}$$

同理，在时变电磁场中，可由求解标量位和矢量位的波动方程：

$$\nabla^2\varphi-\mu\varepsilon\frac{\partial^2\varphi}{\partial t^2}=-\frac{\rho}{\varepsilon}$$

$$\nabla^2\mathbf{A}-\mu\varepsilon\frac{\partial^2\mathbf{A}}{\partial t^2}=-\mu\boldsymbol{J}$$

得到：

$$\varphi(r,t)=\frac{1}{4\pi\varepsilon}\int_{V'}\frac{\rho\left(t-\frac{r}{v}\right)}{r}\mathrm{d}V'$$

$$\mathbf{A}(r,t)=\frac{\mu}{4\pi}\int_{V'}\frac{\boldsymbol{J}\left(t-\frac{r}{v}\right)}{r}\mathrm{d}V'$$

由上式可以看出，空间的位是由 $t-\frac{r}{v}$ 时刻的电荷(流)密度值决定的，而不是由当时的电荷(流)密度决定的。即观察点的位变化滞后于源变化，滞后的时间 r/v 正好是源以速度 $v(v=1/\sqrt{\mu\varepsilon})$ 传播距离 r 所需的时间。

对于时谐场，有：

$$\varphi=\frac{1}{4\pi\varepsilon_0}\int_{V'}\frac{\rho(r)\mathrm{e}^{-\mathrm{j}kr}}{r}\mathrm{d}V'$$

$$\mathbf{A}=\frac{\mu_0}{4\pi}\int_{V'}\frac{\boldsymbol{J}(r)\mathrm{e}^{-\mathrm{j}kr}}{r}\mathrm{d}V' \tag{8-1-2}$$

两者之间的关系为洛伦兹条件：

$$\nabla\cdot\mathbf{A}=-\mu\varepsilon\frac{\partial\varphi}{\partial t}$$

式(8-1-2)表明，在已知源分布的情况下，就可求得磁矢位 **A** 和电标位 φ，然后再由式(8-1-1)可求得电场和磁场。

事实上，由于时谐场中 **A** 和 φ 之间的关系由洛仑兹条件 $\nabla\cdot\mathbf{A}=-\mathrm{j}\omega\mu\varepsilon\varphi$ 给出，因此通常只要求出磁矢位 **A**，就可求得电场强度和磁场强度。

8.2 电基本振子的辐射

电基本振子为一段载有高频电流的短导线($\mathrm{d}l\ll\lambda$)，导线直径远小于长度，沿线各点电流的振幅和相位均相同。设该直流元 $I\mathrm{d}l$ 沿 z 轴放置，如图 8-1 所示。

已知：

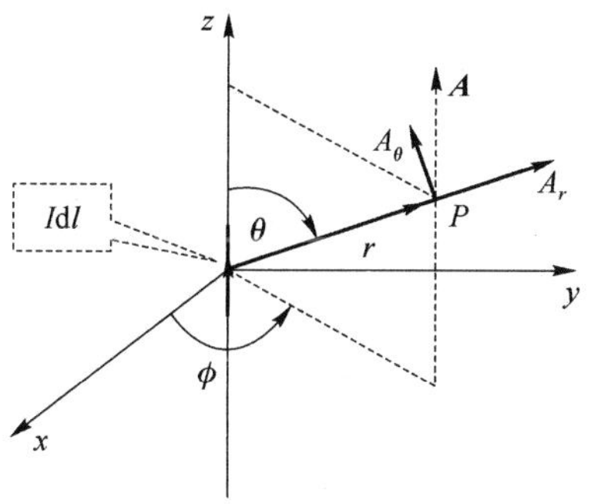

图 8-1 电基本振子

$$e_z I\,\mathrm{d}l=\boldsymbol{J}\mathrm{d}V$$

则矢量位：

$$\boldsymbol{A}=\boldsymbol{e}_z\frac{\mu}{4\pi r}I\,\mathrm{d}l\mathrm{e}^{-\mathrm{j}kr}=\boldsymbol{e}_z A_z$$

对于球坐标，有：

$$A_r=A_z\cos\theta \qquad A_\theta=-A_z\sin\theta \qquad A_\varphi=0$$

则磁场为：

$$\boldsymbol{H}=\frac{1}{\mu}(\nabla\times\boldsymbol{A})=\frac{1}{\mu r^2\sin\theta}\begin{vmatrix}\boldsymbol{e}_r & r\boldsymbol{e}_\theta & r\sin\theta\,\boldsymbol{e}_\varphi\\ \dfrac{\partial}{\partial r} & \dfrac{\partial}{\partial\theta} & 0\\ A_z\cos\theta & -rA_z\sin\theta & 0\end{vmatrix}$$

$$=\frac{1}{\mu r^2\sin\theta}\cdot r\sin\theta\,\boldsymbol{e}_\varphi\left[\frac{\partial}{\partial r}(-rA_z\sin\theta)-\frac{\partial}{\partial\theta}(A_z\cos\theta)\right]$$

$$=\frac{1}{\mu r}\cdot\frac{\mu}{4\pi}\cdot I\mathrm{d}l\boldsymbol{e}_\varphi\left[\frac{\partial}{\partial r}\left(-r\frac{\mathrm{e}^{-\mathrm{j}kr}}{r}\sin\theta\right)-\left(\frac{\mathrm{e}^{-\mathrm{j}kr}}{r}(-\sin\theta)\right)\right]$$

$$=\frac{I\mathrm{d}l}{4\pi r}\sin\theta\,\boldsymbol{e}_\varphi\left[\mathrm{j}k+\frac{1}{r}\right]\mathrm{e}^{-\mathrm{j}kr}$$

即：

$$\begin{cases}H_\varphi=\dfrac{I\mathrm{d}l\mathrm{e}^{-\mathrm{j}kr}}{4\pi r}\left(\mathrm{j}k+\dfrac{1}{r}\right)\sin\theta\\ H_r=0\\ H_\theta=0\end{cases}$$

电场可由 $\boldsymbol{E}=\frac{1}{\mathrm{j}\omega\varepsilon}(\nabla\times\boldsymbol{H})$ 求得：

$$\begin{cases}E_r=-\mathrm{j}\,\dfrac{I\mathrm{d}l}{2\pi\omega\varepsilon}\cdot\dfrac{\mathrm{e}^{-\mathrm{j}kr}}{r^2}\left(\mathrm{j}k+\dfrac{1}{r}\right)\cos\theta\\ E_\theta=-\mathrm{j}\,\dfrac{I\mathrm{d}l}{4\pi\omega\varepsilon}\cdot\dfrac{\mathrm{e}^{-\mathrm{j}kr}}{r}\left(-k^2+\dfrac{\mathrm{j}k}{r}+\dfrac{1}{r^2}\right)\sin\theta\\ E_\varphi=0\end{cases}$$

8.2.1 近场区

$kr \ll 1$ 的区域即 $r \ll \lambda/2\pi$ 的区域，为近场区。该区域 $e^{-jkr} \approx 1$，$1 \ll \frac{1}{kr} \ll \frac{1}{k^2r^2}$，场近似为：

$$\begin{cases} H_\varphi = \dfrac{Idl}{4\pi r^2}\sin\theta \\ E_r = -j\,\dfrac{Idl}{4\pi r^3}\cdot\dfrac{2}{\omega\varepsilon_0}\cos\theta \\ E_\theta = -j\,\dfrac{Idl}{4\pi r^3}\cdot\dfrac{2}{\omega\varepsilon_0}\sin\theta \\ H_r = H_\varphi = E_\varphi = 0 \end{cases}$$

由上式分析近区场，其有如下特点。

① 在近场区，电场 E_θ 和 E_r 与静电场问题中的电偶极子的电场相似，磁场 H_φ 和恒定电流场问题中的电流元的磁场相似。因此，近区场也称为准静态场。

② 由于场强与 $1/r$ 的高次方成正比，因此近区场随距离的增大而迅速减小，即离天线较远时，可认为近区场近似为零。

③ 电场与磁场相位相差 90°，说明坡印廷矢量为虚数，也就是说，电磁能量在场源和场之间来回振荡，没有能量向外辐射。因此，近区场又称为感应场。

8.2.2 远场区

$kr \gg 1$ 的区域为远场区，该区域 $\frac{1}{kr} \gg \frac{1}{(kr)^2} \gg \frac{1}{(kr)^3}$，带入 $\eta = \eta_0 = 120\pi$，场近似为：

$$\begin{cases} E_\theta = j\,\dfrac{60\pi Idl}{\lambda r}\cdot\sin\theta e^{-jkr} \\ E_r \approx 0 \\ H_\varphi = j\,\dfrac{Idl}{2\lambda r}\sin\theta e^{-jkr} = \dfrac{E_\theta}{120\pi} \\ H_r = H_\varphi = E_\varphi = 0 \end{cases}$$

由上式分析远区场，其有如下特点。

① 仅有 E_θ 和 H_φ 两个场分量，这两个场分量与矢径 r 三者方向相互垂直，且符合右手螺旋法则。场强与 r 成反比，即随距离的增加而减小。

② E_θ 和 H_φ 在时间上同相，其坡印廷矢量 $\boldsymbol{S} = \frac{1}{2}\boldsymbol{E} \times \boldsymbol{H}^*$ 是实数，为有功功率且指向 r 的增加方向。

③ E_θ 和 H_φ 的比值为 120π，为波阻抗，由 η_0 表示。故只讨论一个场分量即可。

④ 电基本振子的远区场为一沿径向向外传播的横电磁波。电磁能量离开场源向空间辐射出去，因此称为辐射场。在方位上，场与 θ 有关，在不同的 θ 方向上，其辐射强度是不同的。当 $\theta = 90°$ 时，辐射最强；当 $\theta = 0°$ 时，辐射为零。

如果以电基本振子天线为球心，用一个半径为 r 的球面把它包围起来，那么从电基本振子天线辐射出来的电磁能量必然全部通过这个球面，故平均坡印廷矢量在此球面上的积分值就是电基本振子天线辐射出来的功率 P_r。因为电基本振子天线在远区任一点的平均坡印廷矢量为：

$$\overline{\boldsymbol{S}}_{\text{av}}=\text{Re}\left[\frac{1}{2}\boldsymbol{E}\times\boldsymbol{H}^*\right]=\text{Re}\left[\boldsymbol{e}_r\frac{1}{2}E_\theta H_\varphi^*\right]$$
$$=\boldsymbol{e}_r\frac{1}{2}\frac{|E_\theta|^2}{\eta}=\boldsymbol{e}_r\frac{1}{2}\eta|H_\varphi|^2=\boldsymbol{e}_r\frac{1}{2}\eta\left(\frac{I\text{d}l}{2\lambda r}\sin\theta\right)^2$$

所以辐射功率为：

$$\begin{aligned}P_r&=\oint_S S_{\text{av}}\cdot \text{d}S\\&=\int_0^{2\pi}\int_0^{\pi}\frac{1}{2}\eta\left(\frac{I\text{d}l}{2\lambda r}\sin\theta\right)^2\cdot r^2\sin\theta\text{d}\theta\text{d}\varphi\\&=\frac{\eta}{2}\left(\frac{I\text{d}l}{2\lambda}\right)^2 2\pi\int_0^{\pi}\sin^3\theta\text{d}\theta\\&=\frac{\eta}{2}\left(\frac{I\text{d}l}{2\lambda}\right)^2 2\pi\cdot\frac{4}{3}\\&=\frac{1}{3}\eta\pi\left(\frac{I\text{d}l}{2\lambda}\right)^2\end{aligned}$$

以空气中的波阻抗：

$$\eta=\eta_0=\sqrt{\frac{\mu_0}{\varepsilon_0}}=120\pi$$

代入，可得：

$$P_r=40\pi^2\left(\frac{I\text{d}l}{2\lambda}\right)^2$$

式中 I 的单位为 A(安培)，且 I 是复振幅值，辐射功率 P_r 的单位为 W(瓦)，波长 λ 的单位为 m(米)。

电基本振子辐射出去的电磁能量不能返回波源，因此对波源而言是一种损耗。利用电路理论的概念，引入一个等效电阻。设此电阻消耗的功率等于辐射功率，则有：

$$P_r=\frac{1}{2}|I|^2R_r$$

式中 R_r 称为辐射电阻。

$$R_r=\frac{2P_r}{|I|^2}=80\pi^2\left(\frac{\text{d}l}{\lambda_0}\right)^2$$

例 8-1 计算长度 $\text{d}l=0.1\lambda_0$ 的电基本振子，当电流振幅值为 2 mA 时的辐射电阻和辐射功率。

解:辐射电阻:$R_r=80\pi^2\left(\frac{\mathrm{d}l}{\lambda_0}\right)^2=80\pi^2\cdot(0.1)^2=7.8957\ \Omega$。

辐射功率:$P_r=\frac{1}{2}|I|^2P_r=\frac{1}{2}(2\times10^{-3})^2\times7.8957=15.791\ \mu\mathrm{W}$。

8.3 磁基本振子的辐射

在讨论了电基本振子的辐射情况后，现在再来讨论磁基本振子的辐射。一个置于坐标原点的、半径为 a 的小圆环，如图 8-2 所示。若小圆环的周长远小于波长，而环上的电流的幅度及相位处处相同，通常称这种小电流环为磁基本振子。

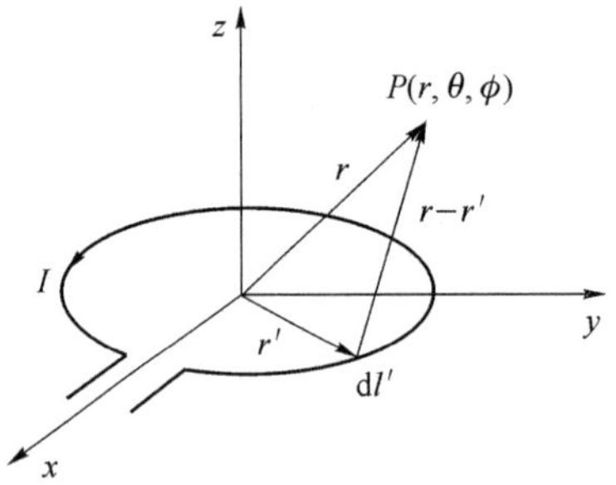

图 8-2 磁基本振子

$$\boldsymbol{A}(r)=\frac{\mu I}{4\pi}\oint_l\frac{\mathrm{e}^{-\mathrm{j}kR}}{R}\mathrm{d}l'=\frac{\mu I}{4\pi}\oint_l\frac{\mathrm{e}^{-\mathrm{j}k|r-r'|}}{|r-r'|}\mathrm{d}\boldsymbol{l}'$$

上式的积分严格计算比较困难，但因 $r'\ll\lambda(r'=a)$，所以其中的指数因子近似后有：

$$\boldsymbol{A}(r)=(1+\mathrm{j}kr)\mathrm{e}^{-\mathrm{j}kr}\left[\frac{\mu I}{4\pi}\oint_l\frac{\mathrm{d}l'}{|r-r'|}\right]-\frac{\mathrm{j}k\mu I}{4\pi}\mathrm{e}^{-\mathrm{j}kr}\oint_l\mathrm{d}l'$$

$$\frac{\mu I}{4\pi}\oint_l\frac{\mathrm{d}l'}{|r-r'|}\approx\boldsymbol{e}_\varphi\frac{\mu SI}{4r^2}\sin\theta=\frac{\mu\boldsymbol{m}\times\boldsymbol{r}}{4\pi r^3}$$

该式中的 $\boldsymbol{m}=\boldsymbol{e}_zI\pi a^2=\boldsymbol{e}_zIS$ 是复矢量。于是有：

$$\boldsymbol{A}(r)=\boldsymbol{e}_\varphi\frac{\mu IS}{4\pi r^2}(1+\mathrm{j}kr)\sin\theta\cdot\mathrm{e}^{-\mathrm{j}kr}$$

代入 $\boldsymbol{H}=\frac{1}{\mu}\nabla\times\boldsymbol{A}$ 可得磁基本振子的磁场为：

$$H_r=\frac{IS}{2\pi}\cos\theta\left(\frac{1}{r^3}+\frac{\mathrm{j}k}{r^2}\right)\mathrm{e}^{-\mathrm{j}kr}$$

$$H_\theta=\frac{IS}{4\pi}\sin\theta\left(\frac{1}{r^3}+\frac{\mathrm{j}k}{r^2}-\frac{k^2}{r}\right)\mathrm{e}^{-\mathrm{j}kr}$$

$$H_\varphi=0$$

再由 $\boldsymbol{E}=\frac{1}{\mathrm{j}w\varepsilon}\nabla\times\boldsymbol{H}$ 可得磁基本振子的电场为：

$$E_r=0$$

$$E_\theta=0$$

$$E_\varphi=-\mathrm{j}\,\frac{ISk}{2\pi}\eta\sin\theta\left(\frac{\mathrm{j}k}{r}+\frac{1}{r^2}\right)\mathrm{e}^{-\mathrm{j}kr}$$

磁基本振子的远区辐射场：

$$H_\theta=-\frac{ISk^2}{4\pi r}\sin\theta\cdot\mathrm{e}^{-\mathrm{j}kr}=-\frac{\pi IS}{\lambda^2 r}\sin\theta\cdot\mathrm{e}^{-\mathrm{j}kr}$$

$$E_\varphi=\frac{ISk^2}{4\pi r}\eta\sin\theta\cdot\mathrm{e}^{-\mathrm{j}kr}=\frac{\pi IS}{\lambda^2 r}\eta\sin\theta\cdot\mathrm{e}^{-\mathrm{j}kr}=-\eta H_\theta$$

磁基本振子的远区辐射场具有以下特点。

① 磁基本振子的辐射场也是 TEM 非均匀球面波。

② $\dfrac{E_\varphi}{-H_\theta}=\eta$。

③ 电磁场与 $1/r$ 成正比。

④ 与电基本振子的远区场比较，只是 $\boldsymbol{E}$、$\boldsymbol{H}$ 的取向互换，远区场的性质相同。

磁偶极子的坡印廷矢量的平均值 $\boldsymbol{S}_{\mathrm{av}}$ 为：

$$\boldsymbol{S}_{\mathrm{av}}=\mathrm{Re}\left[\frac{1}{2}\boldsymbol{E}\times\boldsymbol{H}^*\right]=\mathrm{Re}\left[-\boldsymbol{e}_r\,\frac{1}{2}E_\varphi H_\theta^*\right]$$
$$=\boldsymbol{e}_r\,\frac{1}{2}\eta\left(\frac{\pi IS}{\lambda^2 r}\right)^2\sin^2\theta$$

磁偶极子的辐射功率则为：

$$P_r=\oint_S S_{\mathrm{av}}\cdot\mathrm{d}S=\int_0^{2\pi}\int_0^{2\pi}\frac{1}{2}\eta\left(\frac{\pi IS}{\lambda^2 r}\right)^2\sin^2\theta\cdot r^2\sin\theta\mathrm{d}\theta\mathrm{d}\varphi$$
$$=\frac{\eta}{2}\left(\frac{\pi IS}{\lambda^2}\right)^2\cdot\frac{8\pi}{3}=\frac{4}{3}\eta\pi\left(\frac{\pi IS}{\lambda^2}\right)^2$$

以空气的波阻抗代入上式，有：

$$P_r=160\pi^2\cdot\left(\frac{\pi IS}{\lambda_0^2}\right)^2=160\pi^6\left(\frac{a}{\lambda_0}\right)^4 I^2$$

磁偶极子的辐射电阻为：

$$R_r=\frac{2P_r}{|I|^2}=320\pi^6\left(\frac{a}{\lambda_0}\right)^4$$

习 题

8-1 请问电基本振子的远区场有哪些特点？

8-2 国家对安全辐射标准的规定为：人们长期居住、生活、工作的场所需满足安全区辐射标准：最大辐射功率密度为 10 uW/cm^2。若一个 GSM 基站发射机的额定功率为 10 W，天线的增益为 21 dB，且与发射机共轭匹配。试问距离基站 200 m 的场所是否达到安全区标准（设该场所位于天线的最大辐射方向上）？若一个人的有效面积为 1.70×0.5 m^2，有多少辐射功率照射在该场所上的一个人身上？

8-3　请问磁基本振子的远区辐射特点是什么？

8-4　计算长度为 $0.15\lambda_0$ 的电基本振子，当电流振幅值为 4 mA 时的辐射电阻和辐射功率。

8-5　求周长为 $0.1\lambda_0$ 的细导线绕成圆环构造成的基本振子的辐射电阻。

第 9 章　天线基础

无线电广播、通信、遥测、遥控以及导航等无线电系统都是利用无线电波来传递信号的，而无线电波的发射和接收都通过天线来完成。因此天线设备是无线电系统中重要的组成部分。图 9-1 为无线电通信系统的基本方框图。

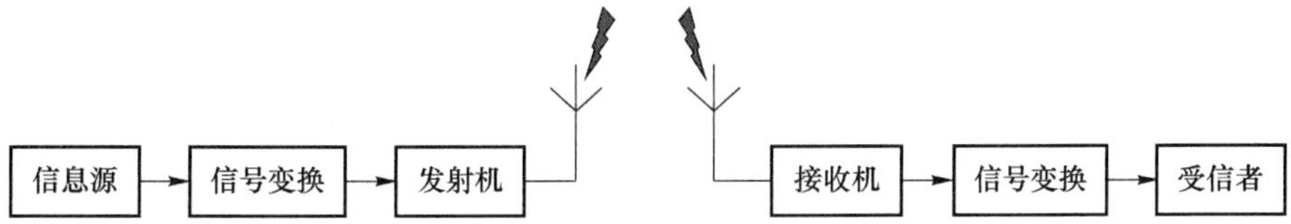

图 9-1　无线通信系统

天线是用于发射和接收电磁波的装置，它可以将电磁辐射转化为电流，也可以将电流转化为电磁辐射。由发射机产生的高频振荡能量，经过发射天线变为电磁波能量，并向预定方向辐射，通过媒质传播到达接收天线附近。接收天线将接收到的电磁波能量变为高频振荡能量送入接收机，完成无线电波传输的全过程。可见天线设备是将高频振荡能量和电磁波能量作可逆转换的设备，是一种“换能器”。

天线设备在完成能量转换的过程中，带有方向性，即对空间不同方向的辐射或接收效果并不一致，有空间方向响应的问题。其次天线设备作为一个单口元件，在输入端面上常体现为一个阻抗元件或等值阻抗元件。与相连接的馈线或电路有阻抗匹配的问题。天线的辐射场分布或接收来波场效应，以及与接收机、发射机最佳的贯通，就是天线工程所最关心的问题。

天线按用途分为通信天线、广播电视天线、雷达天线等；按工作波长分为长波天线、中波天线、短波天线、超短波天线、微波天线、光学天线；按阵元的结构分为线天线、面天线、阵列天线。

9.1　天线的电参数

描述天线工作特性的参数称为天线电参数，又称电指标。它们是定量衡量天线性能的尺度。我们有必要了解天线电参数，以便正确设计或选择天线。按工作性质可将天线分为发射天线和接收天线。

9.1.1　发射天线

发射天线能使导波电流能量转换为在指定空域内传播的电磁能量，本节主要研究发射天线的电参数：辐射电阻、输入阻抗、波瓣宽度、旁瓣电平、方向系数、效率、增益系数、极化等。

1. 辐射电阻

辐射电阻是指相对于一定天线电流值的辐射功率，它代表天线辐射能力的大小：

$$R_r=\frac{P_r}{I^2}$$

式中 P_r 为该天线的辐射功率，是指单位时间内天线向围绕它的整个球面辐射的总能量，P_r 与输入功率 P_{in} 有关。

2. 输入阻抗

天线的输入阻抗：

$$Z_{in}=\frac{IP_{in}}{|I_{in}|^2}=\frac{V_{in}}{I_{in}}=R_{in}+jX_{in}$$

输入阻抗是指输入端点或馈电点所呈现的阻抗。天线的主要作用是将高频电流能量转化为电磁波能量发射出去，若要从馈线上获取较大的能量，则需要使天线的输入阻抗与馈线的波阻抗匹配。若不匹配，则会引起馈线中产生驻波，天线所获取的功率就会很小。

天线的输入阻抗决定于天线本身的结构和尺寸、工作频率以及天线周围物体的影响等。当阻抗中电阻部分等于辐射电阻时，则天线为理想状态。天线与馈线的阻抗一般不匹配，可接入匹配网络来消除天线的电抗，使电阻等于馈线的特性阻抗。此时 $\rho=1$，$\Gamma=0$。

3. 方向图

天线的方向性是指距离天线相同距离而在不同方向上各点电场强度的相对关系。如令空间场强的最大值等于1，则方向性函数为归一化方向函数。将方向函数用曲线描绘出来，称之为方向图。

若 $f(\theta,\varphi)$ 为方向性函数，其归一化方向性函数为：

$$F(\theta,\varphi)=\frac{f(\theta,\varphi)}{f_{max}}$$

方向图就是与天线等距离处，天线辐射场大小在空间中的相对分布随方向变化的图形。依据归一化方向函数而绘出的为归一化方向图。变化 θ 及 φ 得出的方向图是立体方向图。在实际中，工程上常常采用两个特定正交平面方向图。在自由空间中，两个最重要的平面方向图是 E 面和 H 面方向图。E 面即电场强度矢量所在并包含最大辐射方向的平面；H 面即磁场强度矢量所在并包含最大辐射方向的平面。

对于电基本振子，由于归一化方向函数 $F(\theta,\varphi)=|\sin\theta|$，因此其方向图如图 9-2 所示。

为了分析和对比方便，定义理想点源是无方向性天线，它在各个方向上、相同距离处产生的辐射场的大小是相等的，因此，它的归一化方向函数为：

$$F(\theta,\varphi)=1 \tag{9-1-1}$$

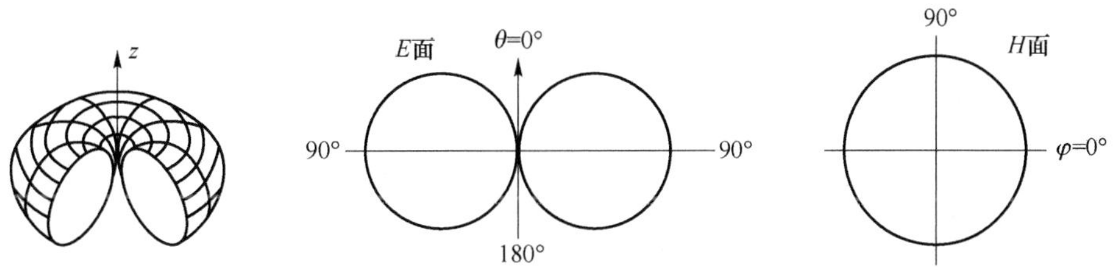

(a) 立体方向图　(b) E面方向图　(c) H面方向图

图 9-2 电基本振子的方向图

实际天线的方向图要比电基本振子的复杂，通常有多个波瓣，它可细分为主瓣、副瓣和后瓣，如图 9-3 所示。

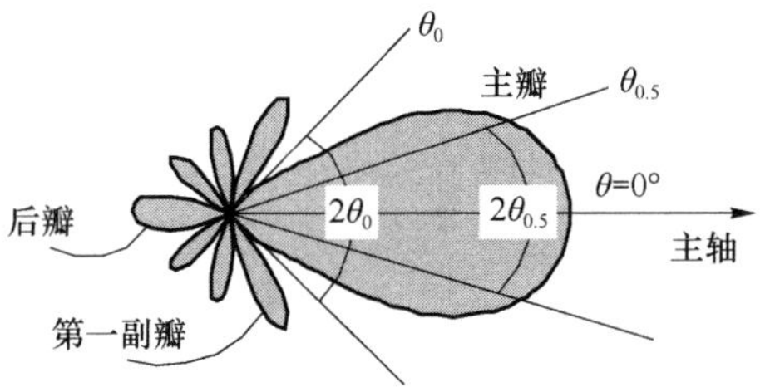

图 9-3 天线方向图的一般形状

辐射的最大方向所在的瓣称为主瓣；与主瓣方向相反的瓣称为后瓣；其他方向的瓣称为旁瓣、副瓣或栅瓣。用来描述方向图的参数通常有如下几种。

① 零功率点波瓣宽度：指主瓣最大值两边两个零辐射方向之间的夹角。

② 半功率点波瓣宽度：指主瓣最大值两边场强等于最大值的 0.707 倍(或等于最大功率密度的一半)的两辐射方向之间的夹角，又叫 3 分贝波束宽度。

③ 副瓣电平：指副瓣最大值与主瓣最大值之比，一般以分贝表示，即：

$$\mathrm{SLL} = 10\lg\frac{S_{\mathrm{av,max2}}}{S_{\mathrm{av,max}}} = 20\lg\frac{E_{\max 2}}{E_{\max}}\ \mathrm{dB}$$

式中，$S_{\mathrm{av,max2}}$ 和 $S_{\mathrm{av,max}}$ 分别为最大副瓣和主瓣的功率密度最大值；$E_{\max 2}$ 和 $E_{\max}$ 分别为最大副瓣和主瓣的场强最大值。

④ 前后比：指主瓣最大值与后瓣最大值之比，通常也用分贝表示。

4. 方向系数

方向系数的定义：在同一距离及相同辐射功率的条件下，某天线在最大辐射方向上的辐射功率密度 $S_{\max}$(或 $|E_{\max}|^2$)和无方向性天线(点源)的辐射功率密度 S_0(或 $|E_0|^2$)之比，记为 D。用公式表示：

$$D = \frac{S_{\max}}{S_0}\bigg|_{P_r = P_{r0}} = \frac{|E_{\max}|^2}{|E_0|^2}\bigg|_{P_r = P_{r0}}$$

式中 P_r、P_{r0} 分别为实际天线和无方向性天线的辐射功率。

因为无方向性天线在 r 处产生的辐射功率密度为：

$$S_0 = \frac{P_r}{4\pi r^2} = \mathrm{Re}\left|\frac{1}{2}(\boldsymbol{E}\times\boldsymbol{H})\right| = \frac{|E_0|^2}{240\pi}$$

故：

$$|E_0|^2=\frac{60P_r}{r^2}$$

所以由方向系数的定义得：

$$D=\frac{r^2|E_{\max}|^2}{60P_r}$$

因此，在最大辐射方向上：

$$|E_{\max}|=\frac{\sqrt{60DP_r}}{r}$$

上式表明，天线的辐射场与 P_rD 的平方根成正比，所以对于不同的天线，若它们的辐射功率相等，则在同是最大辐射方向且同一 r 处的观察点，辐射场之比为：

$$\frac{E_{\max1}}{E_{\max2}}=\frac{\sqrt{D_1}}{\sqrt{D_2}}$$

若要求它们在同一 r 处观察点的辐射场相等，则要求：

$$\frac{P_{r1}}{P_{r2}}=\frac{D_2}{D_1}$$

即所需要的辐射功率与方向系数成反比。

在最大辐射方向上同一距离处，若得到相同的电场强度，某有方向性天线较无方向性点源天线辐射功率节省的倍数即为此有方向性天线的方向系数。天线的辐射功率可由坡印廷矢量积分法来计算，此时可在天线的远区以 r 为半径做出包围天线的积分球面：

$$P_r=\iint_S S_{\mathrm{av}}(\theta,\varphi)\cdot\mathrm{d}S=\int_0^{2\pi}\int_0^{\pi}S_{\mathrm{av}}(\theta,\varphi)r^2\sin\theta\mathrm{d}\theta\mathrm{d}\varphi$$

$$S_0=\frac{P_{r0}}{4\pi r^2}\Big|_{P_{r0}=P_r}=\frac{P_r}{4\pi r^2}=\frac{1}{4\pi}\int_0^{2\pi}\int_0^{\pi}S_{\mathrm{av}}(\theta,\varphi)\sin\theta\mathrm{d}\theta\mathrm{d}\varphi$$

所以：

$$D=\frac{S_{\mathrm{av,max}}}{\dfrac{1}{4\pi}\displaystyle\int_0^{2\pi}\int_0^{\pi}S_{\mathrm{av}}(\theta,\varphi)\sin\theta\mathrm{d}\theta\mathrm{d}\varphi}$$

$$=\frac{4\pi}{\displaystyle\int_0^{2\pi}\int_0^{\pi}\frac{S_{\mathrm{av}}(\theta,\varphi)}{S_{\mathrm{av,max}}}\sin\theta\mathrm{d}\theta\mathrm{d}\varphi}$$

若某天线的归一化方向函数为 $|F(\theta,\varphi)|$，则其辐射的场强与功率密度满足：

$$\frac{S_{\mathrm{av}}(\theta,\varphi)}{S_{\mathrm{av,max}}}=\frac{E^2(\theta,\varphi)}{E_{\max}^2}=F^2(\theta,\varphi)$$

则方向系数：

$$D=\frac{4\pi}{\displaystyle\int_0^{2\pi}\int_0^{\pi}|F(\theta,\varphi)|^2\sin\theta\mathrm{d}\theta\mathrm{d}\varphi}\tag{9-1-2}$$

用辐射电阻表示为：

$$D=\frac{120|f_{\max}|^2}{R_r}$$

由上式可以看出，如天线主瓣越宽，则方向系数就越小。

点源 $F(\theta,\varphi)=1$，则 $D=1$；电基本振子 $|F(\theta,\varphi)|=\sin\theta$，其 $D=1.5$。

5. 效率

一般来说，载有高频电流的天线导体及其绝缘介质都会产生损耗，因此输入天线的实功率并不能全部地转换成电磁波能量。可以用天线效率来表示这种能量转换的有效程度。天线效率定义为天线辐射功率 P_r 与输入功率 P_{in}之比，记为 η_A，即：

$$\eta_A=\frac{P_r}{P_{in}}=\frac{R_r}{R_r+R_d}$$

式中 R_r 为辐射电阻，R_d 为损耗电阻。通常，发射天线的损耗包括天线导体中的热损耗、介质材料的损耗、天线附近物体的感应损耗等。

对 l/λ 即电尺寸很小的天线，R_r 较小，地面及邻近物体的吸收所造成的损耗电阻较大，因此天线效率很低，只有百分之几。而天线电尺寸较大时其辐射电阻较大，辐射能力强，其效率可接近 1。

6. 增益系数

方向系数只是衡量天线定向辐射特性的参数，它只决定于方向图；天线效率则表示了天线在能量上的转换效能；而增益系数(gain)则表示了天线的定向收益程度。增益系数的定义：在同一距离及相同输入功率的条件下，某天线在最大辐射方向上的辐射功率密度 S_{max}(或 $|E_{max}|^2$)和理想无方向性天线(理想点源)的辐射功率密度 S_0(或 $|E_0|^2$)之比，记为 G。用公式表示为：

$$G=\frac{S_{max}}{S_0}\Big|_{P_{in}=P_{in0}}=\frac{|E_{max}|^2}{|E_0|^2}\Big|_{P_{in}=P_{in0}}$$

式中 P_{in}、P_{in0} 分别为实际天线和理想无方向性天线的输入功率。理想无方向性天线本身的增益系数为 1。

考虑效率的定义，在有耗情况下，功率密度为无耗时的 η_A 倍：

$$G=\frac{S_{max}}{S_0}\Big|_{P_{in}=P_{in0}}=\frac{\eta_A S_{max}}{S_0}\Big|_{P_r=P_{r0}}$$

$$G=\eta_A D$$

由此可见，增益系数是综合衡量天线能量转换效率和方向特性的参数，它是方向系数与天线效率的乘积。在实际中，天线的最大增益系数是比方向系数更为重要的电参量，即使它们密切相关。

根据上式，有：

$$E_{max}=\frac{\sqrt{60P_rD}}{r}=\frac{\sqrt{60P_{in}G}}{r}$$

增益系数也可以用分贝表示为 $10\lg G$。因为一个增益系数为 10、输入功率为 1 W 的天线和一个增益系数为 2、输入功率为 5 W 的天线在最大辐射方向上具有同样的效果，所以又将 P_rD 或 $P_{in}G$ 定义为天线的有效辐射功率。

7. 极化

发射天线的极化是指在最大辐射方向上，辐射电波的极化，其定义为在最大辐射方向上电场矢量端点运动的轨迹，有线极化（水平极化和垂直极化）、圆极化和椭圆极化。

8. 有效高度

天线的有效高度是指把天线原来不均匀分布的电流振幅用一定振幅的均匀分布电流来表示时对应的高度。这里的“一定振幅”的电流可以为输入端口的电流振幅，如图 9-4 中的 I_F，也可以为波腹电流，如图 9-4 中的 I_0。假如振子长度正好是 $\lambda/4$，那么两者就相等。图 9-4 表示一垂直阵子天线，它的真实高度为 h，斜线面积表示其上的电流分布。如果把这个面积修改为一个与之面积相等的矩形，矩形的一个底边为输入端的电流 I_F，则矩形的另一边就为相对于输入端电流 I_F 的等效高度，表示为 h_e。

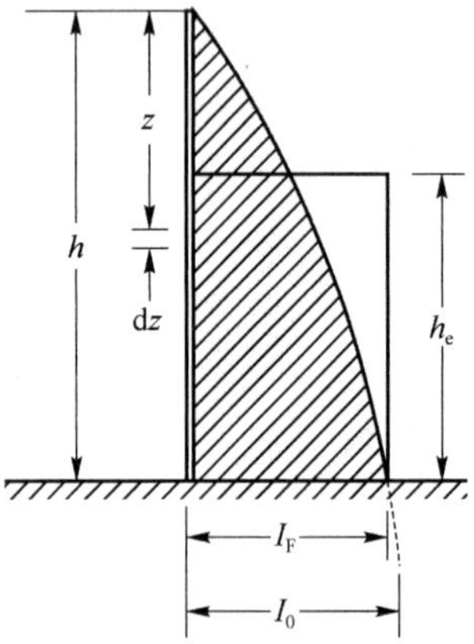

图 9-4　天线的有效高度

设天线电流的振幅依正弦函数分布。为方便表示，坐标零点放在终端，沿线电流振幅的分布表示为：

$$I(z)=I_0\sin(\beta z) \tag{9-1-3}$$

这里，I_0 为波腹电流，$\beta=\dfrac{2\pi}{\lambda}$为相移常数。输入端的电流振幅 I_F 可以写为：

$$I_F=I_0\sin(\beta h) \tag{9-1-4}$$

所以：

$$h_e I_0\sin(\beta h)=\int_0^h I_0\sin(\beta z)\mathrm{d}z \tag{9-1-5}$$

根据有效高度的定义，它们两个的面积相等，则有：

$$I_F h_e=\int_0^h I(z)\mathrm{d}z \tag{9-1-6}$$

故：

$$h_e=\frac{1}{\sin(\beta h)}\int_0^h\sin(\beta z)\,\mathrm{d}z=\frac{1-\cos(\beta h)}{\beta\sin(\beta h)}=\frac{\lambda}{2\pi}\tan\left(\frac{\pi h}{\lambda}\right) \tag{9-1-7}$$

这是用输入端电流振幅作为标准计算垂直阵子天线有效高度的一般公式。

9. 工作频带宽度

天线的所有电参数都和工作频率有关。任何天线的工作频率都有一定的范围，当工作频率偏离中心工作频率时，天线的电参数将变差，其变差的容许程度取决于天线设备系统的工作特性要求。当工作频率变化时，天线的有关电参数变化的程度在所允许的范围内，此时对应的频率范围称为频带宽度。

阻抗带宽是指能满足天线阻抗要求的频带宽度。一般用其驻波比表示，如对于某短波天线，驻波比小于 2 的带宽为 5～10 MHz。

9.1.2 接收天线

接收天线能使电磁波形式的能量转换成导波电流形式的能量。天线的接收原理为天线导体在外电场的作用下激励产生感应电动势并在天线回路中产生电流。

同一副天线在用作接收时和用作发射时，其各电参数相同，只是其含义不同。接收天线的电参数有如下几种。

1. 方向系数

天线在最大接收方向接收时向匹配负载输出的功率 P_{re} 与在各个方向上接收时进入负载的功率的平均值 P_{reav} 之比称为接收天线的方向系数，即：

$$D=\frac{P_{re}}{P_{reav}}$$

与发射天线相同。

2. 效率

接收天线效率的定义是：天线向匹配负载输出的最大功率和假定天线无耗时向匹配负载输出的最大功率（即最佳接收功率）的比值，故有

$$\eta_A=\frac{P_{max}}{P_{opt}}=\frac{R_{\Sigma 0}}{R_{in}}$$

与发射天线的效率是等同的。

3. 增益

假定从各个方向传来的电波的场相同，天线在最大接收方向上接收时向匹配负载输出的功率和天线在各个方向接收且天线是理想无耗时向匹配负载输出功率的平均值的比值：

$$G=\eta_A D$$

与发射天线相同。

4. 有效接收面积

在天线的极化与来波的极化完全匹配，以及其负载与天线阻抗共轭匹配的条件下，天线在某方向所接收的功率 $P_{te}(\theta,\varphi)$ 与入射电磁波功率密度 p 之比称为天线在 (θ,φ) 方向上的有效面积：

$$S_e=\frac{P_{re}(\theta,\varphi)}{p}=\frac{\lambda^2}{4\pi}GF^2(\theta,\varphi)$$

当天线效率 $\eta_A=1$ 时，在最大接收方向上，$F=1$，称为天线的有效接收面积：

$$S_e=\frac{P_{re}(\theta,\varphi)}{p}=\frac{\lambda^2}{4\pi}D$$

例 9-1 求电基本振子的有效面积。

解:电基本振子的方向系数：

$$D=\frac{4\pi}{\int_0^{2\pi}\int_0^{\pi}|F(\theta,\varphi)|^2\sin\theta\mathrm{d}\theta\mathrm{d}\varphi}=\frac{4\pi}{\int_0^{2\pi}\int_0^{\pi}\sin^2\theta\sin\theta\mathrm{d}\theta\mathrm{d}\varphi}$$

$$=\frac{4\pi}{-2\pi\int_0^{\pi}(1-\cos^2\theta)\mathrm{d}\cos\theta}$$

$$=\frac{2}{-\left(\cos\theta\big|_0^{\pi}-\frac{1}{3}\cos^3\theta\big|_0^{\pi}\right)}$$

$$=\frac{2}{-\left[-2-\frac{1}{3}\times(-2)\right]}$$

$$=\frac{1}{1-\frac{1}{3}}=1.5$$

则其有效面积为：

$$S_e=\frac{D\lambda^2}{4\pi}=0.12\lambda^2$$

9.2 对称振子

如图 9-5 所示，对称振子是中间馈电，其两臂由两段等长导线构成的振子天线，其辐射特性可由电流元的辐射场叠加而求。

对称阵子天线两臂上的电流是对称的，且呈正弦分布，并在上下端点趋近于零，细对称振子的电流分布与末端开路线上的电流分布相似，即非常接近正弦驻波分布，则其形式为：

$$I(z)=I_m\sin[k(l-|z|)]=\begin{cases}I_m\sin[k(l-z)], & z\geqslant 0\\ I_m\sin[k(l+z)], & z<0\end{cases}$$

式中，I_m 为电流波腹点的复振幅；$k=2\pi/\lambda=\omega/c$ 为相移常数。根据正弦分布的特点，对称振子的末端为电流的波节点，电流分布关于振子的中心点对称。

在图 9-5 中，由于对称振子的辐射场与 φ 无关，而观察点 $P(r,\theta)$ 处于远区，因而各电流元在观察点处产生的辐射场矢量方向被认为是相同的。

由电基本振子的远区场公式，并将对称振子的电流分布代入，可写出对称振子上线元 $\mathrm{d}z$ 在远区的辐射电场为：

$$\mathrm{d}E_\theta=\mathrm{j}\frac{60\pi I_m\sin[k(l-|z|]\mathrm{d}z}{\lambda r}\cdot\sin\theta e^{-\mathrm{j}kr}$$

上式中 θ 为场点与线轴的夹角。

设 r_0 为振子中心点到观察点 M 的距离，r_1、r_2 分别为对称振子两臂上对应线段上线 $\mathrm{d}z$ 到观察点的距离，由于是远区场，可近似认为三线是平行的。则有：

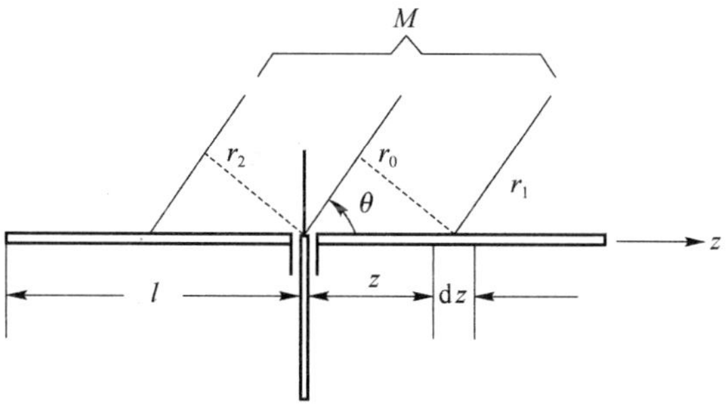

图 9-5 对称振子辐射场的计算

$$r_1 = r_0 - |z|\cos\theta$$
$$r_2 = r_0 + |z|\cos\theta$$

因为 $r_0 \gg 2l$（M 点的距离很远），所以在分母上的 $r \approx r_0$，即行程差对辐射场的振幅的影响较小，但对于相位的影响则不能忽略。

$$\begin{aligned} dE_\theta &= dE_{\theta 1} + dE_{\theta 2} \\ &= j\,\frac{60\pi I_m}{r_0\lambda}\sin[k(l-|z|]dz\cdot\sin\theta\cdot[e^{-jkr_0}\cdot e^{+jk|z|\cos\theta}+e^{-jkr_0}\cdot e^{-jk|z|\cos\theta}] \\ &= j\,\frac{120\pi I_m}{r_0 x}\sin[k(l-|z|)]\sin\theta\cdot e^{-jkr_0}\cos(k|z|\cos\theta)dz \end{aligned}$$

$$E_\theta = \int_0^l dE_\theta = j\,\frac{120\pi I_m}{r_0\lambda}\sin\theta\cdot e^{-jkr_0}\int_0^l \sin k(l-|z|)\cos(k|z\cos\theta|)dz$$

又由：

$$\begin{aligned} &\int_0^l \sin k(l-|z|)\cos(kz\cos\theta)dz \\ &= \frac{1}{2}\int_0^l \{\sin[kl-kz(1-\cos\theta)]+\sin[kl-kz(1+\cos\theta)]\}dz \\ &= \frac{1}{2}\left[\frac{\cos[kl-kz(1-\cos\theta)]}{k(1-\cos\theta)}\Big|_0^l + \frac{\cos[kl-kz(1+\cos\theta)]}{k(1+\cos\theta)}\Big|_0^l\right] \\ &= \frac{1}{2k\sin^2\theta}\{[\cos(kl\cos\theta)-\cos(kl)](1+\cos\theta)+[\cos(kl\cos\theta)-\cos(kl)](1-\cos\theta)\} \\ &= \frac{\lambda}{2\pi\sin^2\theta}[\cos((kl)\cos\theta)-\cos(kl)] \end{aligned}$$

代入：

$$E_\theta = \int_0^l dE_\theta = j\,\frac{60 I_m}{r_0}\,\frac{\cos(kl\cos\theta)-\cos(kl)}{\sin\theta}e^{-jkr_0}$$

由上式可以看出，对称振子辐射的波是球面波。它具有球面波函数 e^{-jkr_0}/r_0，它是以对称振子的中心点为球心的，此点称为对称振子的相位中心。其电场强度的振幅值为：

$$|E_\theta| = \left| j\,\frac{60 I_m}{r_0}\frac{\cos(kl\cos\theta)-\cos(kl)}{\sin\theta}\right| = \frac{60 I_m}{r_0}|f(\theta)|$$

式中 $f(\theta)$ 为方向函数，对称振子的归一化方向函数为：

$$|F(\theta)|=\frac{|f(\theta)|}{|f_{\max}|}=\frac{1}{|f_{\max}|}\left|\frac{\cos(kl\cos\theta)-\cos(kl)}{\sin\theta}\right| \tag{9-2-1}$$

式中 $f_{\max}$ 是 $f(\theta)$ 的最大值。上式即为对称振子 E 面的方向函数；在对称振子的 H 面上，方向函数与 φ 无关，其方向图为圆。

$2l=0.5\lambda$ 的半波振子广泛地应用于短波和超短波波段，它既可以作为独立天线使用，也可作为天线阵的阵元，还可用作微波波段天线的馈源，半波振子上的电流分布如图 9-6 所示。

图 9-6　半波振子的电流分布

将 $l=0.25\lambda$ 代入式(9-2-1)可得半波振子的方向函数：

$$F(\theta)=\left|\frac{\cos\left(\frac{\pi}{2}\cos\theta\right)}{\sin\theta}\right| \tag{9-2-2}$$

其 E 面波瓣宽度为 78°，方向系数为 $D=1.64$，比电基本振子的方向性稍强一点。

由坡印廷矢量可计算对称振子的辐射功率：

$$P_{\Sigma}=\frac{1}{240\pi}\int_0^{2\pi}\int_0^{\pi}|E|^2r^2\sin\theta\mathrm{d}\theta\mathrm{d}\varphi$$

$$=30|I_{\mathrm{m}}|^2\int_0^{\pi}\frac{[\cos(kl\cos\theta)-\cos(kl)]^2}{\sin\theta}\mathrm{d}\theta$$

则辐射电阻(归于波腹电流 I_{m} 的辐射电阻)：

$$R_{\Sigma\mathrm{m}}=30\int_0^{\pi}\frac{[\cos(kl\cos\theta)-\cos(kl)]^2}{\sin\theta}\mathrm{d}\theta$$

对称振子的辐射电阻随 l/λ 的变化曲线如图 9-7(b)所示；半波对称振子 $R_{\Sigma\mathrm{m}}=73.1\ \Omega$，全波振子 $R_{\Sigma\mathrm{m}}\approx200\ \Omega$。

取封闭面与天线表面重合，由坡印廷矢量可知，通过此封闭面的总功率为：

$$P_{\Sigma}=\frac{1}{2}\int_S(\boldsymbol{E}\times\boldsymbol{H}^*)\cdot\mathrm{d}\boldsymbol{s}$$

电流在轴线上，在振子表面上所产生的切向电场为 E_z：

$$P_{\Sigma}=\frac{1}{2}\int_{-l}^{l}I^*(z')(-E_z)\mathrm{d}z'$$

设振子的电流为正弦分布，则归于波腹电流的辐射阻抗为：

$$Z_{\Sigma\mathrm{m}}=\frac{2P_{\Sigma}}{|I_{\mathrm{m}}|^2}=\frac{1}{|I_{\mathrm{m}}|^2}\int_{-l}^{l}I^*(z')(-E_z)\mathrm{d}z'=R_{\Sigma\mathrm{m}}+\mathrm{j}X_{\Sigma\mathrm{m}}$$

对称振子天线的辐射阻抗如图 9-7 所示，随着半径 a 的增大，容抗减小，对辐射有利，可增加带宽。电小天线的容抗较高，因而辐射能力较弱。半波对称振子的辐射阻抗：

$$Z_{\Sigma\mathrm{m}}=73.1+\mathrm{j}42.5\ \Omega$$

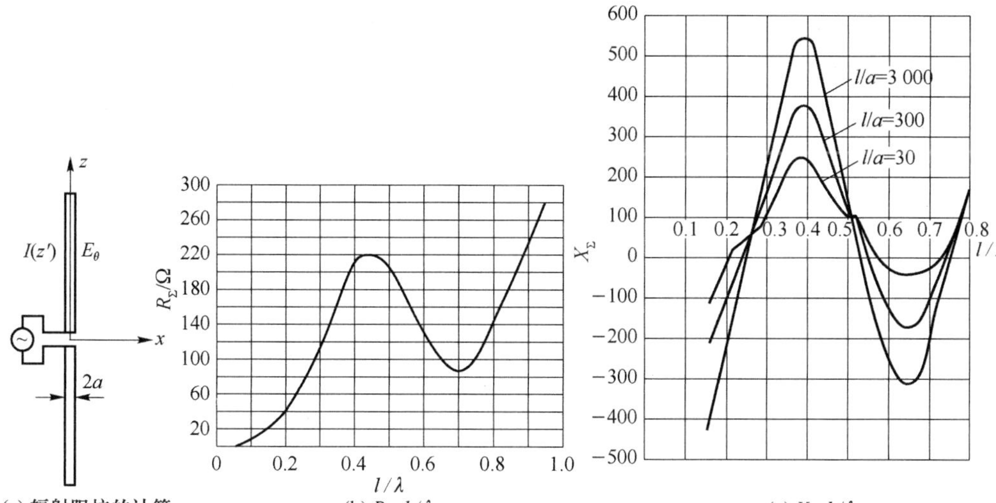

(a) 辐射阻抗的计算　　(b) $R_{\Sigma}\sim l/\lambda$　　(c) $X_{\Sigma}\sim l/\lambda$

图 9-7　对称振子的辐射阻抗

9.3　单极天线

单极天线如图 9-8 所示。单极天线广泛应用于短波和超短波段的移动通信电台中。这类天线的特点:辐射电阻小,相应地天线的效率低,一般只有百分之几,天线输入电阻小,输入电抗大,工作频带窄。单极天线是一种垂直极化天线,在理想导电地面上,其辐射场垂直于地面。地面对单极天线的影响可以用天线的正镜像代替,单极天线的方向图与自由空间对称振子的一样,但只取上半空间。在理想导电地上,单极天线的辐射电阻是相同臂长自由空间对称振子的一半,而方向系数则是 2 倍。当天线很短(即 $h/\lambda<0.1$)时,方向系数约等于 3。

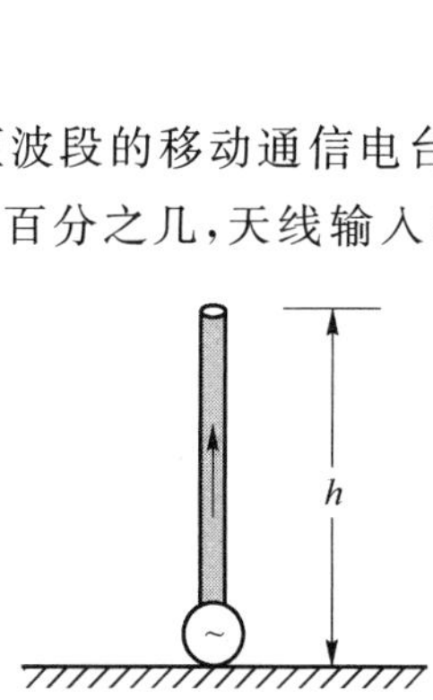

图 9-8　单极天线

假想有一个等效的单极天线,其均匀分布的电流是单极天线输入端电流,它在最大辐射方向的场强与单极天线的相等,则该等效天线的长度就称为单极天线的有效高度 h_e。如图 9-9 所示,假设单极天线上的电流分布为:

$$I(z)=\frac{I_0}{\sin(kh)}\sin k(h-z)$$

其中,I_0 是天线输入端电流;h 为鞭状天线的高度。依据有效高度的定义,得:

$$h_e=\frac{1}{I_0}\int_0^h I(z)=\frac{1}{k}\frac{1-\cos(kh)}{\sin(kh)}=\frac{1}{k}\tan\frac{kh}{2}$$

当 $h/\lambda<0.1$ 时:

$$\tan\frac{kh}{2}\approx\frac{kh}{2}\qquad h_e\approx\frac{h}{2}$$

由此可见，当 $h/\lambda<0.1$ 时，其有效高度近似等于实际高度的一半。这是显然的，因为振子很短时，电流近似直线分布，图 9-9 中两面积相等时有 $h_e=h/2$。有效高度表征直立天线的辐射强弱，即辐射场强正比于 h_e。

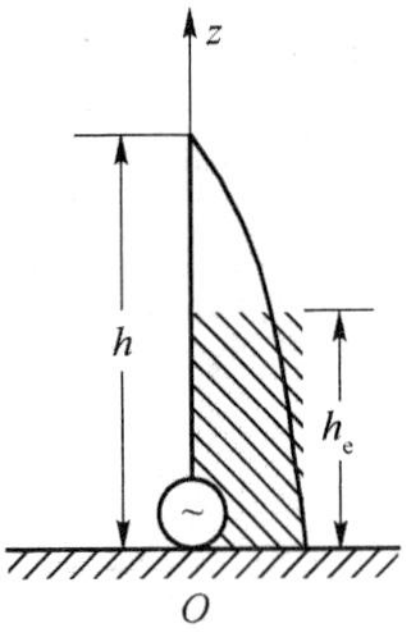

图 9-9　单极天线的有效高度

对理想导电体来说，在有良好的接地系统的情况下，单极天线的输入阻抗等于相应对称振子输入阻抗的一半。除天线导线、附近导体及介质等引起的损耗外，还有相当大的功率损耗在电流流经大地的回路中，参见图 9-10，传导电流和位移电流构成广义的电流回路概念。因此输入电阻包括两部分，即：

$$R_{in}=R_{r0}+R_{l0} \tag{9-3-1}$$

其中 R_{r0} 和 R_{l0} 分别为归算于输入端电流的辐射电阻和损耗电阻，其计算公式：

$$R_{r0}=29.5(kh_e)^2(h\ll\lambda，地质为湿地)$$

$$R_{r0}=20.4(kh_e)^2(h\ll\lambda，地质为干地)$$

$$R_{l0}=A\,\frac{\lambda}{4h}$$

式中，A 是取决于地面导电性的常数，干地约为 7，湿地约为 2。

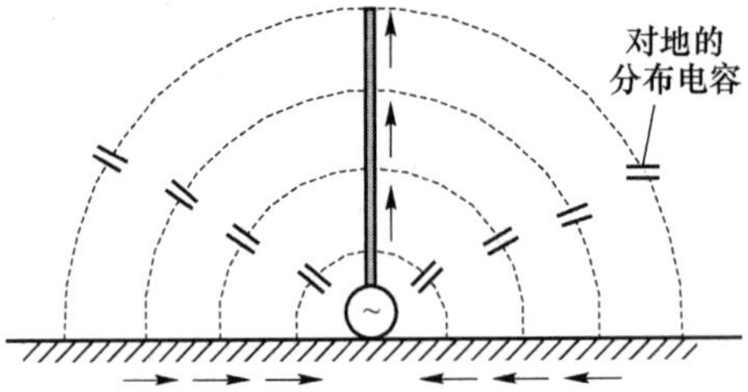

图 9-10　单极天线的电流回路

从效率的定义可知，要提高单极天线的效率，不外乎从两方面着手，一是提高辐射电阻，二是减小损耗电阻。由于损耗电阻大，同时又由于受到天线高度 h 的限制，辐射电阻通常很小，故短波单极天线的效率很低，一般情况下仅为百分之几，甚至不到 1%。

提高天线有效高度的方法之一是对天线进行加载，如图 9-11 所示，它相当于将加载的电感分布在单极天线的整个线段中。这种螺旋鞭天线广泛地应用于短波及超短波的小型移动通信电台中。它和单极振子天线相比，最大的优点是天线的长度可以缩短 2/3 或更多。

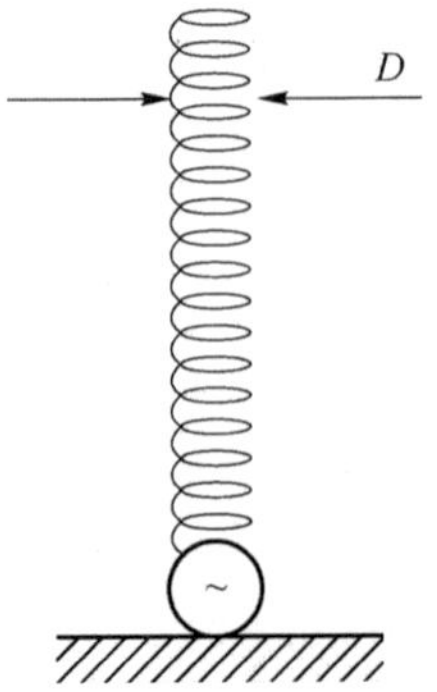

图 9-11　细螺旋天线

螺旋天线的辐射特性取决于螺旋线直径 D 与波长的比值：D/λ。此类天线具有 3 种辐射状态，如图 9-12 所示。这里讨论 $D/\lambda<0.18$ 的细螺旋天线，最大辐射方向在垂直于天线轴的法向，又称为法向模螺旋天线，如图 9-12(a)所示。图 9-12(b)所示为 D/λ 的值在 0.25～0.46 之间的端射型螺旋天

线，这时在天线轴向有最大辐射，又称为轴向模螺旋天线。图 9-12(c)所示为 $D/\lambda>0.46$ 的圆锥型螺旋天线。

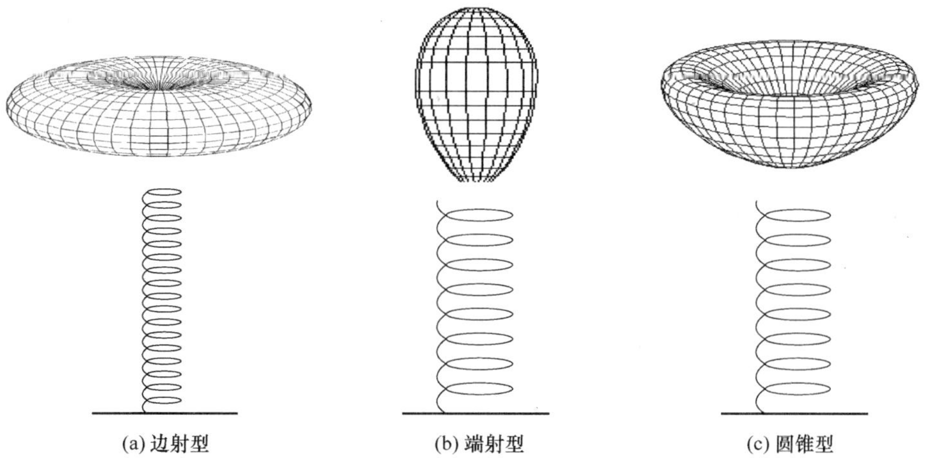

图 9-12　螺旋天线的 3 种辐射状态

如图 9-13 所示，在单极天线的顶端加小球、圆盘或辐射叶，这些均称为加顶负载。天线加顶负载后，天线顶端的电流就不为零。如图 9-14 所示，这是由于加顶负载加大了垂直部分顶端对地的分布电容，使顶端不是开路点，顶端电流不再为零。只要顶线不是太长，天线距地面的高度不是太大，则水平部分的辐射可忽略不计。因此，天线加顶负载后比无顶负载时辐射特性得到了改善。

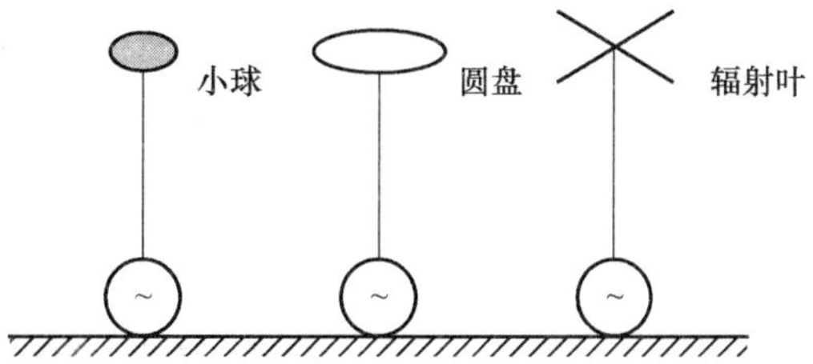

图 9-13　加顶负载的单极天线

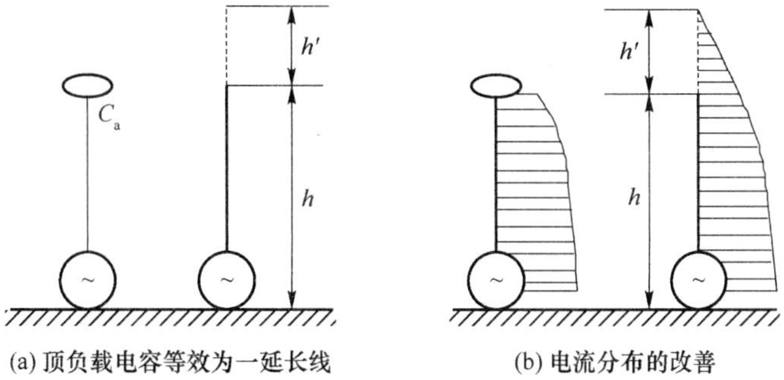

图 9-14　加顶负载改善天线的电流

由于天线可近似认为是开路线，因此在天线末端的电流为零。由于电容可等效为一小段开路线，故可在顶端加一电容，使顶端的电流不为零，如图 9-14(a)所示，同时，天线电流分布就比较均匀，如图 9-14(b)所示。可将顶端电容 C_a 等效为一垂直线段，垂直线段的特性阻抗为 Z_0，则此线段的等效长度 h' 可由下式计算：

$$Z_0 \cot(kh') = \frac{1}{\omega C_a}$$

$$h' = \frac{1}{k} \operatorname{arccot} \frac{1}{Z_0 \omega C_a} \tag{9-3-2}$$

式中单根垂直导线的特性阻抗为：

$$Z_0 = 60\left(\ln\frac{2h}{a} - 1\right) \tag{9-3-3}$$

其中，h 为垂直部分高度，a 为导线半径。经上述变换后，加顶负载天线可以看成是高度为 $h_0 = h + h'$ 的无顶负载天线。天线上的电流分布可近似地用下式表示：

$$I_z = \frac{I_0}{\sin(kh_0)} \sin[k(h_0 - z)]$$

式中，z 是天线上一点到输入端的距离。则归于输入电流 I_0 的有效高度为：

$$h_e = \frac{1}{I_0}\int_0^h I_z \mathrm{d}z = \frac{2\sin\left[k\left(h_0 - \frac{h}{2}\right)\right]\sin\left(\frac{kh}{2}\right)}{k\sin(kh_0)}$$

当 h_0/λ 很小时，为电小天线，上式可简化为：

$$h_e \approx h\left(1 - \frac{h}{2h_0}\right)$$

未加载时的电小天线的有效高度约为 $0.5h$。加载后，电流分布较加载前均匀，故有效高度得以提高。

对于固定电台，天线的顶负载允许大一些，显然不能再将这些较长的导线视为集中电容，而是一分布系统，可以按传输线理论计算其水平部分的输入电抗，然后再按上述方法进行处理。

减少地面损耗的办法是改善地面的电性质。对大型电台常采用埋地线的办法，一般采用地面以下的向外辐射线构成的地网，如图 9-15 所示。地网不应埋得太深，因为地电流集中在地面附近，地网埋设的深度一般在 0.2～0.5 m 之间，导线的根数可以从 15 根到 150 根，导线直径约为 3 mm，导线长度有半波长就够了。

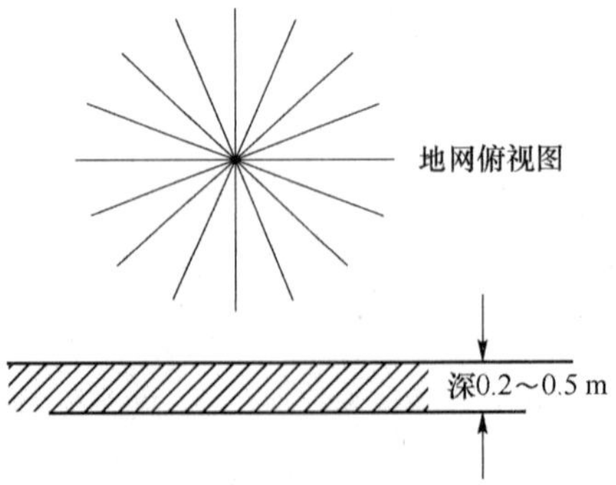

图 9-15　单极天线的地网

9.4 阵列天线

阵列天线(Array Antenna)又名天线阵,是由两个以上同类辐射元按一定规律排列组成的天线系统。天线按单元排列可分为线阵和面阵。最常用的线阵是各单元的中心依次等距排列在一直线上的直线阵。线阵的各单元也有不等距排列的,各单元中心也可以不排列在直线上,如可以排列在圆周上。多个直线阵在某一平面上按一定间隔排列就构成平面阵,若各单元的中心排列在球面上就构成球面阵。

阵列天线的辐射电磁场是组成该天线阵各单元辐射场的矢量和。由于各单元的位置和馈电电流的振幅和相位均可以独立调整,这就使阵列天线具有各种不同的功能,这些功能是单个天线无法实现的。

把功率 P 馈给一个天线单元时,在天线最大辐射方向足够远(距离 r)的 A 点产生场强 E_0,当把同样的功率馈给等幅同相二元天线阵时,每个天线单元得到一半功率,它们在 A 点产生相同的场,而合成场强却增大到原来 2 倍,即天线阵的增益增大,与一个单元相比,辐射也较集中。上述结论是在认为两天线单元间相互没有影响时得出的,这只有当两单元相距很远时才能达到。

最简单的阵列天线是由两个单元天线组成的二元阵,如图 9-16 所示,假设有两个相似元以间隔距离 d 放置在 y 轴上,以天线 1 为参考天线,天线 2 相对于天线 1 的电流关系为:

$$I_2 = mI_1 e^{j\xi} \tag{9-4-1}$$

式中 m、ξ 是实数。此式表明,天线 2 上的电流振幅是天线 1 的 m 倍,而其相位以相角 ξ 超前于天线 1。

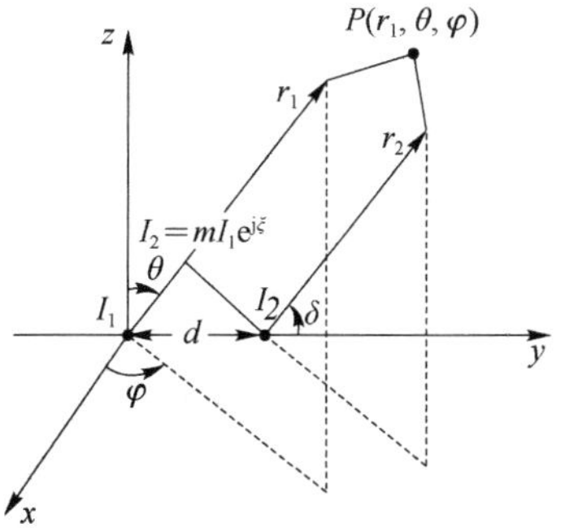

图 9-16 二元阵的辐射场

由于两天线空间取向一致,并且结构完全相同,因此对于远区辐射场而言,在可以认定它们到观察点的电波射线足够平行的前提下,两天线在观察点 $P(r_1,\theta,\varphi)$ 处产生的电场矢量方向相同,且相应的方向函数相等,即:

$$E(\theta,\varphi) = E_1(\theta,\varphi) + E_2(\theta,\varphi) \tag{9-4-2}$$

$$f_1(\theta,\varphi) = f_2(\theta,\varphi) \tag{9-4-3}$$

式中 $E_1(\theta,\varphi)=\dfrac{60I_{m1}}{r_1}f_1(\theta,\varphi)e^{-jkr_1}$，$E_2(\theta,\varphi)=\dfrac{60I_{m2}}{r_2}f_2(\theta,\varphi)e^{-jkr_2}$。

若忽略传播路径不同对振幅的影响，则 $\dfrac{1}{r_1}\approx\dfrac{1}{r_2}$。

仍然选取天线 1 为相位参考天线，不计天线阵元间的耦合，则观察点处的合成场为：

$$E(\theta,\varphi)=E_1(\theta,\varphi)+E_2(\theta,\varphi)=E_1(\theta,\varphi)\{1+me^{j[\xi+k(r_1-r_2)]}\}$$

在上式中，令 $r_1-r_2=\Delta r$，则：

$$\Psi=\xi+k(r_1-r_2)=\xi+k\Delta r \tag{9-4-4}$$

于是：

$$E(\theta,\varphi)=E_1(\theta,\varphi)(1+me^{j\Psi}) \tag{9-4-5}$$

式(9-4-4)中的 Ψ 代表了天线 2 在 (θ,φ) 方向上相对于天线 1 的相位差。它由两部分组成，一是电流的初始激励相位差，是一个常数，不随方位而变；二是由路径差导致的波程差，只与空间方位有关。在图 9-16 的坐标系中，路径差：

$$\Delta r=d\cos\delta \tag{9-4-6}$$

式中，δ 为电波射线与天线阵轴线之间的夹角。Δr 在坐标系中的具体表达式依赖于具体的排阵方式。

如果以天线 1 为计算方向函数的参考天线，将式(9-4-5)的两边同时除以 $60I_{m1}/r_1$，则天线阵的合成方向函数 $f(\theta,\varphi)$ 为：

$$f(\theta,\varphi)=f_1(\theta,\varphi)\times f_a(\theta,\varphi) \tag{9-4-7}$$

其中：

$$f_a(\theta,\varphi)=|1+me^{j\Psi}| \tag{9-4-8}$$

式(9-4-7)表明，天线阵的方向函数可以由两项相乘而得。第一项 $f_1(\theta,\varphi)$ 称为元因子，它与单元天线的结构及架设方位有关；第二项 $f_a(\theta,\varphi)$ 称为阵因子，取决于两天线的电流比以及相对位置，与单元天线无关。也就是说，由相似元组成的二元阵，其方向图等于单元天线的方向图与阵因子方向图的乘积，这就是方向图乘积定理。它在分析天线阵的方向性时有很大作用。以后我们将会进一步了解到方向图乘积定理仍然适用于由相似元组成的多元阵。

当单元天线为点源，即 $f_1(\theta,\varphi)=1$ 时，$f(\theta,\varphi)=f_a(\theta,\varphi)$。在形成二元阵方向性的过程中，阵因子 $f_a(\theta,\varphi)$ 的作用十分重要。对二元阵来说，由阵因子绘出的方向图是围绕天线阵轴线回旋的空间图形。通过调整间隔距离 d 和电流比 I_{m2}/I_{m1}，最终调整相位差 $\Psi(\theta,\varphi)$，可以设计方向图形状。

由式(9-4-8)可知，当 m 为正实数时，阵因子的最大值、最小值及其取最大值和最小值的条件分别为：

$$f_{a\max}(\theta,\varphi)=1+m \qquad \Psi(\theta,\varphi)=\xi+k\Delta r=\pm 2m\pi,m=0,1,2 \tag{9-4-9}$$

$$f_{a\min}(\theta,\varphi)=|1-m| \qquad \Psi(\theta,\varphi)=\xi+k\Delta r=\pm m\pi,m=0,1,2 \tag{9-4-10}$$

当两个以上的天线排阵时，某一单元天线除受本身电流产生的电磁场作用之外，还要受到阵中其他天线上的电流产生的电磁场作用。有别于单个天线被置于自由空间的情况，这种电磁耦合的结果将会导致每个单元天线的电流和阻抗都要发生变化。此时，可以认为单元天线的阻抗由两部分组成，即：一部分是不考虑相互耦合影响时本身的阻抗，称为自阻抗；另一部分是由相互感应作用而产生的阻抗，称为互阻抗。

设空间有两个耦合振子排列，如图 9-17 所示，两振子上的电流分布分别为 $I_1(z_1)$和 $I_2(z_2)$。以振子 1 为例，由于振子 2 上的电流 $I_2(z_2)$会在振子 1 上 z_1 处线元 dz_1 表面上产生切向电场分量 E_{12}，并在 dz_1 上产生感应电动势 $E_{12}dz_1$。根据理想导体的切向电场应为零的边界条件，振子 1 上电流 $I_1(z_1)$必须在线元 dz_1 处产生 $-E_{12}$，以满足总的切向电场为零，也就是说，振子 1 上电流 $I_1(z_1)$也必须在 dz_1 上产生一个反向电动势 $-E_{12}dz_1$。

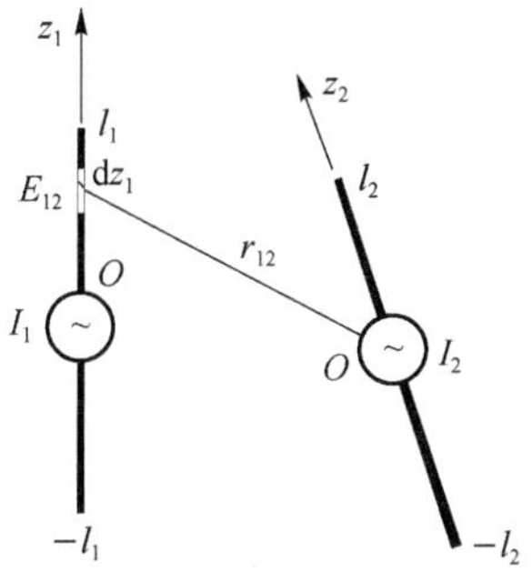

图 9-17 二元阵的耦合

为了维持这个反向电动势，振子 1 的电源必须额外提供的功率为：

$$dP_{12}=-\frac{1}{2}I_1^*(z_1)E_{12}dz_1 \tag{9-4-11}$$

因为理想导体既不消耗功率，也不能储存功率，因此 dP_{12}被线元 dz_1 辐射到空中，它实际上就是感应辐射功率。由此，振子 1 在振子 2 的耦合下产生的总感应辐射功率为：

$$P_{12}=\int_{-l_1}^{l_1}dP_{12}=-\frac{1}{2}\int_{-l_1}^{l_1}I_1^*(z_1)E_{12}dz_1 \tag{9-4-12}$$

同理，振子 2 在振子 1 的耦合下产生的总感应辐射功率为：

$$P_{21}=\int_{-l_2}^{l_2}dP_{21}=-\frac{1}{2}\int_{-l_2}^{l_2}I_2^*(z_2)E_{21}dz_2 \tag{9-4-13}$$

互耦振子阵中，振子 1 和振子 2 的总辐射功率应分别写为：

$$\begin{aligned}P_{r1}&=P_{11}+P_{12}\\P_{r2}&=P_{21}+P_{22}\end{aligned} \tag{9-4-14}$$

式中，P_{11}和 P_{22}分别为振子单独存在时对应 I_{m1}和 I_{m2}的自辐射功率。可以将式(9-4-14)推广，而直接写出 P_{11}和 P_{22}的表达式：

$$P_{11}=\int_{-l_1}^{l_1}dP_{11}=-\frac{1}{2}\int_{-l_1}^{l_1}I_1^*(z_1)E_{11}dz_1 \tag{9-4-15}$$

$$P_{22}=\int_{-l_2}^{l_2}dP_{22}=-\frac{1}{2}\int_{-l_2}^{l_2}I_2^*(z_2)E_{22}dz_2 \tag{9-4-16}$$

如果仿照网络电路方程，引入分别归算于 I_{m1}和 I_{m2}的等效电压 U_1 和 U_2，则振子 1 和振子 2 的总辐射功率可表示为：

$$\begin{cases} P_{r1}=\dfrac{1}{2}U_1 I_{m1}^* \\ P_{r2}=\dfrac{1}{2}U_2 I_{m2}^* \end{cases} \tag{9-4-17}$$

回路方程可写为：

$$\begin{cases} U_1=I_{m1}Z_{11}+I_{m2}Z_{12} \\ U_2=I_{m1}Z_{21}+I_{m2}Z_{22} \end{cases} \tag{9-4-18}$$

式中，Z_{11}、Z_{22}分别为归算于波腹电流 I_{m1}、I_{m2}的自阻抗；Z_{12}为归算于 I_{m1}、I_{m2}的振子 2 对振子 1 的互阻抗，Z_{21}为归算于 I_{m2}、I_{m1}的振子 1 对振子 2 的互阻抗，关系为：

$$\begin{cases} Z_{11}=-\dfrac{1}{|I_{m1}|^2}\displaystyle\int_{-l_1}^{l_1} I_1^*(z_1)E_{11}\mathrm{d}z_1 \\ Z_{22}=-\dfrac{1}{|I_{m2}|^2}\displaystyle\int_{-l_2}^{l_2} I_2^*(z_2)E_{22}\mathrm{d}z_2 \\ Z_{12}=-\dfrac{1}{I_{m1}I_{m2}}\displaystyle\int_{-l_1}^{l_1} I_1^*(z_1)E_{12}\mathrm{d}z_1 \\ Z_{21}=-\dfrac{1}{I_{m1}I_{m2}^*}\displaystyle\int_{-l_2}^{l_2} I_2^*(z_2)E_{21}\mathrm{d}z_2 \end{cases} \tag{9-4-19}$$

可以由电磁场的基本原理证明互易性：$Z_{12}=Z_{21}$。

将式(9-4-18)的第一式两边同除以 I_{m1}，式(9-4-18)的第二式两边同除以 I_{m2}，则可得出振子 1 和振子 2 的辐射阻抗为：

$$\begin{cases} Z_{r1}=\dfrac{U_1}{I_{m1}}=Z_{11}+\dfrac{I_{m2}}{I_{m1}}Z_{12} \\ Z_{r2}=\dfrac{U_2}{I_{m2}}=Z_{22}+\dfrac{I_{m1}}{I_{m2}}Z_{21} \end{cases} \tag{9-4-20}$$

二元阵总辐射功率等于两振子辐射功率之和，即：

$$P_{r\Sigma}=P_{r1}+P_{r2}=\frac{1}{2}|I_{m1}|^2Z_{r1}+\frac{1}{2}|I_{m2}|^2Z_{r2} \tag{9-4-21}$$

选定振子 1 的波腹电流为归算电流，则：

$$P_{r\Sigma}=\frac{1}{2}|I_{m1}|^2Z_{r\Sigma(1)} \tag{9-4-22}$$

于是，以振子 1 的波腹电流为归算电流的二元阵的总辐射阻抗可表述为：

$$Z_{r\Sigma(1)}=Z_{r1}+\left|\frac{I_{m2}}{I_{m1}}\right|^2Z_{r2} \tag{9-4-23}$$

9.5 引向天线

20 世纪 20 年代日本东北大学的八木秀次和宇用太郎两人发明了这种天线，被称为“八木宇用天线”，简称“八木天线”，如图 9-18 所示。对于定向高增益天线，引向天线是经典的种类之一，它由一根有源振子和多根无源振子组成，有源振子可以是半波振子，也可以是折合振子。

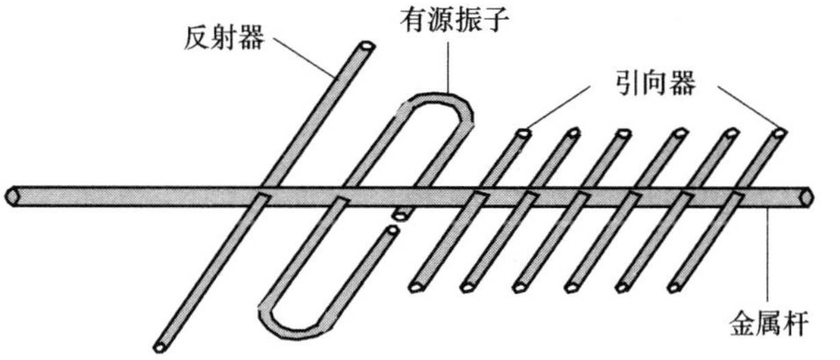

图 9-18 引向天线

引向天线通常由一个比有源振子长的反射器和多个比有源振子短的引向器组成。有源振子被馈电后向空间辐射电磁波，使无源振子中产生感应电流来产生辐射，辐射方向指向引向器方向。当改变无源振子的长度及其与有源振子之间的距离时，无源振子上感应电流的幅度及相位也随之变化，可以影响有源振子的方向图。引向天线自第二次世界大战以来陆续推广使用，它的优点是结构简单、增益高、方向性强，用它来进行测向、远距离通信，其效果特别好。如果再配上仰角和方位旋转控制装置，便可以随心所欲地与包括空间飞行器在内的各个方向上的电台联络。

半波折合振子的结构如图 9-19 所示，振子长度 $2l \approx \lambda/2$，间隔 $D \ll \lambda$。

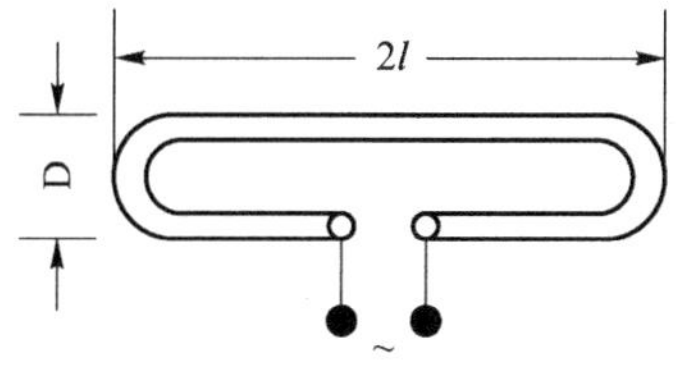

图 9-19 半波折合振子

可以把半波折合振子看作是一段 $\lambda/2$ 的短路线从其中点拉开压扁而成，如图 9-20 所示。折合振子的两个端点为电流节点，导线上电流同相。

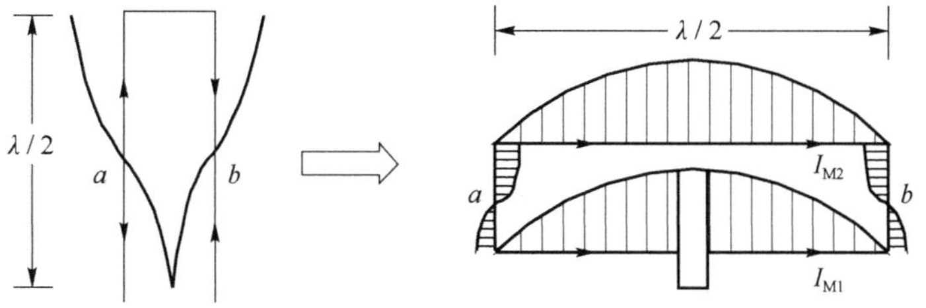

图 9-20 半波折合振子的构成及电流分布

当 $D \ll \lambda$ 时，折合振子相当于一电流为 $I_M = I_{M1} + I_{M2}$ 的半波振子；当 $I_{M1} = I_{M2}$ 时，折合振子相当于具有波腹电流 $I_M = I_{M1} + I_{M2} = 2I_{M1}$ 的一个等效半波振子。因此，不仅它的方向性与半波振子的相同，而且它的辐射功率也可以写成：

$$P_r = \frac{1}{2} |I_M|^2 R_r \tag{9-5-1}$$

其中，R_r 为以波腹电流计算的辐射电阻，也刚好是等效半波振子的输入电阻，一般约为 70 Ω。对于半波折合振子来说，馈电点的输入电流实际上为 I_{M1}，而不是 I_M，所以它的输入功率为：

$$P_{in}=\frac{1}{2}|I_{M1}|^2R_{in} \qquad (9\text{-}5\text{-}2)$$

由于天线的效率 $\eta=1$，半波折合振子的输入功率 P_{in} 等于它的辐射功率 P_r，令式(9-5-1)与(9-5-2)相等，便可以求：

$$P_{in}=\left|\frac{I_M}{I_{M1}}\right|^2R_r \qquad (9\text{-}5\text{-}3)$$

即 $I_M=2I_{M1}$，则：

$$R_{in}=4R_r \qquad (9\text{-}5\text{-}4)$$

半波折合振子的输入电阻等于普通半波振子输入电阻的 4 倍。因此折合振子具有高输入电阻的突出特点。

为了分析产生“引向”或“反射”作用时振子上的电流相位关系，我们先观察两个有源振子的情况。设有平行排列且相距的两个对称振子，如图 9-21 所示。若两振子的电流幅度相等，但振子 2 的电流相位超前振子 1 90°，即 $I_2=I_1e^{j90°}$，如图 9-21(a)所示。此时在 $\varphi=0°$方向上，振子 2 的辐射场要比振子 1 的辐射场少走 $\lambda/4$ 路程，即由路程差引起的相位差，振子 2 超前于振子 1 90°，同时，振子 2 的电流相位又超前振子 1 的电流相位 90°，则两振子辐射场在 $\varphi=0°$方向的总相位差为 180°，因而合成场为零。反之，在 $\varphi=180°$方向上，振子 2 的辐射场要比振子 1 的辐射场多走 $\lambda/4$ 路程，相位落后 90°，但其电流相位却领先 90°，则两振子辐射场在该方向是同相相加的，因而合成场强最大。在其他方向上，两振子辐射场的路程差所引起的相位差为$(\pi/2)\cos\varphi$，而电流相位差恒为 $\pi/2$。

因而合成场强介于最大值与最小值(零值)之间。所以当振子 2 的电流相位领先于振子 1 90°，即 $I_2=I_1e^{j90°}$ 时，振子 2 的作用好像把振子 1 朝它方向辐射的能量“反射”回去，故振子 2 称为反射器。如果振子 2 的馈电电流可以调节，使其相位滞后于振子 1 90°，即 $I_2=I_1e^{-j90°}$，如图 9-21(b)所示，则其结果与上面相反，此时振子 2 的作用好像把振子 1 向空间辐射的能量引导过来，则振子 2 称为引向器。

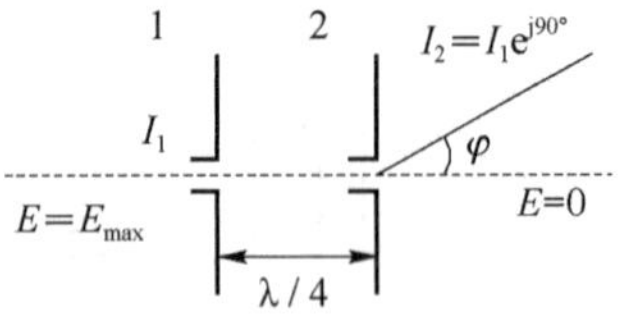

(a) 振子2为反射器

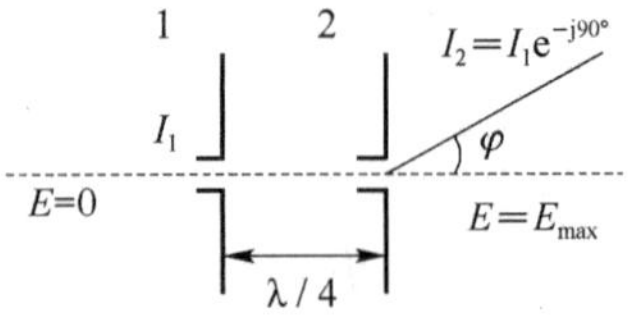

(b) 振子2为引向器

图 9-21　引向天线原理

为了得到足够的方向性，实际使用的引向天线为多元数的，图 9-22(a)就是一个六元引向天线，其中的有源振子是普通的半波振子，$2l_r=0.5\lambda$，$2l_0=0.47\lambda$，$2l_1=2l_2=2l_3=2l_4=0.43\lambda$，$d_r=0.25\lambda$，$d_1=d_2=d_3=d_4=0.3\lambda$，$2a=0.005\ 2\lambda$。

通过调整无源振子的长度和振子间的间距，可以使反射器上的感应电流的相位超前于有源振子；使引向器1的感应电流的相位落后于有源振子；使引向器2的感应电流的相位落后于引向器1；引向器3的感应电流的相位再落后于引向器2，如此下去便可以使各个引向器的感应电流相位依次落后下去，直到最末一个引向器落后于它前一个为止。这样就可以把天线的辐射能量集中到引向器的一边，获得较强的方向性。图9-22(b)所示为某六元引向天线的E面方向图。

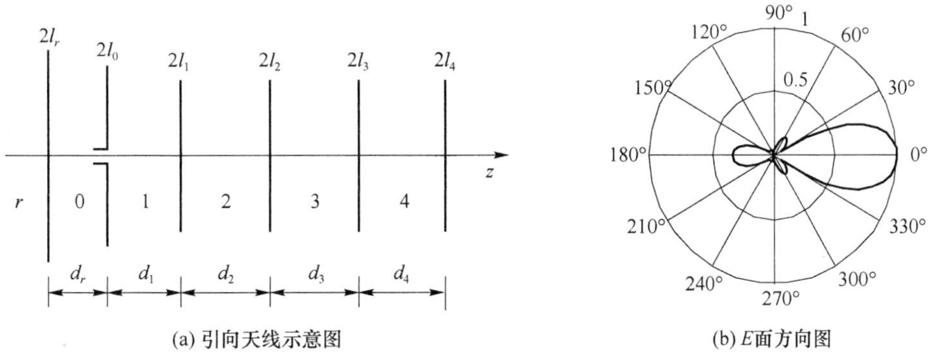

图 9-22 某六元引向天线及其方向图

由于已经有了一个反射器，再加上若干个引向器对天线辐射能量的引导作用，在反射器的一方(通常称为引向天线的后向)的辐射能量已经很弱，再加上多反射器对天线方向性的改善不是很大，通常只采用一个反射器就够了。至于引向器，一般来说数目越多，其方向性就越强。但是实验与理论分析均证明：当引向器的数目增加到一定程度以后，再继续加多，对天线增益的贡献相对较小。

9.6 微带天线

微带天线是由导体薄片粘贴在背面有导体接地板的介质基片上形成的天线。微带辐射器的概念首先是由Deschamps于1953年提出的。但是，过了20年，到了20世纪70年代初，当较好的理论模型以及对敷铜或敷金的介质基片的光刻技术发展之后，实际的微带天线才制造出来，此后这种新型的天线得到长足的发展。

和常用的微波天线相比，它有如下一些优点：体积小，重量轻，低剖面，能与载体共形；制造成本低，易于批量生产；天线的散射截面较小；能得到单方向的宽瓣方向图，最大辐射方向在平面的法线方向；易于和微带线路集成；易于实现线极化和圆极化，容易实现双频段、双极化等多功能工作。微带天线已得到愈来愈广泛的重视，已用于大约100 MHz～100 GHz的宽广频域上，包括卫星通信、雷达、遥感、制导武器以及便携式无线电设备。相同结构的微带天线组成的微带天线阵可以获得更高的增益和更大的带宽。

矩形微带天线是由矩形导体薄片粘贴在背面有导体接地板的介质基片上形成的天线。如图9-23所示，通常利用微带传输线或同轴探针来馈电，使导体贴片与接地板之间激励起高频电磁场，并通过贴片四周与接地板之间的缝隙向外辐射。微带贴片也可看作宽为W、长为L的一段微带传输线，其终端($y=L$边)处因为呈现开路，将形成电压波腹和电流的波节。一般取 $L\approx\lambda_g/2$，λ_g 为微带线上波长。于是另一端（$y=0$ 边）也呈现电压波腹和电流的波节。此时贴片与接地板间的电场分布为（设沿贴片宽度和基片厚度方向电场无变化）：

$$E_x=E_0\cos\left(\frac{\pi y}{L}\right) \tag{9-6-1}$$

由对偶边界条件，贴片四周窄缝上等效的面磁流密度为：

$$\boldsymbol{J}_s^m=-\boldsymbol{e}_n\times\boldsymbol{E} \tag{9-6-2}$$

式中，$\boldsymbol{E}=\boldsymbol{e}_xE_x$，$\boldsymbol{e}_x$ 是 x 方向单位矢量，$\boldsymbol{e}_n$ 是缝隙表面（辐射口径）的外法线方向单位矢量。由式(9-6-2)可知，缝隙表面上的等效面磁流均与接地板平行，如图 9-24 虚线箭头所示。可以分析出，沿两条 W 边的磁流是同向的，故其辐射场在贴片法线方向（x 轴）同相相加，呈最大值，且随偏离此方向的角度的增大而减小，形成边射方向图。

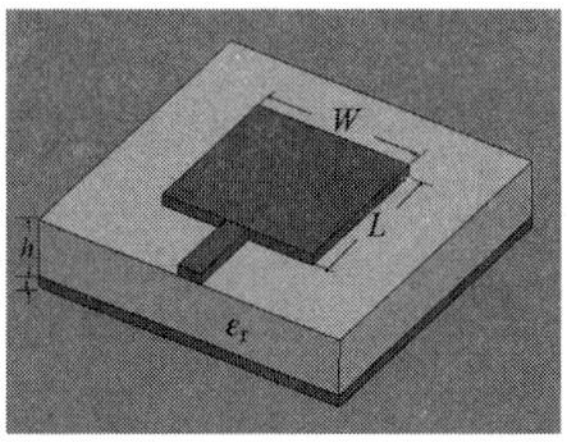

图 9-23 矩形微带天线的结构

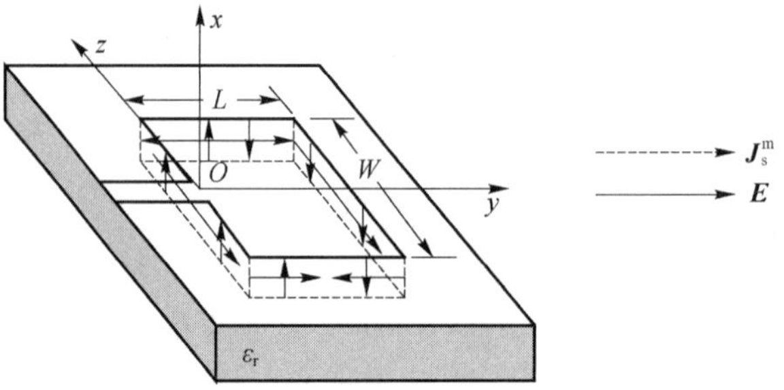

图 9-24 矩形微带天线的等效磁流密度

沿每条 L 边的磁流都由反对称的两个部分构成，它们在 H 面（xOz 面）上各处的辐射互相抵消；而两条 L 边的磁流又彼此呈反对称分布，因而在 E 面（xOy 面）上各处，它们的场也都相消。在其他平面上这些磁流的辐射不会完全相消，但与沿两条 W 边的辐射相比，都相当弱，成为交叉极化分量。

$$\boldsymbol{E}=\boldsymbol{e}_\varphi \mathrm{j}\,\frac{E_0h}{\pi r}\frac{\sin(kh\sin\theta\cos\varphi)}{kh\sin\theta\cos\varphi}\frac{\sin\left(\frac{1}{2}kW\cos\theta\right)}{\cos\theta}\sin\theta \mathrm{e}^{-\mathrm{j}kr}$$

现在再计入 $y=L$ 处辐射边的远场，考虑间隔距离为 $\lambda_g/2$ 的等幅同相二元阵的阵因子为：

$$f_a=2\cos\left(\frac{1}{2}kL\sin\theta\cos\varphi\right) \tag{9-6-3}$$

微带天线远区辐射场为：

$$\boldsymbol{E}=\boldsymbol{e}_{\varphi}\mathrm{j}\,\frac{2E_0 h}{\pi r}\frac{\sin\,(kh\sin\theta\cos\varphi)}{kh\sin\theta\cos\varphi}\frac{\sin\left(\dfrac{1}{2}kW\cos\theta\right)}{\cos\theta}\sin\theta\cos\left(\frac{1}{2}kL\sin\theta\sin\varphi\right)\mathrm{e}^{-\mathrm{j}kr} \tag{9-6-4}$$

实际上，$kh\ll 1$，所以式(9-6-4)中地因子约为1，故方向函数可表示为：

$$F(\theta,\varphi)=\left|\frac{\sin\left(\dfrac{1}{2}kW\cos\theta\right)}{\dfrac{1}{2}kW\cos\theta}\sin\theta\cos\left(\frac{1}{2}kW\sin\theta\sin\varphi\right)\right| \tag{9-6-5}$$

E 面($\theta=90°$，xOy 面)：

$$F_E(\varphi)=\left|\cos\left(\frac{1}{2}kL\sin\varphi\right)\right| \tag{9-6-6}$$

结构最简单的微带天线是由贴在带有金属接地板的介质基片上的辐射贴片所构成的。而当微带天线的介质基片变成空气介质后，此时天线就成为平面倒F天线。PIFA是现在使用得最多的一种内置天线，其由倒F天线演变而来，具有体积小，增益高，剖面低，带宽相对较宽的特点，是在手机天线中使用得最多的天线。

平面倒F天线在物理结构上表现为：结构简单，体积小，重量轻，剖面低，易集成，并且容易和载体共形。而在性能特性上则表现为：通过一个短路金属平面或者短路金属线，平面倒F天线就能够谐振在一个相对较小的尺寸，同时可实现宽频带或多频段的特性。正因为如此，PIFA天线得到了极为广泛的应用，尤其是应用于无线通信终端设备。PIFA天线的短路方式有短路片短路、短路面短路和销钉短路等，短路面短路的PIFA天线如图9-25所示。

除平面倒F天线外，手机天线还有单极天线、螺旋天线、PCB印制螺旋天线、微带贴片天线、缝隙天线、倒F天线、倒L天线等。其中前两种一般是外置天线，后面的几种是内置天线。

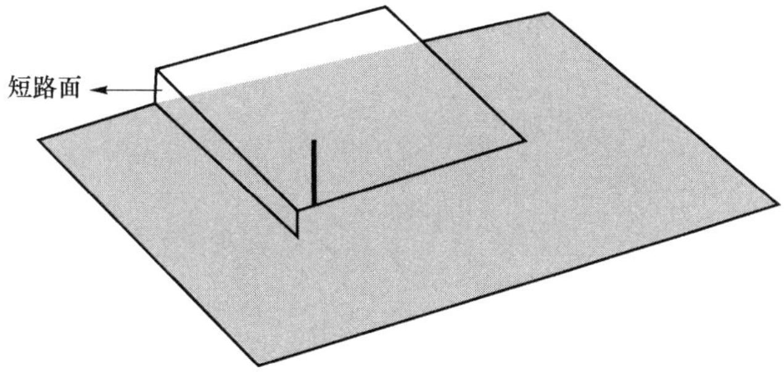

图9-25 短路面短路的PIFA天线

9.7 抛物面天线

由辐射源和反射面组成的抛物面天线可获得较强的方向性。如图 9-26 所示，在 yOz 平面上，有一抛物面，其张角为 2Ψ，焦距为 f，口面直径为 $2a$。抛物线的方程为：

$$y^2=4fz$$

式中 f 为抛物线的焦距。抛物面的顶点在原点。

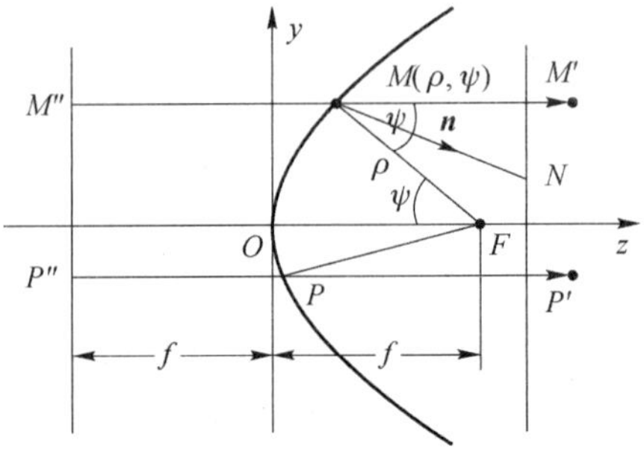

图 9-26 抛物面天线

ψ 为抛物线上任一点 M 到焦点的连线与焦轴(Oz)之间的夹角，ρ 为点 M 与焦点 F 之间的距离。

$$y=\rho\sin\psi$$

$$z=f-\rho\cos\psi$$

代入 $y^2=4fz$ 并化简可得：

$$\rho=\frac{2f}{1+\cos\psi}=f\sec^2\frac{\psi}{2}=\frac{f}{\cos^2\frac{\psi}{2}}$$

当 $\psi=\Psi$ 时，$a=\rho\sin\Psi$，将 ρ 代入：

$$a=\rho\sin\Psi=\frac{f}{\cos^2\frac{\Psi}{2}}\cdot 2\sin\frac{\Psi}{2}\cdot\cos\frac{\Psi}{2}=2f\tan\frac{\Psi}{2}$$

引入焦径比，即焦距与口面直径相比 $\frac{f}{2a}=0.25\cot\frac{\Psi}{2}$。

抛物面天线所具有的性质：

① 由焦点发出的射线经反射后平行于 z 轴向外辐射；反之，若射线由平行于 z 轴的方向进入，将聚于焦点（抛物面 $2a\gg\lambda$）。

② 由焦点发出的射线，到达口径面的距离相同，无因行程所引起的相位变化。

$$\mathrm{FPP'}=\rho+\rho\cos\psi=\rho(1+\cos\psi)=2f$$

如果照射器辐射的是理想球面波，则经抛物面天线反射后为一平面波。理想平面波的方向性只为传播方向，无扩散。但由于实际抛物反射面有限，照射器并非理想球面波源与抛物面的加工误差等原因，其方向图为一窄波束，垂直于口面，沿 z 轴传播。

抛物面天线的最佳方向性系数：

$$D=4\pi\frac{S}{\lambda^2}\cdot 0.83$$

抛物面天线的增益：

$$G=D\eta_A\approx D$$

抛物面天线的波瓣宽度：

$$2\theta_{3dB}=1.14\frac{\lambda}{2a}(\text{弧度})=65^\circ\frac{\lambda}{2a}$$

例 9-2 一直径为 2 m 的抛物面天线，其通信频率为 1.5 GHz，试求其最佳照射状态下的波瓣宽度及其增益。

解：

$$\lambda=c/f=\frac{3\times10^8}{1.5\times10^9}=0.2\ \text{m}$$

$$2\theta_{3dB}=1.14\frac{\lambda}{2a}(\text{弧度})=65^\circ\frac{\lambda}{2a}=0.114\ \text{rad}=6.5^\circ$$

最佳照射：

$$g=0.83$$

$$G=4\pi\frac{S}{\lambda^2}\cdot g=4\pi\frac{\pi D^2/4}{\lambda^2}g=3.14^2\times\frac{2^2}{0.2^2}\times0.83=818.3$$

习 题

9-1 试说明天线方向图中的主瓣宽度、副瓣电平、3 dB 波瓣宽度的含义。

9-2 说明极化和增益的含义。

9-3 为了在垂直于赫兹偶极子轴线的方向上，在距离偶极子 100 km 处得到有效值大于 100 μV/m 的电场强度，赫兹偶极子至少要辐射多大功率？

9-4 在做天线实验时，发射天线用的是半波阵子。假设其效率为 70%，天线的输入功率为 5 W，频率为 300 MHz。请计算在天线最大辐射方向上，离天线 10 m 的地方的场强幅值。

9-5 试求长度为 $2l=0.75\lambda$ 的对称振子子午面的若干个方向的方向性函数值(小数点后至少要保留 3 位有效数字)，并按极坐标描点的方法绘出其子午面方向性图。

9-6 已知一臂长度为 $l=\lambda/3$ 的对称振子以馈电点电流 I_{in} 做参照的辐射电阻为 186.7 Ω，假设对称振子上的电流 $I(z)$ 呈纯驻波正弦分布。试求：

① 对称振子上是否存在电流波腹点？

② 如果存在波腹电流 I_M，求以它做参照的辐射电阻。

9-7 怎样提高直立天线的效率？

9-8 天线与馈线连接有什么基本要求？

9-9 无线电波的工作波长是 3 m，位于自由空间的接收天线是半波对称振子。已知其输入电阻为 75 Ω，电磁波射线与振子轴的夹角为 60°，电场矢量与入射面的夹角为 30°，来波电场振幅值为 2π mV/m。试求：①来波电场的极化匹配分量；②接收天线感应电动势的振幅值;③把天线调整为极化匹配,并从最大接收方向做接收时的感应电动势振幅值;④天线与负载实现共轭匹配时向负载输出的最大功率。

9-10 一抛物面天线,口径直径为 $2a=2$ m,张角为 $67°$,工作波长为 10 cm。估算其方向系数 D 和半功率主瓣宽度。(设抛物面效率为 40%。)

9-11 对旋转抛物面天线的馈源有哪些基本要求?

9-12 有两平行排列的半波振子,间距为 0.3λ,高度差 h 为 0。设两振子电流比为 $I_{M2}/I_{M1}=0.75$,小于 $90°$,求:

① 振子 1 和振子 2 的辐射阻抗 $Z_{\Sigma1}$ 和 $Z_{\Sigma2}$;

② 归于阵子 1 的电流 I_{M1} 的辐射阻抗 Z_{Σ}。($Z_{11}=73.1+\mathrm{j}42.5\ \Omega$,$Z_{12}=30-\mathrm{j}32\ \Omega$。)

附录1　不同坐标系中的微分表达式

（1）直角坐标系

$$\nabla = \boldsymbol{e}_x \frac{\partial}{\partial x} + \boldsymbol{e}_y \frac{\partial}{\partial y} + \boldsymbol{e}_z \frac{\partial}{\partial z}$$

$$\boldsymbol{A} = A_x \boldsymbol{e}_x + A_y \boldsymbol{e}_y + A_z \boldsymbol{e}_z$$

$$\nabla \cdot \boldsymbol{A} = \frac{\partial A_x}{\partial x} + \frac{\partial A_y}{\partial y} + \frac{\partial A_z}{\partial z}$$

$$\nabla \times \boldsymbol{A} = \begin{vmatrix} \boldsymbol{e}_x & \boldsymbol{e}_y & \boldsymbol{e}_z \\ \frac{\partial}{\partial x} & \frac{\partial}{\partial y} & \frac{\partial}{\partial z} \\ A_x & A_y & A_z \end{vmatrix}$$

$$\nabla^2 \varphi = \frac{\partial^2 \varphi}{\partial x^2} + \frac{\partial^2 \varphi}{\partial y^2} + \frac{\partial^2 \varphi}{\partial z^2}$$

$$\nabla^2 \boldsymbol{A} = \boldsymbol{e}_x (\nabla^2 A_x) + \boldsymbol{e}_y (\nabla^2 A_y) + \boldsymbol{e}_z (\nabla^2 A_z)$$

（2）圆柱坐标系

$$\nabla = \boldsymbol{e}_\rho \frac{\partial}{\partial \rho} + \boldsymbol{e}_\varphi \frac{\partial}{\rho \partial \varphi} + \boldsymbol{e}_z \frac{\partial}{\partial z}$$

$$\boldsymbol{A} = A_\rho \boldsymbol{e}_\rho + A_\varphi \boldsymbol{e}_\varphi + A_z \boldsymbol{e}_z$$

$$\nabla u = \boldsymbol{e}_\rho \frac{\partial u}{\partial \rho} + \boldsymbol{e}_\varphi \frac{1}{\rho} \frac{\partial u}{\partial \varphi} + \boldsymbol{e}_z \frac{\partial u}{\partial z}$$

$$\nabla \cdot \boldsymbol{A} = \frac{1}{\rho} \frac{\partial}{\partial \rho} (\rho A_\rho) + \frac{1}{\rho} \frac{\partial A_\varphi}{\partial \varphi} + \frac{\partial A_z}{\partial z}$$

$$\nabla \times \boldsymbol{A} = \begin{vmatrix} \frac{1}{\rho} \boldsymbol{e}_\rho & \boldsymbol{e}_\varphi & \frac{1}{\rho} \boldsymbol{e}_z \\ \frac{\partial}{\partial \rho} & \frac{\partial}{\partial \varphi} & \frac{\partial}{\partial z} \\ A_\rho & \rho A_\varphi & A_z \end{vmatrix}$$

$$= \left(\frac{1}{\rho} \frac{\partial A_z}{\partial \varphi} - \frac{\partial A_\varphi}{\partial z} \right) \boldsymbol{e}_\rho + \left(\frac{\partial A_\rho}{\partial z} - \frac{\partial A_z}{\partial \rho} \right) \boldsymbol{e}_\varphi + \left[\frac{1}{\rho} \frac{\partial}{\partial \rho} (\rho A_\varphi) - \frac{1}{\rho} \frac{\partial A_r}{\partial \varphi} \right] \boldsymbol{e}_z$$

$$\nabla^2 u = \frac{1}{\rho} \frac{\partial}{\partial \rho} (\rho \frac{\partial u}{\partial \rho}) + \frac{1}{\rho^2} \frac{\partial^2 u}{\partial \varphi^2} + \frac{\partial^2 u}{\partial z^2}$$

（3）球坐标系

$$\nabla = \boldsymbol{e}_r \frac{\partial}{\partial r} + \boldsymbol{e}_\theta \frac{1}{r} \frac{\partial}{\partial \theta} + \boldsymbol{e}_\varphi \frac{1}{r \sin \theta} \frac{\partial}{\partial \varphi}$$

$$\boldsymbol{A} = \boldsymbol{e}_r A_r + \boldsymbol{e}_\theta A_\theta + \boldsymbol{e}_\varphi A_\varphi$$

$$\nabla u=\boldsymbol{e}_r\frac{\partial u}{\partial r}+\boldsymbol{e}_\theta\frac{1}{r}\frac{\partial u}{\partial \theta}+\boldsymbol{e}_\varphi\frac{1}{r\sin\theta}\frac{\partial u}{\partial \varphi}$$

$$\nabla\cdot\boldsymbol{A}=\frac{1}{r^2}\frac{\partial}{\partial r}(r^2A_r)+\frac{1}{r\sin\theta}\frac{\partial}{\partial\theta}(\sin\theta A_\theta)+\frac{1}{r\sin\theta}\frac{\partial A_\varphi}{\partial\varphi}$$

$$\nabla\times\boldsymbol{A}=\begin{vmatrix}\boldsymbol{e}_r\frac{1}{r^2\sin\theta} & \boldsymbol{e}_\theta\frac{1}{r\sin\theta} & \boldsymbol{e}_\varphi\frac{1}{r}\\ \frac{\partial}{\partial r} & \frac{\partial}{\partial\theta} & \frac{\partial}{\partial\varphi}\\ A_r & rA_\theta & r\sin\theta A_\varphi\end{vmatrix}$$

$$=\frac{1}{r\sin\theta}\left[\frac{\partial}{\partial\theta}(\sin\theta A_\varphi)-\frac{\partial A_\theta}{\partial\varphi}\right]\boldsymbol{e}_r+\frac{1}{r}\left[\frac{1}{\sin\theta}\frac{\partial A_r}{\partial\varphi}-\frac{\partial}{\partial r}(rA_\varphi)\right]\boldsymbol{e}_\theta+\frac{1}{r}\left[\frac{\partial}{\partial r}(rA_\theta)-\frac{\partial A_r}{\partial\theta}-\right]\boldsymbol{e}_\varphi$$

$$\nabla^2u=\frac{1}{r^2}\frac{\partial}{\partial r}\left(r^2\frac{\partial u}{\partial r}\right)+\frac{1}{r^2\sin\theta}\frac{\partial}{\partial\theta}\left(\sin\theta\frac{\partial u}{\partial\theta}\right)+\frac{1}{r^2\sin^2\theta}\frac{\partial^2u}{\partial\varphi^2}$$

附录 2　二阶微分运算

将算符∇作用于梯度、散度和旋度，则称为二阶微分运算，设 $\varphi(\boldsymbol{x})$为标量场，$\boldsymbol{g}(\boldsymbol{x})$、$\boldsymbol{f}(\boldsymbol{x})$为矢量场。并假设 φ 和 $\boldsymbol{g}$、$\boldsymbol{f}$ 的分量具有所需要的阶的连续微商，则不难得到：

① 标量场的梯度必为无旋场：

$$\nabla \times (\nabla \varphi) = 0$$

② 矢量场的旋度必为无散场：

$$\nabla \cdot (\nabla \times \boldsymbol{g}) = 0$$

③ 无旋场可表示一个标量场的梯度：若$\nabla \times \boldsymbol{g} = 0$，则 $\boldsymbol{g} = \nabla\varphi$。

④ 无散场可表示一个矢量场的旋度：若$\nabla \cdot \boldsymbol{g} = 0$，则 $\boldsymbol{g} = \nabla \times \boldsymbol{f}$。

⑤ 标量场的梯度的散度为：

$$\begin{aligned}\nabla \cdot (\nabla \varphi) &= \frac{\partial}{\partial x}\left(\frac{\partial \varphi}{\partial x}\right) + \frac{\partial}{\partial y}\left(\frac{\partial \varphi}{\partial y}\right) + \frac{\partial}{\partial z}\left(\frac{\partial \varphi}{\partial z}\right) \\ &= \frac{\partial^2 \varphi}{\partial x^2} + \frac{\partial^2 \varphi}{\partial y^2}\end{aligned}$$

⑥ 矢量场的旋度的旋度为：

$$\nabla \times (\nabla \times \boldsymbol{g}) = \nabla (\nabla \cdot \boldsymbol{g}) - \nabla^2 \boldsymbol{g}$$

附录3 ∇运算于乘积及其证明

(1) $\nabla \times (\nabla\varphi)=0$

$$\nabla \times (\nabla \varphi)=\begin{vmatrix} \boldsymbol{e}_x & \boldsymbol{e}_y & \boldsymbol{e}_z \\ \dfrac{\partial}{\partial x} & \dfrac{\partial}{\partial y} & \dfrac{\partial}{\partial z} \\ \dfrac{\partial\varphi}{\partial x} & \dfrac{\partial\varphi}{\partial y} & \dfrac{\partial\varphi}{\partial z} \end{vmatrix}$$

$$=\boldsymbol{e}_x\left(\frac{\partial^2\varphi}{\partial y\partial z}-\frac{\partial^2\varphi}{\partial z\partial y}\right)+\boldsymbol{e}_y\left(\frac{\partial^2\varphi}{\partial z\partial x}-\frac{\partial^2\varphi}{\partial x\partial z}\right)+\boldsymbol{e}_z\left(\frac{\partial^2\varphi}{\partial x\partial y}-\frac{\partial^2\varphi}{\partial y\partial x}\right)$$

$$=0$$

(2) $\nabla \cdot (\nabla \times \boldsymbol{g})=0$

$$\nabla \cdot (\nabla \times \boldsymbol{g})=\left(\boldsymbol{e}_x\frac{\partial}{\partial x}+\boldsymbol{e}_y\frac{\partial}{\partial y}+\boldsymbol{e}_z\frac{\partial}{\partial z}\right)\cdot\begin{vmatrix} \boldsymbol{e}_x & \boldsymbol{e}_y & \boldsymbol{e}_z \\ \dfrac{\partial}{\partial x} & \dfrac{\partial}{\partial y} & \dfrac{\partial}{\partial z} \\ g_x & g_y & g_z \end{vmatrix}$$

$$=\frac{\partial}{\partial x}\left(\frac{\partial g_z}{\partial y}-\frac{\partial g_y}{\partial z}\right)+\frac{\partial}{\partial y}\left(\frac{\partial g_x}{\partial z}-\frac{\partial g_z}{\partial x}\right)+\frac{\partial}{\partial z}\left(\frac{\partial g_y}{\partial x}-\frac{\partial g_x}{\partial y}\right)$$

$$=\frac{\partial^2 g_z}{\partial x\partial y}-\frac{\partial^2 g_y}{\partial x\partial z}+\frac{\partial^2 g_x}{\partial y\partial z}-\frac{\partial^2 g_z}{\partial z\partial x}+\frac{\partial^2 g_y}{\partial z\partial x}-\frac{\partial^2 g_x}{\partial z\partial y}$$

$$=0$$

(3) $\nabla(\varphi\psi)=\psi\nabla\varphi+\varphi\nabla\psi$

$$\nabla(\varphi\psi)=\boldsymbol{e}_x\frac{\partial}{\partial x}(\varphi\psi)+\boldsymbol{e}_y\frac{\partial}{\partial y}(\varphi\psi)+\boldsymbol{e}_z\frac{\partial}{\partial z}(\varphi\psi)$$

$$=\boldsymbol{e}_x\left(\psi\frac{\partial\varphi}{\partial x}+\varphi\frac{\partial\psi}{\partial x}\right)+\boldsymbol{e}_y\left(\psi\frac{\partial\varphi}{\partial y}+\varphi\frac{\partial\psi}{\partial y}\right)+\boldsymbol{e}_z\left(\psi\frac{\partial\varphi}{\partial z}+\varphi\frac{\partial\psi}{\partial z}\right)$$

$$=\psi\left(\boldsymbol{e}_x\frac{\partial\varphi}{\partial x}+\boldsymbol{e}_y\frac{\partial\varphi}{\partial y}+\boldsymbol{e}_z\frac{\partial\varphi}{\partial z}\right)+\varphi\left(\boldsymbol{e}_x\frac{\partial\psi}{\partial x}+\boldsymbol{e}_y\frac{\partial\psi}{\partial y}+\boldsymbol{e}_z\frac{\partial\psi}{\partial z}\right)$$

$$=\psi\nabla\varphi+\varphi\nabla\psi$$

(4) $\nabla \cdot (\varphi\boldsymbol{g})=\varphi\nabla\cdot\boldsymbol{g}+\nabla\varphi\cdot\boldsymbol{g}$

$$\nabla\cdot(\varphi\boldsymbol{g})=(\nabla_\varphi+\nabla_g)\cdot(\varphi\boldsymbol{g})$$

$$=\nabla_\varphi\cdot(\varphi\boldsymbol{g})+\nabla_g\cdot(\varphi\boldsymbol{g})$$

$$=\nabla_\varphi\varphi\cdot\boldsymbol{g}+\varphi\nabla_g\cdot\boldsymbol{g}$$

$$=\nabla\varphi\cdot\boldsymbol{g}+\varphi\nabla\cdot\boldsymbol{g}$$

(5) $\nabla\times(\varphi\boldsymbol{g})=\varphi\nabla\times\boldsymbol{g}+\nabla\varphi\times\boldsymbol{g}$

$$\begin{aligned}\nabla\times(\varphi\boldsymbol{g})&=(\nabla_{\varphi}+\nabla_{g})\times(\varphi\boldsymbol{g})\\&=\nabla_{\varphi}\times(\varphi\boldsymbol{g})+\nabla_{g}\times(\varphi\boldsymbol{g})\\&=\nabla_{\varphi}\varphi\times\boldsymbol{g}+\varphi\nabla_{g}\times\boldsymbol{g}\\&=\nabla\varphi\times\boldsymbol{g}+\varphi\nabla\times\boldsymbol{g}\end{aligned}$$

(6) $\nabla\cdot(\boldsymbol{g}\times\boldsymbol{f})=\boldsymbol{f}\cdot(\nabla\times\boldsymbol{g})-\boldsymbol{g}\cdot(\nabla\times\boldsymbol{f})$

$$\begin{aligned}\nabla\cdot(\boldsymbol{g}\times\boldsymbol{f})&=(\nabla_{g}+\nabla_{f})\cdot(\boldsymbol{g}\times\boldsymbol{f})\\&=\nabla_{g}\cdot(\boldsymbol{g}\times\boldsymbol{f})+\nabla_{f}\cdot(\boldsymbol{g}\times\boldsymbol{f})\end{aligned}$$

$$\boldsymbol{a}\cdot(\boldsymbol{b}\times\boldsymbol{c})=\boldsymbol{b}\cdot(\boldsymbol{c}\times\boldsymbol{a})=\boldsymbol{c}\cdot(\boldsymbol{a}\times\boldsymbol{b})$$

$$\nabla_{g}\cdot(\boldsymbol{g}\times\boldsymbol{f})=\boldsymbol{f}\cdot(\nabla_{g}\times\boldsymbol{g})=\boldsymbol{f}\cdot(\nabla\times\boldsymbol{g})$$

$$\begin{aligned}\nabla_{f}\cdot(\boldsymbol{g}\times\boldsymbol{f})&=-\nabla_{f}\cdot(\boldsymbol{f}\times\boldsymbol{g})=-\boldsymbol{g}\cdot(\nabla_{f}\times\boldsymbol{f})\\&=-\boldsymbol{g}\cdot(\nabla\times\boldsymbol{f})\end{aligned}$$

$$\nabla\cdot(\boldsymbol{g}\times\boldsymbol{f})=\boldsymbol{f}\cdot(\nabla\times\boldsymbol{g})-\boldsymbol{g}\cdot(\nabla\times\boldsymbol{f})$$

(7) $\nabla\times(\boldsymbol{g}\times\boldsymbol{f})=(\boldsymbol{f}\cdot\nabla)\boldsymbol{g}+(\nabla\cdot\boldsymbol{f})\boldsymbol{g}-(\boldsymbol{g}\cdot\nabla)\boldsymbol{f}-(\nabla\cdot\boldsymbol{g})\boldsymbol{f}$

$$\begin{aligned}\nabla\times(\boldsymbol{g}\times\boldsymbol{f})&=(\nabla_{g}+\nabla_{f})\times(\boldsymbol{g}\times\boldsymbol{f})\\&=\nabla_{g}\times(\boldsymbol{g}\times\boldsymbol{f})+\nabla_{f}\times(\boldsymbol{g}\times\boldsymbol{f})\end{aligned}$$

$$\begin{aligned}\nabla\times(\boldsymbol{g}\times\boldsymbol{f})&=-\nabla_{g}\times(\boldsymbol{f}\times\boldsymbol{g})+\nabla_{f}\times(\boldsymbol{g}\times\boldsymbol{f})\\&=-(\nabla_{g}\cdot\boldsymbol{g})\boldsymbol{f}+(\boldsymbol{f}\cdot\nabla_{g})\boldsymbol{g}+(\nabla_{f}\cdot\boldsymbol{f})\boldsymbol{g}-(\boldsymbol{g}\cdot\nabla_{f})\boldsymbol{f}\\&=-(\nabla\cdot\boldsymbol{g})\boldsymbol{f}+(\boldsymbol{f}\cdot\nabla)\boldsymbol{g}+(\nabla\cdot\boldsymbol{f})\boldsymbol{g}-(\boldsymbol{g}\cdot\nabla)\boldsymbol{f}\end{aligned}$$

附录 4　场量、常量及关系对应表

表 D-1　场量符号与名称对应表

场　量	名　称	单　位
$\boldsymbol{D}$	电位移矢量(电通密度)	C/m^2(库仑/平方米)
$\boldsymbol{E}$	电场强度	V/m(伏特/米)
$\boldsymbol{B}$	磁感应强度(磁通密度)	T(特斯拉)
$\boldsymbol{H}$	磁场强度	A/m(安培/米)
$\boldsymbol{J}$	电流密度	A/m^2(安培/平方米)
$\boldsymbol{A}$	磁位	Wb/m(韦伯/米)
φ	电位	V(伏特)
$\boldsymbol{S}$	坡印廷矢量	W/m^2(瓦特/平方米)

表 D-2　常量符号与名称对应表

常　量	名　称	单　位
$\varepsilon_0 = 8.85\times10^{-12}$	真空介电常数	F/m(法拉/米)
$\mu_0 = 4\pi\times10^{-7}$	真空磁导率	H/m(亨利/米)
$\sigma_{银} = 6.17\times10^{7}$	电导率(银)	S/m(西门子/米)
$\sigma_{铜} = 5.80\times10^{7}$	电导率(铜)	S/m(西门子/米)
$\sigma_{铝} = 3.54\times10^{7}$	电导率(铝)	S/m(西门子/米)
$c = 3\times10^{8}$	光速	m/s(米/秒)

表 D-3　场量之间的关系

场量关系	备　注
$\boldsymbol{D} = \varepsilon \boldsymbol{E}$	ε 为电容率
$\boldsymbol{B} = \mu \boldsymbol{H}$	μ 为磁导率
$\boldsymbol{J} = \sigma \boldsymbol{E}$	σ 为电导率
$\nabla \cdot \boldsymbol{D} = \rho$	高斯定理
$\nabla \times \boldsymbol{E} = -\frac{\partial \boldsymbol{B}}{\partial t}$	法拉第电磁感应定律
$\nabla \times \boldsymbol{H} = \boldsymbol{J} + \frac{\partial \boldsymbol{D}}{\partial t}$	全电流定律
$\nabla \cdot \boldsymbol{B} = 0$	磁通连续性原理

表 D-4 边界条件

边界条件	备注
$D_{1n}-D_{2n}=\rho_S$	ρ_S 为界面电荷密度
$B_{1n}=B_{2n}$	
$E_{1t}=E_{2t}$	
$H_{1t}-H_{2t}=J_S$	J_S 为界面电流线密度